有袋類学 Natural History of the Marsupials

遠藤秀紀——［著］
Hideki ENDO

東京大学出版会

Natural History of the Marsupials
Hideki ENDO
University of Tokyo Press, 2018
ISBN 978-4-13-060254-9

はじめに
――とりあえずの出遭い

　大博物学時代，次々と秘境から欧州にもたらされる生き物の遺残体のなかに，ちょっとした珍品の一群が含まれていた．博物学の所有欲は，少なければ少ないほど，珍しければ珍しいほど，標本に向け沸騰する．南アメリカから運ばれてくるその一群を最初に手にしたのが誰であったかは，今では確かめる由もない．が，想像に難くないのは，オポッサムの類に注がれた好奇の視線が沸き立たせる，凄まじき熱狂である．

　ヴィンセント・ヤネス・ピンゾン．このスペインの船乗りは，西暦 1500 年きっかりにブラジルを訪れ，一頭の生きたオポッサムを入手，フェルナンド国王とイサベル女王に披露したと伝えられる．王家お抱えの学者たちは，この小太りのイタチのような生き物に大きな袋が付いていて，赤ん坊をその袋に入れて運んでいることにすぐ気が付いた．

　それから 40 年の後，神学も信仰も不変な世で，ポルトガルの航海者，アントニオ・ガルヴァオが，南アメリカから何千キロも離れた南洋の植民地モルッカで，同じように奇妙な動物を手に入れ，リスボンへ運び込んだ．南太平洋の人々は，その生き物を語呂よくクスクスとか呼んでいた．これが，先進社会とオーストラリアの有袋類の初めての出遭いだろう．アンボンあたりからやってくるこの地味な一群と，南アメリカから運ばれるちょっと気の強い雑食獣に奇妙な共通点があることを，学者が理詰めで語るようになるには，それから 100 年以上の時が必要だった．

　1700 年代終盤，南アメリカとオーストラリアへは，ヨーロッパ社会からの扉が大きく開かれつつあった．まるで異星を踏査するかのような命がけの探検行と，逆に地に堕ちた現実の流刑や植民の喧騒の中を，オポッサムやクスクスやカンガルーやフクロネコのなめし皮がそして生体が，次々とヨーロッパに到着するようになった．やっと哺乳類なる被造物を理をもって識別するようになったばかりの時のナチュラルヒストリーは，歯列や頭蓋骨や消化器や足先を眺めながら，おかしな齧歯類が地の果てにすみついているという

ii　はじめに

くらいの認識をもったようである.

　双前歯類の切歯が齧歯類を思わせ,オポッサムの中ぐらいサイズで万能な肉食獣の形質が食肉目を想起させたのか,人類とこの動物たちとの出会いは,はじめから知識の傍流であった.神が創り給うた森羅万象を理解するヒントは,すべてを押しのけてヨーロッパの自然からだ.ちゃんと妊娠し,しっかりと分娩し,十分に賢い生き物が,獣だ.それこそが,哺乳類だ.神の力を探る学は,南半球からやってくる奇怪な一群を,とりあえず創造主の気まぐれと評し,とりあえず獣の世界の脇役,比較対象,中途半端な所産に位置付けた.

　それでも飽くなき分類学により,1800年代前半には,有袋類の属レベルの学名が次々と提唱されていく.単孔類の従兄程度とされたり,袋を抱えた剥製標本に至っては金目当ての贋作だと評されたこともあるらしい.稀代の幻獣たちに客観的でそれ相応の立ち位置が与えられるには,まだ,しばらく時間を要した.有袋類が幻の獣の歴史を脱却するには,精緻な観察と南半球の自然界の情報が,まだまだ不足していたのである.

　"袋"——何にもまして博物学が目を奪われ続けたのは,獣たちの腹面に備わる奇妙なポケットであった.神の被造物とて,交尾をし,分娩をし,授乳することで,初めて世代を継ぐことができる.だが,この袋の持ち主は,どうやって子を産み育てているのか,人類の知はなかなか事実をつかむことができなかった.ある者は,袋が子宮に違いないと考えた.またある者は,袋は鞄でしかなく,乳腺は母親がどこかに隠しもっていると推測した.そしてある者は,解剖体に子宮と卵巣を見つけ出し,そこから袋へ連なる未知のルートがあるのだと予想した.『種の起原』が世に出るまでまだ一世代ほど待たなければならなかった頃,時の人類最高の知・オーウェンは,生み出されたオポッサムの新生子を見つけると,母親が赤ん坊を袋のなかまで運び込むのだと信じて疑わなかった.

　1920年,今もってまだ100年にも満たないほどに最近のこと.テキサスの繁殖学者,カール・ゴットフリード・ハートマンとその妻は,体長20mmに満たないオポッサムの新生子が,自ら母親の腹部を這い回って,まるで偶然のように袋の入り口に到達することを,粘り強い観察から明らかにした.近代社会と有袋類が出遭ってから実に420年.人類はやっと,この一群

のちょっと奇妙な獣たちの全貌を知り得る入り口に，立つことができたのである．

　ヒトを含む哺乳類は，つねに真獣類と同義であった．傍流の知こそ，人間が有袋類を扱う途であり続けた．本書は，有袋類がつねに真獣類に理の後塵を拝しているかの様子に少しだけ苛立ちを抱きつつ，筆を執ることに決めた．その苛立ちこそが，書物を面白くし，有袋類学を主人公として登壇させられる原動力となると信じて，字面を伸ばした．有袋類はただの劣り気味の比較対象やアウトグループに終始させるべきものではなく，動物進化の無限ともいえる可能性を証明する，力強い進化の足跡の主であることを伝えられれば，真に幸せに思う．

　有袋類と人間．その間柄は，とりあえずの出遭い，ではない．自然界を理解するのに不可欠な豊かな進化史の象徴こそ，有袋類の真の姿だ．本書で我々が交流する相手は，間違いなくそのくらいに，大きい．

2017 年秋　遠藤秀紀

目　　次

はじめに——とりあえずの出遭い……………………………………………………… i

第 1 章　有袋類の多様性……………………………………………………… 1

1.1　現生群の俯瞰………………………………………………………… 2

（1）アメリカ有袋類とオーストラリア有袋類　2

（2）新大陸の雑食者　5　　（3）オーストラリア有袋類の起源　10

（4）もう一つの肉食者——ダシウルス形類　12

（5）ペラメレス形類の特殊化　15　　（6）フクロモグラの"収斂"　17

（7）繁栄する双前歯類　18

1.2　有袋類とは何か…………………………………………………… 26

（1）"袋"によるアイデンティティ　26

（2）歯列によるアイデンティティ　30

第 2 章　生殖戦略の妙………………………………………………………… 32

2.1　新生子と育児嚢の設計…………………………………………… 33

（1）繁殖戦略の特異性　33　　（2）新生子の特質　37

（3）"袋"の性能　41

2.2　有袋類の"胎生"…………………………………………………… 44

（1）胚休眠　44　　（2）子宮と胚の有袋類的文脈　46

2.3　生殖機能の多様性………………………………………………… 50

（1）育児嚢の機能形態　50　　（2）生殖器の発生と性分化　54

（3）雌雄生殖器の形態　57

2.4　生殖周期の意味…………………………………………………… 68

（1）雌性生殖周期　68　　（2）双前歯類の特殊化　70

（3）黄体の挙動　71

（4）リッターサイズと泌乳の含意　74

目　　次　　v

第3章　化石と分子による歴史……………………………………81

3.1　有袋類はどこから来たのか…………………………………82
（1）白亜紀の先駆者たち　82
（2）"デルタテリディウム後"の混沌　86

3.2　K-Pg 境界を越えて ……………………………………………88
（1）白亜紀終盤の分岐　88
（2）アメリカ有袋類化石群に見る高度化　91
（3）最高度の捕食者　92

3.3　分かれゆく有袋類…………………………………………………96
（1）大陸移動と系統の分岐史　96　　（2）現生系統への分岐　100
（3）ダシウルス形類をめぐる多様化　102
（4）双前歯類の多様化　105
（5）カンガルー（形）類——化石の事情　108
（6）カンガルー（形）類——分子系統の事情　115
（7）ニューギニアの解釈　119

第4章　骨形態と運動器関連形質…………………………………123

4.1　頭蓋の真意……………………………………………………123
（1）小さい脳函の意味　123　　（2）頭蓋発生の特異性　128

4.2　ポストクラニアル・スケルトン……………………………131
（1）前恥骨　131　　（2）ホッピング特性　132
（3）二足と四足の使い分け　137　　（4）肢端の意匠　139
（5）行き着いた後肢端　146

第5章　消化器の機能形態…………………………………………154

5.1　代謝と摂餌生態………………………………………………155
（1）特異な基礎代謝率戦略　155
（2）食性とロコモーションの類型　159

5.2　栄養摂取の機能形態…………………………………………161
（1）肉食者の歯列適応　161　　（2）基盤的肉食者の消化管　164
（3）雑食者の消化器と適応的生態　165

5.3　植物資源への挑戦……………………………………………167

vi 目　　次

　　（1）後部消化管による植物食性適応　*167*

　　（2）盲腸と結腸の発酵槽化　*169*

　　（3）コアラの盲結腸の特殊化　*170*

　　（4）前胃発酵による植物食性適応　*175*

　　（5）カンガルー類での多様化　*178*

　　（6）機械的咀嚼戦略の多様性　*181*

第6章　行動と生態の基盤……………………………………………*185*

6.1　認知から社会へ…………………………………………………*185*

　　（1）背景としてのホームレンジ　*185*

　　（2）繁殖行動と季節との関わり　*188*　　　（3）社会性の成立　*193*

6.2　知覚の生理………………………………………………………*197*

　　（1）聴覚と行動　*197*　　　（2）視覚の適応史　*201*

　　（3）独自の色覚　*203*　　　（4）視覚・聴覚・嗅覚の重点　*205*

引用文献………………………………………………………………*212*

おわりに——巷の二流 ………………………………………………*261*

事項索引………………………………………………………………*263*

生物名索引……………………………………………………………*266*

第1章　有袋類の多様性

　一億年の時間……．初めて有袋類を解剖したとき，フクロモモンガの飛膜を構成する皮筋群は，その時間を形に換えて見せつけてきた．否，本当は見せたのではない．あたしの指先に，ちょっとした筋肉の軟らかい反発力でもって，訴えてきたのだ．

　滑空性のリス科の飛膜は，触るだけでそれと分かる．ころころころとした，ほかのどんな筋肉の構造とも異なった，独特の硬さと柔軟さを兼ね備えた，滑らかに厚みのある筋肉の集合体だ．特異な筋束が，ある程度の幅を保って同じ方向に流れる．そしてその縁取り部分で飛膜の概形に強度を与え，おそらくは滑空の機能を創始する．モモンガもムササビも，ただ飛ぶだけでなく，滑空を制御できる翼の持ち主である．

　ところがこのオーストラリアの"中途半端"な空の住人には，膜の辺縁に強度を与える縁取りがない．あたしの指先が感じ取る膜は，まるで終わりがないかのように広がる．筋肉が無限の広がりをもって皮膚の裏を這い回り，気心知れたアジアの連中とは異なる，"もう一つの翼"を創っている．

　あの，リスのなかまが感じさせてくれる指先の，ころころころが，どこにも無い．一億年，いや，二億年か．それだけの時間が，翼の深層を根こそぎ違えた．指先はその時間を，いま，感じている．

　枠の無い概形_{シルエット}．無限に広がる筋肉．終わりのない"翼"．

　あたしは感じ取ることができる．そう，これが有袋類なのだ．

1.1 現生群の俯瞰

（1）アメリカ有袋類とオーストラリア有袋類

近代知と有袋類の輝ける接触の瞬間は，たとえば Gray（1821）が，たとえば，Owen（1839）が，たとえば Hartman（1920）が担ってきた．大切な真理をいくつも謎のまま残しながらも，幸いといってよいだろうが，人類はこの動物たちについてそれなりの知の蓄積を築いている．筆を執り始めるにあたり，究極的には人類が知り得た有袋類に対する知と考え方を余すところなく語りたいという意気込みをもつ．

ともあれ，最初の章ですべきことは，いま生きている有袋類のおおどころの多様性の有り様を，展望することだろう．太古から現在に至る歴史は本書の序盤では遠慮がちである．まずはこの生き物たちのいまを知り，アイデンティティを把握する．そして少し疎遠なこの集団を相手に，至当な知的やりとりが可能となるように，知識と見方の整理から進めたいと思う．進化学的歴史性を広げていくのは，少し後の頁上での愉しみに残しておきたい．

表 1-1 に現生有袋類の大雑把な高次分類群を示す．有袋類の系統は，化石群の自然誌学的総合とおもに現生群の分子系統学的解析から，根幹として大きく 2 群に大別されることが明らかとなっている．すなわち，アメリカ有袋類（アメリデルフィア：Ameridelphia）とオーストラリア有袋類（オーストラリデルフィア：Australidelphia）である．この 2 群の系統の遺伝子レベルの分岐は，まだ多くの謎を残すとはいえ，地球の特に南半球の地質学的イベント，すなわち大陸移動・海洋隔離との整合性が証明されているといえる．

真獣類同様，目を単位とした高次分類階級が重要な意味をもつため，アメリカ有袋類とオーストラリア有袋類は，大目なる階級を与えられることがある．分岐分類学の時代に分類階級の些末な論議は無意味だが，super order の階級が脚光を浴びるのは，2000 年以後の真獣類と同様である．

ただし，考えようによっては，むしろ有袋類こそ，早期から系統分類と大陸移動の関係を，かなり正確に突き止められてきたグループである．その理由は，有袋類の系統性が一定に単純だからだといえる．つねに有袋類を押しのけて主役を張ってきた真獣類は，地球レベルでの多様性があまりに高いが

1.1 現生群の俯瞰　3

表1-1　現生有袋類の大系統の概観.

アメリカ有袋大目　Ameridelphia
　　ディデルフィス目　Didelphida
　　　　オポッサム科　Didelphidae
　　ケノレステス目　Paucituberculata
　　　　ケノレステス科　Caenolestidae

オーストラリア有袋大目　Australidelphia
　　ミクロビオテリウム目　Microbiotheria
　　　　ミクロビオテリウム科　Microbiotheriidae
　　ダシウルス形目　Dasyuromorphia
　　　　ダシウルス科　Dasyuridae
　　　　フクロオオカミ科　Thylacinidae*
　　　　フクロアリクイ科　Myrmecobiidae
　　ノトリクテス形目　Notoryctemorphia
　　　　フクロモグラ科　Notoryctidae
　　ペラメレス形目　Peramelemorphia
　　　　バンディクート科　Peramelidae
　　　　ミミナガバンディクート科　Thylacomyidae
　　双前歯目　Diprotodontia
　　　　コアラ上科　Phascolarctoidea
　　　　コアラ科　Phascolarctidae
　　　　ウォンバット上科　Vombatoidea
　　　　ウォンバット科　Vombatidae
　　　　クスクス上科　Phalangeroidea
　　　　クスクス科　Phalangeridae
　　　　プーラミス科　Burramyidae
　　　　フクロモモンガ上科　Petauroidea
　　　　フクロモモンガ科　Petauridae
　　　　リングテイル科　Pseudocheiridae
　　　　チビフクロモモンガ科　Acrobatidae
　　　　フクロミツスイ科　Tarsipedidae
　　　　カンガルー形上科　Macropodiformes
　　　　ニオイネズミカンガルー科　Hypsiprymnodontidae
　　　　ネズミカンガルー科　Potoridae
　　　　カンガルー科　Macropodidae

＊フクロオオカミ科は1930年代に絶滅.

　ゆえに，実際に海洋隔離によって生じていた上位レベルの系統性の把握が，
1990年代まで遅れ気味に推移した.
　真獣類におけるこの経緯を語るには，現生群の一例だけでも十分である.
たとえば，"旧食虫類"は，一つには，真無盲腸類とアフリカジネズミ類を

4　第1章　有袋類の多様性

隔てる真主齧類とアフリカ獣類の高次分岐に気づかずに作られた多系統群であった．真獣類のマクロ系統の概要が分子遺伝学的に明かされた（Madsen *et al.,* 2001；Murphy *et al.,* 2001a, 2001b）段階で，哺乳類進化学は，真獣類の進化史と分類学に，長く続く本質的誤謬が含まれていたことに気づかされた．誤りの積み重ねと上塗りの上に，真獣類は分類されてきたことを知らされたのである．

　しかし，有袋類は比較的単純であるがゆえ，真獣類が起こす発見の衝撃とは実際には無縁だった．有袋類は博物学の時代から，知り得る形態形質とそれとは独自に把握される地球史の総合から，真獣類に比べれば多分に正確な系統史を描かれていたのである．有袋類の研究はもちろん真獣類に比べて様々な点で大きく遅れをとった．しかし，系統性が単純であるがゆえに，進化史については真理への接近は早かった．そのため，哺乳類の一つの系統群として有袋類で育まれた大陸間隔離による上位系統成立の地誌学的理論化が，2000 年以降の真獣類の系統進化の理解を修正する際に果たした貢献はとても大きい．

　以降，2 つの大目の下にくくられる 7 つの目を順次概観していこう．かつては有袋目などといって，“真獣類とそれ以外”とされた古典的時代が続いたが，現在この 7 目を立て，その上にアメリカ有袋大目・オーストラリア有袋大目を被せるというのが，有袋類の高次分類階級の現実的扱いである．話を進めるうえで，本章でも化石群には少しだけ言及するが，過去の絶滅系統は別の章でより詳しく語ることにしたい．

　なお本書では，系統分類学上の本質的ではない用語や学名の論議に書物全体が疲弊してはならないと考える．系統性や分岐の事象は重要であるが，一方で語の扱いに拘泥したくはない．また後の章で化石群が多々登場するときには，指す階級を変動させることで広義にも狭義にも受け止められる分類群の学名が多数登場するであろう．誤解が生じない範囲で臨機応変に言葉を用いたいと考えるので，読者には柔軟な読み取りをお願いしたい．表 1-1 の用語を本書が一貫して使うものでもなく，本書は学名を含む分類学上の用語を臨機応変・非統一的に運用して，筆を進めていくことにする．

（2）新大陸の雑食者

　根源的に最古となる有袋類は，化石で検出するなら1億2500万年前のアジアのシノデルフィス *Sinodelphys* である（Luo *et al.*, 2003）．有袋類という言葉を狭くとらえるなら，シノデルフィスは，狭い意味での有袋類ではなく，より広く後獣類の最古のものといっておくのが妥当である．そして，多様化の足跡をたどるなら，およそ1億年前を過ぎる頃の北アメリカ大陸から，広い意味でのディデルフィス類のいくつかの系統が見られるようになる．これらの群の化石情報は近縁性を明確に論ずるには十分ではないが，新大陸に現生するオポッサム科に表面的には形態が似ているとされる．いずれにせよ，中生代に根元をたどれば，後獣類・有袋類は，北半球の動物であったことは確かである．

　後獣類・有袋類がいつ南アメリカ大陸に分布を広げたのか，どのような系統が南アメリカに侵入したのかは，具体的にはよく分かっていない．K-Pg境界前後に想定される渡来系統の候補や，推察されるそれらの系統関係は第3章で語ろう．いずれにしても，北アメリカ大陸からどうやらいくつかの系統群を受け入れた南アメリカ大陸が，新生代における有袋類の最初の進化の中心地だ．それは現生アメリカ有袋類の祖先であるし，新生代も半ばになれば，形態学的に現生群に直接連なる系統が現れているといえる．

　現生アメリカ有袋類では，主要な系統と適応的進化の実態を実際に観察することができる．分類学による用語の変遷と論議は残るものの（Kirsch, 1977b; Archer, 1984; Aplin and Archer, 1987; Marshall *et al.*, 1990; Hershkovitz, 1992a, 1992b; Archer and Kirsch, 2006），これらを一括してディデルフィス目と呼ぶこととしよう．ディデルフィスという言葉自体が，狭くも広くも曖昧に使うことができるが，いかにも現生系統を指し勝ちなオポッサム類という言葉よりは，少し広義に本書では使っていく．

　ディデルフィス類の現生の系統は，たとえば15属，66種からの構成とする古典的体系がある（Nowak, 1999）．また化石群については精緻な古典的研究が積み重ねられている（Kirsch, 1977a, 1977b; Simons and Bown, 1984）．

　多様性から考えて最大の群はオポッサム科である．オポッサム科の現生の系統は，大雑把に30種程度が複数の亜科に帰属するグループである（図1-

1).樹上性のロコモーションに，肉食から雑食の食性適応を遂げた中型サイズの種を多数含む系統といえる．

体サイズでいえば，最小群の *Gracilinanus* 属は頭胴長で 100 mm 前後，逆に最大群が，典型例のキタオポッサムを含む *Didelphis* 属で 400 から 500 mm の大きさをもつ．特殊化した機能形態学的特徴を進化させたとは認め難く，ずんぐりした体形の非特殊性，原始的，祖先的という言葉が記載の場面でしばしば用いられてきた．それは，別にふれるように，この群の来歴に関する古生物学的な知識からも影響・支持されていたことである．研究史の初期から着目された点として，オポッサム類は基本的に上顎に 5 本，下顎に 4 本の切歯をもち，有袋類における歯列の一定に祖先的な形質と理解されているといえる．歯式は I5/4・C1/1・P3/3・M4/4 と書ける（Carroll, 1988）．歯列の詳細は後述しよう．

特殊化していないという論旨の通り，指・趾を多く残しているのもこの群の特徴である．地上走行への特殊化はより派生的なグループで考慮されることであり，実際にはオーストラリア有袋類の系統で語られるべき内容である．オポッサム類では，祖先的な多くの指骨・趾骨とその複雑な運動に基づいて把握性肢端を備え，その機能を有効に用いた生態をとる系統が一般的である．

図 1-1 エクアドルウーリーオポッサム *Caluromys lanatus* の外貌．ウーリーオポッサム亜科を構成する一種．細長い胴部に長い体毛を特色とする．南アメリカの熱帯・亜熱帯林に分布．ディデルフィス類，そしてオポッサム科の多様さを示す種といえる．（描画：喜多村 武）

1.1 現生群の俯瞰　7

　原始性に関連して，この群の育児嚢は一般に未発達だといわれる（Now-ak, 1999）．発達のよい *Didelphis*，*Chironectes*，*Philander*，*Lutreolina* の各属を除くと，せいぜい皮膚がつくる陥凹が育児嚢として機能している程度か，もしくは，育児嚢と呼べる空間が完全に欠失しているといってよい．産子数は種によりばらついているが，この群は有袋類の中では比較的多産ということができ，乳頭数も最低で 5，最多でおよそ 25 を超える．

　このグループの妊娠期間は 2 週間に満たないものも見られ，*Didelphis* 属では 13 日程度にとどまる．新生子は，有袋類の新生子の典型で，前肢，前半身がよく発達し，後肢が貧弱な不均衡な発生スピードの途上で分娩される．他の有袋類同様，このグループの新生子も体サイズがあまりに小さいため，基礎代謝率的に体温維持が困難である．基本的に母親の体表面から熱を得て体温を保つ．こうした新生子の形態学的・生理学的適応戦略については，後に改めて詳述しよう．

　有袋類全体の形態学としてもいえることだが，とりわけオポッサム類は，顔面部の発達に比して，神経頭蓋が相対的に小さい（Reig *et al.*, 1987）．古生物学的に検討される究極的な祖先群は地上性の特性を備えていた可能性があり，樹上性適応は派生的なものであろう．だが，真獣類では往々にして脳頭蓋の拡大を招く器用な樹上生活を送る系統が多いのに対し，有袋類の脳頭蓋の拡大は一定の範囲に限局されている．オポッサム類の生態学的特性としては，多くの種が夜行性から薄暮性である．食性的には，昆虫食，小型の動物を襲う肉食，そして果実食を主体とする．小型から中型サイズの体サイズ，能力の高い樹上性，高機能の把握性肢端，きわめて幅広い雑食的食性，陰性的な夜行性などの特徴は，この群が系統的に古いとされることとは別の議論として，真獣類におけるイヌ科，イタチ科，ジャコウネコ科，アライグマ科等の中程度のサイズの肉食獣との収斂関係を見せていると受け止めることができる．

　さらに，現生のオポッサム類は一般に高い繁殖率を誇る．一腹の産子数，リッターサイズが 8 以上を数える種が珍しくない．この数字は，とくに新生子が成長するにつれて母親の負担を大きくするというデメリットを抱えるであろうが，オポッサム類の場合には，その解決策のひとつが巣の利用である．オポッサム類は行動生態として巣を活用する．すなわち営巣し，母親が餌を

探す間はある程度大きくなった子どもを巣に残すことで、負担を軽減する行動がしばしば見られる。総合的に評価して、有袋類内では巧みに r 戦略者として進化したと見なすことができる。これは新大陸で様々な競争相手をもつオポッサム類の生存性を大いに強めているといえる。

実際、繁殖率を含む上述の要因から、南アメリカ大陸で長めの進化史を経過したオポッサム類は、比較的最近になってパナマ地峡から北アメリカ大陸へ侵入し、北米のアライグマ類とニッチで競合するに至っている。多くの哺乳類、真獣類において、主に第四紀の南北アメリカ大陸結合後、適応力・生残性の高い北米産真獣類によって南米産有袋類の分布が圧迫され、多くの系統が絶滅を迎える。しかし、このオポッサム類の北米進出は例外的である。メキシコから北米西海岸のカリフォルニア、カナダ南部にかけて、オポッサム類は北アメリカ大陸産の中型食肉目を一定に駆逐しながら、さらに北へ分布を広げる傾向を見せてきた。

一方、南米にはオポッサム類以外にも小規模な現生群が進化している。Paucituberculata、すなわちケノレステス類である（図 1-2）。多分に形式的な分類学の論議は生じる（Aplin and Archer, 1987; Wilson and Reeder, 1993; Szalay, 1994）が、オポッサム目と並んで目レベルに相当すると考えて構わないだろう。ただしケノレステス類の現生群は、小さな系統にとどまってい

図 1-2　ペルーケノレステス *Lestoros inca* の外貌。アメリカ有袋類の中でも分子系統学的分岐が古いケノレステス類の一種。本種では帰属する属の議論が続けられてきた。（描画：喜多村 武）

る．

ケノレステス類は体重数十 g 程度の小型有袋類であり，頭胴長で 100 mm から 130 mm 程度に収まる．真獣類のトガリネズミ類などに似て，吻部が長く，感覚毛を備えている．そのあたりの基本的な外部形態も影響してか，英語圏では本来トガリネズミを指す shrew という単語を用い，ケノレステス類は俗に shrew opossums という言葉で呼ばれている．

生態学的データは乏しいが，真獣類の一部の真無盲腸類や齧歯類に相当する収斂と捉えられることが普通で，小型，雑食，多産を生存戦略とする一群である．I3-4/2-4・C1/1・P3/2-3・M4/4 の歯式を示し（Carroll, 1988），一定に歯の数を減らしながらも，雑食・昆虫食生態を支える咀嚼様式を備えている．実際，小さな昆虫など無脊椎動物を捕食し，穴居性あるいは樹上性生活に適応したグループであるといえる．当然，肢端部の機能形態学的特殊化は進まず，比較的多くの指・趾を維持している．

一定の発展史を経過したケノレステス類であるが，古生物学的にこの系統がニッチを隙間なく占有してきたとは思われない．少なくとも，収斂相手として取り上げられる小型真獣類の齧歯類や真無盲腸類に対比できる大規模な多様化・放散には至らなかったと考えてよいだろう．現生群は，わずかに 3 科 8 種のみの帰属にとどまっている．

一種だけ謎めいたグループを取り上げておきたい．ミクロビオテリウム類のチロエオポッサム *Dromiciops gliroides* である（図 1-3）．歯式は I5/4・C1/1・P3/3・M4/4 と，ディデルフィス類の基本型を踏襲している（Carroll, 1988）．本種は小型樹上性果実食者として知られ，適応様式的にはケノレステス類に類似したものである．過去の研究史的には，このミクロビオテリウムを後述のダシウルス形類内に置く考えも生じたことがある（Szalay, 1994）が，後の章でも詳述するように，分子系統学的にはオーストラリア有袋類に帰属するとされる．南米にのみ産する本種が，系統上はオーストラリア有袋類に確実に帰属されることは，地球規模のマクロ生物地理学的議論を左右する重要な論題である．このことについては，後の章でまた詳しく語ろう．

本来ここで，アメリカ有袋類の大きな系統として，絶滅したボルヒエナ類あるいはスパラソドント類として一括される群を扱うべきであろうか．しか

図 1-3　チロエオポッサム *Dromiciops gliroides* の外貌．南米チリに産するが，系統的にはオーストラリア有袋類のミクロビオテリウム類を構成する唯一の現生種である．オーストラリア有袋類が分岐した後も，南アメリカ・南極・オーストラリアの各大陸に陸生哺乳類の交流が継続していたことを示す貴重な系統である．（描画：喜多村 武）

し本書の構成の工夫として，これらの巨大な肉食性有袋類の一群を，書の半ばに先送りしたいと思う．要は，現生群を展望し，有袋類の形態学的設計上のアイデンティティをまずは熟慮したいのである．したがって，これら化石群の多様性の話は，後の章に譲る．代わって，一足早くオーストラリア地域の話へ向かうこととしたい．

（3）オーストラリア有袋類の起源

　有袋類第二の大系統，オーストラリデルフィア（オーストラリア有袋類）は，その歴史を通じて，アメリカ有袋類よりも多様化に成功したグループであると考えることができる．その要因は単純に語ることはできないが，アメリカ有袋類が一応は南米の真獣類，すなわち，少なくとも異節類，いくつかの南米固有の有蹄獣の系統，そして途中から参入したであろう齧歯類や霊長類と一定の競合関係に長くさらされたのに対し，ニューギニアやオーストラ

リアに隔離されることになったオーストラリア有袋類にとっては，たどり着いた陸域にライバルとなる高機能の脊椎動物はきわめて限られた存在であったからだと考えることができる．厳しめの競争関係のなかで一定のニッチに封印された南アメリカに対して，オーストラリア有袋類には無限に近い生態戦略が許容されたのである．もちろん，オーストラリアやニューギニアでも，翼手類や鰭脚類，いくつかの鳥類，爬虫類，両生類との競合は起こっただろうが，たどり着いた新天地がオーストラリア有袋類に対してより多様で豊富なニッチを用意したことは間違いない．

　その証拠こそ，現在まで続くオーストラリア有袋類の多彩な適応放散の実態である．後述するように，有袋類が真獣類と比肩できるほど多様だと考えるのは，より慎重であるべきである．しかし，ニッチが空いている大陸に偶然投げ込まれた有袋類が，その基本設計を活用して様々な適応放散を遂げたことは事実だ．かなり高等な脊椎動物が，数千万年の時代のうちに，細かい生態学的適応戦略を実現していった様は，適応放散の教科書的好例としてこれまでも取り上げられてきたといえる（Colbert and Morales, 1991；Fisher *et al.*, 2001）．機能形態学に関連した観念論だとレッテルを貼って，所詮は少数派の有袋類の適応放散に見るべき価値が低いとするのは，実りのない主張だろう．

　さて，アメリカ有袋類がどのようなルートを経て，本来の分布域に到達し，いわゆるオーストラリア区を構成し得たのかは，謎に満ちたテーマだ．実際，遊泳と飛翔能力のない動物の系統群で，有袋類と同様に南米からニューギニア，オーストラリアへの経路をたどることのできたグループは皆無であろう．

　解決の糸口は，開裂していくゴンドワナ陸塊をどのようにして純粋陸生動物が移動できたかという一点に尽きる．物語は1億5000万年以上前に分離を開始するゴンドワナ大陸の歴史を遡らねばならない．南半球の巨大な大陸ゴンドワナは，およそ1億6000万年前に東西ゴンドワナに分離を始める．そして1億年前に，西ゴンドワナ大陸がアフリカ大陸と南アメリカ大陸に，東ゴンドワナ大陸がインド・マダガスカルと南極・オーストラリアの各陸域に分割された．南半球の大陸の分裂が続く中で，その後の南アメリカ大陸と南極大陸の間には，およそ4000万年くらい前まで，陸生生物が辛うじて往来できる何らかの繋がりがあったと考えることが妥当だろう．近年の地球科

学的論議は，南アメリカ大陸，南極大陸，オーストラリア大陸の間にできる
海と陸橋の可能性を論議しているが，それは南アメリカから南極を経てオー
ストラリアに至る確かな陸地の接続を積極的に証明し得るものではない．し
かし，それでも，ゴンドワナ起源のこの三大陸が，南半球におけるある時期
のいくつかの陸生生物の拡散経路として機能したことは受け入れなければな
らない．

　この南半球の大陸間接続を示す有袋類に関する直接的証拠は多いとはいえ
ない．そのなかで，南極大陸からホリドロプス科アンタークトドロプス *An-
tarctodolops* の化石が発見される（Woodburne and Zinsmeister, 1984）．そ
の後も南極地域からの化石有袋類の記録は続いている（Goin *et al.*, 1999）．
これにより，ゴンドワナ陸塊が開裂した後も，南極大陸域を基軸にしぶとく
陸地の接続が継続し，有袋類の陸上移動と一定の規模のファウナの確立が起
きていたことが確実視されている．4000 から 5000 万年前の南極大陸はいま
よりはるかに温暖で，森林が形成されていたことが推測され，こうしたオー
ストラリア有袋類の起源的系統が普通に暮らすことのできる環境を備えてい
たことは確かだろう（Goin *et al.*, 2016）．

　起源，渡来歴については謎の残されているオーストラリア有袋類であるが，
その系統の多様性と分岐の歴史についてはかなりの水準で全体像が把握され
つつある．後の章で深入りするが，本章では，まずは引き続き進化の流れを
一括りにつかんでおきたい．

（4）もう一つの肉食者——ダシウルス形類

　オーストラリア有袋類の主要な系統の一つに，ダシウルス形類 Dasyuro-
morphia がある．日本人が大雑把にフクロネコと呼んでいる系統をその中心
にもつが，ダシウルス *Dasyurus* という系統の名を見るとき，「フクロ＝有
袋類」＋「ネコ＝食肉目ネコ科」という，和名によって日本人の頭に浮かぶ図
式は，原義からはかけ離れているといえるだろう．フクロネコという五文字
の言葉としての定着度や伝統を考慮すれば，時と場合によって了承したいと
いう気持ちが皆無ではないが，とくに広義の場合には，ダシウルスという言
葉を尊重したいというのがここでの考えである．

　事実，このグループの生態戦略は，真獣類のネコ科を想起させるような有

能な特化したハンターとは似ても似つかない．多様化したオーストラリア有袋類に成立した雑食の非特殊化群という程度にまとめるべきものである．ここではダシウルス形類と呼んで論議していこう．

シンプソン（Simpson, 1945）が提起したとされるダシウルス科以来，このダシウルス形類は一定に大きなグループとして捉えられてきた．当座，目のレベルと考えて差し支えないだろう．詳細な論議はともかく，構成は，3科19属64種と数えられてきた経緯がある（Nowak, 1999）．構成群は，いわゆるフクロネコ科の亜科レベルで考えて，狭義のフクロネコ類，ファスコガーレ類，スミントプシス類，プラニガーレ類が属し，フクロアリクイ科，フクロオオカミ科が系統として隣接することになる（図1-4）．後者にはフクロオオカミ *Thylacinus cynocephalus* 1種が現生種として記録される（図1-5）が，二十世紀前半に絶滅している．分子系統学的なこれらの詳細な位置付けの議論や，肉食性・雑食性・昆虫食性系統のオーストラリアにおける多様化については，また別の章で論じよう．

ダシウルス形類は，小型から中型の，肉食・雑食適応群である．頭胴長で500 mmから1400 mm程度となる．このくらいの基礎情報でも，既述のオポッサム類に表面的には類似した適応群であることがよく分かる．このグループの歯式は，I4/3・C1/1・P2-3/2-3・M4/4であり，一般的に上顎に4本，下顎に3本の切歯をもつという特徴がある．研究史的には，南アメリカ大陸のオポッサム類がより多くの切歯列をもつことから両者の相違点が注目

図1-4 オブトスミントプシス *Sminthopsis crassicaudata* の外貌．ダシウルス形類を代表する一群である．本種は極端に太い尾が特徴．多系統的に生じる，近位尾部への脂肪蓄積を起こしている．（描画：喜多村 武）

14 第1章 有袋類の多様性

図 1-5 絶滅種フクロオオカミ *Thylacinus cynocephalus* の剥製．体側に暗色の縞が入るのが特徴的である．『哺乳類の進化』（遠藤，2002）より転載．（国立科学博物館収蔵標本）

を浴びるようになった．しかし，オポッサム類が最古級の有袋類の形質を持ち合わせるのに対し，ダシウルス形類はあくまでもオーストラリア有袋類としての独自の歴史を歩む，時代的に新しい一群である．考え方としては，真獣類で想定される派生した食肉目ではなく，雑食から小規模のハンティングを行うグループとしてダシウルス形類が位置付けられ，それは新大陸でいうところのディデルフィス類と平行進化の関係にあるとすることが妥当だろう．

適応様式を見れば分かるように，同じオーストラリアで繁栄している植物食者・地上性走行群である双前歯類とは，機能形態学的に著しい相違を示している．たとえば機能性の高い指・趾を多数残すなど，オーストラリア有袋類の中では，非特殊的，祖先的形質を見せるグループであるといえるだろう．なお系統全体で盲腸を派生的に退化させている．分布としては，オーストラリア大陸のほか，タスマニア島，ニューギニア島嶼域に広まっている．この系統のニューギニアに関する動物地理学的論点は後述しよう．

産子数は8に達する種が多く，*r*戦略者としての繁殖特性を備えている．巣づくりをする種も多く，母親は巣に子どもを置いて，餌の確保に努める．このあたりの生態学的特質を見ても，真獣類食肉目との収斂を語る以前に，新大陸のオポッサム類との類似点は多い．

先にふれたフクロアリクイ類とフクロオオカミ類は，いずれも特殊な適応

を遂げていて，ダシウルス形類からの系統的分岐も一定に深いと考えられるが，古生物学的な多様化の跡は確認されていない．また適応と生態を見る進化学的センスからしても，これらの系統内における多様性は限定的だと考えるべきである．

（5）ペラメレス形類の特殊化

有袋類全体がアメリカ有袋類を祖先とした壮大な派生の歴史をもつことが知られ，数々の分子系統樹が得られている今日，ペラメレス形類の位置付けは，オーストラリア有袋類のなかの，一小群と見なされるようになっている．現生群では，いわゆるバンディクート類・ミミナガバンディクート類である（図1-6）．一方で，後肢において趾ごとに機能性の高低差が生じていることから，この点で類似する双前歯類の一部とすべきではないかという論議も生じた．しかし，分子系統学的理論が確立される以前から既に，形態の諸形質がダシウルス形類に類似し，双前歯類を近縁とするのは困難だという結論が固められてきたといえる（Aplin and Archer, 1987）．

有袋類におけるバンディクートという単語であるが，誤用からの定着の典型例といえるかもしれない．バンディクートという言葉は，東南アジアから南アジアにかけての齧歯類オニネズミ類を指す言葉である．原義はブタのよ

図 1-6 ミミナガバンディクート *Macrotis lagotis* の外貌．バンディクート類とともにペラメレス形類を構成する一方で，掘削性・穴居性生態への特殊化のため，バンディクート類とは明瞭な相違点を見せる．特徴的な行動として，巣穴を起点とするマーキング行動が知られる．（描画：喜多村 武）

うに大型のネズミという意味であり，含意通りに妥当に用いられているのは
オニネズミの方である．ここで扱うべき系統は，分類学的に Peramelemor-
phia とされる一群だが，古典的に階級を問うなら目に相当すると考えるこ
とができる．本書ではペラメレス形類と呼ぶことにする．ちなみに古くはフ
クロアナグマという語が充てられたこともある一群である．

　ペラメレス形類の構成は，たとえば 2 科 8 属 22 種といわれていた（Now-
ak, 1999）．頭胴長 150 mm から 200 mm 程度のものが多いが，最大グループ
は 500 mm を超えてくる．先にふれているが，後肢第二・第三趾の癒合が見
られ，いわゆる二趾性 syndactyly の状態である．二趾性はグルーミング時
の櫛として役立つといわれてきたが，そのためだけに進化するとは考えにく
い．ただし，それ自体は長い間成立し続けている保守性の高い構造であり，
真の機能は今後も検討され続けるべきだろう．

　歯式は I4-5/3・C1/1・P3/3・M4/4 とまとめることができる．趾に関して
は双前歯類的であるともいわれるが，歯式にも表れるように，歯列・歯牙は
多くの点でダシウルス形類との類似点が多数指摘できる．これが，旧来，本
系統の形態進化学的位置付けを難解にしてきた理由でもある．生態学的には
一般に地上性で，地上に植物を巣材とした巣をつくる種がいることでも知ら
れる．夜行性種が多いといえるだろう．

　二趾性の獲得と祖先的な歯列の保存からして，ペラメレス形類は多分に祖
先形質と派生的特徴がモザイク的に混合されているという解釈も成り立ち得
る．後の分子系統学の章でふれるように，ペラメレス形類の系統性は，同様
に二趾性を確立する双前歯類とは明瞭に分けられる．しかし，有袋類におけ
る二趾性の起源と変遷は，それが多系統的に生じるのか否かを含めて，まだ
議論が尽くされていない．

　ペラメレス形類では，産子数が 5 を数えることがあり，有袋類としては多
産戦略にあるといえる．ポピュレーションの増加率も大きいと考えてよい．
妊娠期間は有袋類の中でも短い部類にあり，r 淘汰者の一群であると解釈す
ることができる．ただし，有袋類の多産・少産戦略については，後の章で本
質から語りたいと思う．食性的には，昆虫食性・雑食性適応を遂げていて，
ダシウルス形類と自ずから似た行動生態を示す．このような生態学的ニッチ
を占めることもあって，近年は偶発的に同サイズ・同生態の外来種によって

生息を脅かされる地域が増えている.

（6）フクロモグラの"収斂"

どこに挿入するのか悩ましい一群を語ろう．実際のフィールドでもあるいは博物館標本としてもほとんど見ることのできない系統が，ノトリクテス形類，いわゆるフクロモグラ類である．フクロモグラ *Notoryctes typhlops* を唯一の現生種ととらえることが多かったが，オーストラリア北西部の集団を *Notoryctes caurinus* という別種にする主張も継続している（Wilson and Reeder, 1993）．

本系統は，一際深い分岐をもってダシウルス形類から分かれたと推定される．様々な形質を見ても，ダシウルス形類との類縁性はつねに指摘される．しかし，穴居性・掘削性の形態と機能の特殊化があまりにも著しく，真獣類真無盲腸類のモグラ科とのきれいな収斂の例として取り上げられる．その論旨の意義は認めるが，両者の掘削装置の機能形態はまったくといっていいほど異なっている．肩甲骨の形状を見れば一目瞭然で，フクロモグラの掘削運動は精査された経緯は乏しく，運動の観察例は皆無に等しいが，真獣類の真無盲腸類や齧歯類が起こす前肢の運動とは，根本的に異なっているはずである（Carlsson, 1904; 遠藤，2002, 2017）．数少ない記録から歯列には変異が認められ，I3-4/3・C1/1・P2/2-3・M4/4 の歯式を示す（Nowak, 1999）．生態学的データは乏しいが，いずれにせよ，土壌性の無脊椎動物を餌資源としていることは想像に難くない．また前恥骨が退化することが知られている．

フクロモグラは実物がほとんど見受けられない割に，教科書の頁上ではよく知られた，いわば紙の上の教材となっている実態があろう．教科書的にはフクロモグラは，有袋類を学ぶ一つの基本の理を提示してくれている．その面白さの核心は，適応と収斂である．かつてのように有袋類を二流の哺乳類ととらえようが，逆に優れた生存基盤と適応戦略を展開するアイデンティティの塊ととらえようが，いずれの立場であっても，外せない面白さは海洋隔離・大陸封じ込めに起因する収斂にある．

現生群では南アメリカとオーストラリアで，また化石群では中生代のアジアと北アメリカで，その時代その陸域における適応放散の実例を見せてくれるのが有袋類である．各時代の各陸域において，有袋類は微細なまでにニッ

18 第1章 有袋類の多様性

チを獲得，占有し，機能形態を変遷させながら，哺乳類の採り得る形態を幅広く実現して，歴史を満たしてきた．その生き様は，真獣類という強力過ぎる別系統を学理の基本に据えるならば，きれいに収斂関係を提示する面白みの宝庫であり，また有袋類を中心に据えるならば，空間と時間を与えれば進化はとてつもなく幅広く適応様態を実現できるという驚異の足跡でもある．

　本書を繰りながら読者には，適応と収斂に関心を深めていただければ，改めて嬉しく思う．期せずしてそれは，日本動物学があまり得意としてこなかったマクロ機能形態学や個体レベルの生理学の只中を徘徊することに他ならなくなる．

（7）繁栄する双前歯類

　本節の末尾を飾るのは双前歯類である．ここで最後に出てくるというのは，本系統が，古生物学的に起源や多様化の新しい系統であるということをも示唆している．

　双前歯類では，たとえば共有派生形質の代表例として，下顎の切歯が2本に減数し，それを下から支えるように下顎骨が細長く吻側へ突き出ている場合が多いといえる．切歯は多くの場合頭骨サイズに不釣り合いに大きく発達し，普通はこの2本以外の切歯は犬歯とともに失われている．表面的には真獣類の齧歯類に類似して，巨大な切歯と小さな臼歯列の間に大きな間隙が空いている．上顎の切歯も減少し，3本以下にとどまっている．

　もう一つ，この系統に堅持される派生形質として二趾性が挙げられる．後肢の第二趾と第三趾，および第二と第三中足骨が連結・癒合している．またこの系統の多くの場合，各指・趾に爪が発達している．二趾性は，先述の通りバンディクート類でも見られ，双前歯類のみの形質ではない．両系統の二趾性の起源と機能については今後も議論が必要である．

　双前歯類は，切歯の減数と指・趾の減少および機能分化が観察されることから，形態学的に一見して派生・特殊化が進んだ系統だと見なされてきた．事実，系統の時代的新しさを後世の分子系統学が支持する流れとなっている．とくに下顎骨と下顎切歯の特徴は齧歯類との収斂を示唆し，実際，切歯を使った万能ともいえる咀嚼・把持行動が行動生態学的に観察され，この系統が多様化に成功する要因の一番手に挙げることができる．冒頭にふれたよう

に，有袋類の概念が十分に確立されていなかった十八世紀博物学時代には，齧歯類との同定レベルでの混同が普通に生じていたことが，本系統の顎運動の適応進化学的成功をいみじくも物語っているといえよう．

クスクス科でよく知られ，畜産業の対象にもなるのが，毛皮獣のフクロギツネ *Trichosurus vulpecula* である．生態学的には果実食，雑食性であり，和名は古くから使われているとはいえ，様々な点で真獣類食肉目のキツネとは類似性の乏しい動物である．フクロギツネという和名がもたらす印象は，本種の帰属系統や生態学的特徴とは相容れない．飼育現場における飼料には動物性タンパク質成分も工夫されているが，歯列ひとつを見ても，フクロギツネの食性適応の基本は植物食か，せいぜい無脊椎動物の捕食までだといえる（図1-7）．

クスクス上科とフクロモモンガ上科の歯式は，I3/1-3・C1/0-1・P1-3/1-2・M4/4とまとめることができる．他の双前歯類の例に漏れず，派生的な

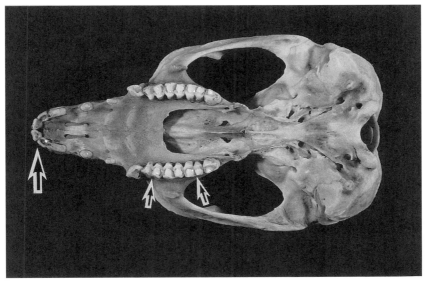

図1-7 フクロギツネ *Trichosurus vulpecula* の頭蓋腹側面．特徴的な切歯（大矢印）と双波歯とされる臼歯列（小矢印）が見える．和名の印象と異なり，基本的に草食適応した歯列だ．『哺乳類の進化』（遠藤，2002）より転載．（国立科学博物館収蔵標本）

歯の減少が起きている．クスクス科の典型的な種であるブチクスクス *Spilocuscus maculatus* は，高度な樹上性生態の持ち主である．有袋類を題材に真獣類との収斂を無理にでも語るとき，有袋類の生態戦略に大きく欠如するニッチが霊長類的な樹上性であろう．そこであえて探せば，このクスクスやキノボリカンガルー類がその位置を占めるといえなくもない．

とりわけ，クスクスの樹上性は関心を集める．実際，クスクスは肢端把握能力の高さや感覚器特性，認識能力などにおいて，高度な発達を見せる．原始的な霊長類との類似を思わせるくらいに，精度の高い樹上性ロコモーション機能を備えている（遠藤，2002）．他方のキノボリカンガルー類は，考え方としては，むしろ小型で登攀能力のある偶蹄目・反芻獣などになぞらえることができるだろう．そういう意味で，クスクス類の方が霊長類的な進化史の文脈に合っていると考えることが不可能ではない．しかし，後述するように，様々な要因から系統を通じて脳サイズの大型化は限定的であり，南半球の陸域で有袋類版の "サル" への生存戦略に道が拓かれることはなかったと結論できる．

さて，いくつかの双前歯類を指す英名によく見受けるポッサム possum という言葉は，何らかの単系統群を呼称したものではなく，多系統の人為的グルーピングである．喩えるなら，日本語の "ネズミ" と同様の便利な言葉として，英語圏で学問の外の世界によく定着している単語である．

英名でポッサムと呼ばれる種を含む系統のうち，クスクス科の特徴は上述した通りだ．他に小型のポッサム類は，フクロモモンガ科 Petauridae，チビフクロモモンガ科 Acrobatidae，ブーラミス科 Burramyidae，フクロミツスイ科 Tarsipedidae，リングテイル科 Pseudocheiridae などに帰属している．逆に考えれば，双前歯類のうち，コアラ類，ウォンバット類，カンガルー類を除く種や系統を指すために，日常的に漠然と，そして気まぐれに持ち出されるのが，ポッサムという言葉だ．ポッサムと呼ばれる種を含むこれらの系統は，クスクス上科・フクロモモンガ上科としてまとめたり，あるいはクスクス型亜目として一括することができる．類型としてのポッサムは，形態も生態も，概略的にいえば，真獣類の齧歯類の一部と似た生態学的な地位を占める種群から構成されている．

話を possum から，コアラ科以下に進めたいと思う．双前歯類の中で，現

生するコアラ科とウォンバット科は直接的に共通祖先をもち，分岐年代も推測されている．階級はまちまちに設定されるが，化石群も含めてウォンバット形亜目が立てられることがある．化石証拠は中新世から得られている．

コアラ科（図1-8）の歯式はI3/1・C1/0・P1/1・M4/4となる（Carroll, 1988）．犬歯が上顎に1本のみ残存する興味深い表現型である．系統全体を通じて樹上性傾向が強いと考えられ，葉食に適応している．現生のコアラ類は1科1属1種 *Phascolarctos cinereus* であるが，葉食生態の典型例で，完全樹上生活者であるとともに，とくにユーカリ食に特殊化している．ユーカリの有毒成分を代謝する能力を獲得し，餌食物の占有度を高めている．消化

図1-8 コアラ *Phascolarctos cinereus* の外貌．ウォンバット類との近縁性が指摘されてきた．高度な樹上生活とユーカリ類の餌資源利用への適応が注目される．（描画：喜多村 武）

図 1-9 ヒメウォンバット *Vombatus ursinus* の外貌．コアラ類と近縁で，好対照の地上性・掘削性適応群である．現生する 3 種のうちの 1 種．（描画：喜多村 武）

器の進化の項で，また深入りしたい．

　一方，ウォンバット科は，遠目にクマのようなずんぐりとした体形で，四肢が短めという特徴がある（図 1-9）．歯式は I1/1・C0/0・P1/1・M4/4 である（Carroll, 1988）．巨大な一対の切歯とかなり離れて並ぶ臼歯列が，齧歯類同様に幅広い適応様式を示唆する．実際，かなり強い咀嚼力を有し，硬い植物を破砕して食べる．齧歯類様の特異な咀嚼機能に委ねられた，雑食から植物食者としての適応の成功を見ることができる．コアラ科との間に比較的近い類縁関係が示されてきた一方で，現生のコアラ類が樹上生活者に収まっているのに対して，ウォンバット類は明確な地上性適応群である．またこの両者は，それぞれ食性に対応する消化管の異なった顕著な形態学的特殊化を遂げている．

　双前歯類の化石系統群では，漸新世から中新世にかけて大きく発展した系統に，ティラコレオ科が挙げられる．体サイズは一定に大型化し，属名も影響して，俗に"有袋類のライオン"とも称される．特徴的な"牙"の相同性は哺乳類の通例の肉食者とはまったく異なり，吻側の臼歯が犬歯化したものである．特異な適応の歴史は，後の章で語ろう．

　カンガルー類は，現生群に限っても有袋類内では際立った多様性を見せる

系統である．カンガルー形上科 Macropodiformes なるグループを設定し，広義のカンガルーの系統をすべて帰属させようとする．現生群ではニオイネズミカンガルー *Hypsiprymnodon moschatus* の形態学的および生態学的独自性は明白である（Johnson and Strahan, 1982; Nowak, 1999）．また同種を含まないとしても，ネズミカンガルー類 Potoroidae として祖先形質に富む科レベルで独自性の高い一群を識別することができる．そして，それ以外を狭義でカンガルー科 Macropodidae と呼ぶのが，大雑把な現生カンガルー類の分類である．

狭義でももちろんだが，カンガルー形上科に至っては，きわめて幅広い生態戦略を包含する巨大なグループである．古生物学と分子系統学の総合的議論は後の章で詳述するとして，年代的には比較的新しい系統であり，漸新世後半から多様化を開始したと理解して間違いない．事実上中新世以降に急激に放散を遂げ，現生の系統は，過去500万年前以降に発展したものが主体だ．現生群の典型的な属や種は，過去10万年程度のごく新しい時代に，体サイズ等においてある程度幅が絞られて生き残ったものたちと考えることができる（図1-10）．

図 1-10　オオカンガルー *Macropus giganteus* の外貌．現生する *Macropus* 属の中でも典型的な大型のカンガルーで，草原性である．高度な跳躍・ホッピングロコモーションが注目されてきた．（描画：喜多村　武）

カンガルーの生態戦略の，真獣類側の収斂相手として古典的に取り上げられてきたのは，偶蹄類や奇蹄類などの大型草食獣，および一部の比較的体サイズの大きな齧歯類である．実際，オーストラリア大陸で，これら真獣類に該当するニッチは，カンガルー類によって占められていると考えることができる．しかし，カンガルー類の機能形態に論議すべき点は数多く残されている．ロコモーション，感覚，食性，繁殖などの基礎生物学的スペックについては別途論議するが，いずれもが多くの真獣類，少なくとも奇蹄類や偶蹄類や齧歯類とは大きく異なったものだ．とりわけ反芻獣の多様性，あまりにも有能な消化機能，走行装置を想定した場合，カンガルー類をもってしても同等に高度な水準に到達しているケースはないとさえいえるだろう．収斂ばかりが指摘されてきたが，カンガルー類の面白味は，むしろ系統独自の生存戦略と多様性である．

カンガルー形類は一貫して植物食に高度に適応してきたと考えられ，とくに直近の歴史ではイネ科草本食の系統が大きく発展しているといえる．食性を反映する歯式は I3/3・C0-1/0・P2/2・M4/4 にほぼ固定され，顎関節構造とともに植物体破砕の咀嚼メカニズムは完成の域にあるといえる．

大型草食獣との収斂という観点で，興味深いのは南アメリカ大陸である．オポッサム類もケノレステスのグループも，草食獣と呼ばれる位置を占めるものではない．実は南アメリカの草食獣の位置は，有袋類以外の系統が担ってきているのである．たとえば，南アメリカには土着の真獣類として，異節類のいわゆる地上性のオオナマケモノ類が多様に繁栄していた．アルマジロ類との類縁が想像されるいくつかの被甲類も同等にニッチを占め続けていた．そして，滑距類や南蹄類といった，おそらくは奇蹄類・偶蹄類と遠からぬ共通祖先をもつ大型の真獣類が分布，多様化を遂げていた．もちろん地質学的に時代を考慮して検討する必要はあるが，新大陸における有袋類は，大型草食獣のニッチに厳しい競争を経て入り込むことに，そもそも一度も成功していないのである（遠藤，2002）．

適応の観点からは，現生カンガルー類は，地上での走行性能をかなり高機能に特化させているといえる．大型の *Macropus* 類に見られる二足による跳躍運動がその極限である．現生種は極端にエネルギーを節約した状態で，時速 55 km 程度での一定時間の継続走行を実現している．この点も後の章で

図 1-11 フクロミツスイ *Tarsipes rostratus*. 最小級の有袋類. 双前歯類の中に 1 属 1 種のフクロミツスイ科を設けることが多い. 花粉・花蜜食に特殊化している. 後肢第二・第三趾は弱小で癒合しているが, 各指・趾を広げて枝や茎を巧みに把握する.（描画：喜多村 武）

詳述しよう.

　現生双前歯類は，サイズ的には現生有袋類の最小から最大までの範囲を占めている．最小種の例がチビフクロモモンガ *Acrobates pygmaeus*，あるいはフクロミツスイ *Tarsipes rostratus* で，体重 10 g 強（図 1-11）という小ささである．他方，最大種はアカカンガルー *Macropus rufus* で，性的二型が明瞭だが，雄がおよそ体重 100 kg に達する．大きい方では真獣類ほどの極限を見せないが，これは現生群に限ったときである．後述するが，ウォンバットとの類縁が推察される化石種ディプロトドン *Diprotodon* や，わずか数千年前まで生息していたプロコプトドン類 *Procoptodon* あるいはステヌルス類 *Sthenurus* は体重 200 kg 以上に達したと推定され，系統を問わず真獣類側の有蹄獣と比較するに足るだけのサイズをもつ大型種として進化している．

　以上のように双前歯類は多数の種を含むグループであるので，分子系統学の発展以前から，高次の体系を含めて豊富な分類学的論議がある（Aplin and Archer, 1987; Flannery 1989; Hume *et al.*, 1989; Szalay, 1994; Archer and Kirsch, 2006; May-Collado *et al.*, 2015）．たとえば古典的に 10 科 40 属 131 種という，数的カウントがなされた（Nowak, 1999）．

1.2 有袋類とは何か

（1）"袋"によるアイデンティティ

　本書の入り口の章で，おおよその系統を概観してみた．同様にここで，有袋類の有袋類たる所以である，"袋"による繁殖について少しだけふれておきたい．

　袋は，育児嚢と呼ばれる母親の装置である．俗にいわれるように，未熟な子を産み，その後の哺乳・哺育を袋の中で行うとされる．育児嚢は比較形態学的には皮膚の弛みであって，その内部に乳腺を備え，新生子，離乳前の子は，この袋の中で比較的安全に育てられることとなる．ただし育児嚢を形成しない種も複数見られる．いずれにしても，どうやら"未熟な新生子"というのが，有袋類なる系統を理解する最初の鍵である．

　有袋類の繁殖戦略は生殖内分泌と行動生態によって支えられる．比較生物学的には多様であるが，かなり高度化している例として，アカカンガルーを取り上げておこう（Nowak, 1999）．

　アカカンガルーは33日の妊娠期間を経て新生子を出産する．実際にはその後，後分娩排卵を経て，すぐに次の交尾を行い，真獣類でいうところの"着床遅延"を起こすことを基本の策としている．新生子は母親の育児嚢まで這い登り，育児嚢内の乳頭に到達する（図1-12）．嚢子と呼ばれる段階である．その後，4ヶ月程育児嚢内のみで過ごし（図1-13），育った子どもは生後120日から170日目くらいには育児嚢から顔を見せるようになる．そして間もなく育児嚢から外へ出て母親の周囲を歩き回るようになるが，依然として泌乳・授乳は継続する．

　子の行動は成長したサイズに依存するが，育児嚢の中に戻って母親に運ばれる時間帯もあれば，外から育児嚢に口を突っ込んで授乳されることもある．育児嚢の明け渡し，すなわち完全な離乳は分娩後235日目が平均的といわれてきた．

　一方で，離乳前の子が200日に達するころ，おそらくは吸乳刺激の減少をシグナルに，"着床遅延"に入っている次の受精卵が子宮壁に"着床"し，発生を開始する．先述の通り，真の妊娠期間を33日とすると，約230から

図 1-12 アカカンガルー *Macropus rufus* の育児嚢内を開いて覗いた図．乳頭・乳腺の外貌を示す．左上は離乳後に退縮しつつある乳頭．左下は新生子が吸乳中．右下は泌乳していない時期．右上は泌乳中の発達した乳頭で，育児嚢を出ながら離乳していない子がいるときの典型的状態．（描画：喜多村 武）

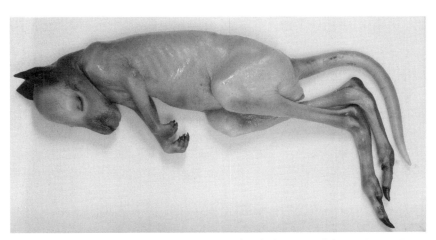

図 1-13 アカカンガルーととほぼ同じ分娩・哺育・成長パターンをとるオオカンガルー *Macropus giganteus* の嚢子．体重およそ 550 g まで成長した段階．体毛がまだあまり生えていない．（東京大学総合研究博物館収蔵標本）

240 日ごとに分娩を繰り返すことが可能だ．想定上は，出産ごとに後分娩排卵・"着床遅延"へ向かう新たな卵子・受精卵がデビューする．微妙な日数帯になるが，離乳をほぼ終えつつある母親の傍らを歩き回る子と，育児嚢内にたどり着いた直後の新生子と，"着床遅延"に入る受精卵の，計三段階のリッターが一頭の母親に付帯することが短期間だが起き得ることになる．もちろん，これは適した栄養条件が成立し，後分娩排卵時に近傍に雄が待ち構えていて交尾に成功することが前提である．

　以上は手垢に塗れたアカカンガルーという特定の種の戦略に過ぎない．実際の生殖内分泌に関連する新生子哺乳策は多様で，たとえ近縁のカンガルー類でも，その相違は著しい．実際，アカカンガルー以外のカンガルー類を見ると，繁殖戦略には細かいバリエーションが成立していることが分かる．

　ダマヤブワラビー（タマーワラビー）*Macropus eugenii* は，コントロール・斉一化された実験環境での飼育が実現している種であり，有袋類の繁殖生理学的知見が多数得られることになった，有袋類研究における代表種である．今後本書でもたびたび登場することになろう．本種の 27 日という真の妊娠期間は，アカカンガルーと同等である．また，"着床遅延"も同様に起こす種である．しかし一方で，ダマヤブワラビーは厳格な季節繁殖性を見せ，分娩直後の交尾でつくられる胚は，単に吸乳刺激によってのみ"着床"の遅延を継続するだけではなく，さらに季節性にも支配されて休眠を続ける．そのため周年繁殖が可能なアカカンガルーよりも，遅延期間は長くなることが普通だ．

　他方，後分娩排卵と"着床遅延"を起こさないカンガルー類もある．クロカンガルー *Macropus fuliginosus* が典型的だ．クロカンガルーは，30 日の妊娠期間と 320 日というとても長い育児嚢での泌乳期間をもつが，"着床遅延"による次世代の準備をすることはない．単純に，交尾，出産，授乳を繰り返すのみの作戦である．そういう意味では生殖周期への修飾策の少ない種がこのクロカンガルーといえるだろう．

　今後繰り返しふれることになるが，こうしたカンガルー類の高度に確立された雌性繁殖戦略は，必ずしも有袋類全般の典型例としてふさわしいわけではない．有袋類とくればアカカンガルーを想起してしまうのは，オーストラリアや南米諸国以外に住む人々である．こうした人々の浅薄な先入観が，ア

カカンガルーの繁殖様式を，勝手に有袋類の本質論に位置付けてしまったといえるのかもしれない．

カンガルー類の戦略は多分に高度化したものということができる．より一般性の高いケースとして，幅のある繁殖戦略の中からキタオポッサム *Didelphis virginiana* を取り上げておこう（Nowak, 1999）．

キタオポッサムは一年でもっとも寒い時期の子育ては避けているものの，年間10ヶ月は交尾を行い得る．雄は，特徴的な音を出して雌を惹きつける．雌側はといえば，28日間の生殖周期を示す．この生殖周期の長さからは，キタオポッサムが，普遍性の高い卵胞成熟・排卵のサイクルを確立し，運用している動物だと見なすことができる（遠藤，2002）．

比較繁殖学的には別途詳しく語るが，基盤的有袋類は新生子の損耗を想定した多交尾・多産戦略をもつと考えることができる．キタオポッサムはまさしくその例である．年に3回くらいの出産を見せることが珍しくないのだ．

キタオポッサムは真の妊娠期間は驚くべきことに11日から13日である．この日数の後，体重わずか0.13gの子を出産する．有袋類の中で多産なこの種において，リッターサイズはしばしば20を超え，50に達した例もあるとされる．未熟状態で出産できる有袋類特異の利点ではあるが，哺乳類全体を見渡しても最も多い産子数の一例といえるだろう．ただし育児嚢内の乳頭数が12から13程度と限られるため，発育する新生子数はもとより限定されている（Nowak, 1999）．謎めいたリッターサイズの多さについては，後にまた論議しよう．なお，新生子は無毛で眼が開いていない．新生子は育児嚢内で2.5から3ヶ月間育つ．2ヶ月目には眼は開き体毛も揃うが，離乳は3ヶ月目以降となる．

このようにたかだかカンガルー類とオポッサム類を見ても，"袋"を用いた繁殖方式は多彩で，その多様なパターンを見るだけでも十分に一書を成すだけの観察結果と理論が蓄積され，また新たな発見が続いている．まずは有袋類がどうやら多くの日本人の想像する範囲を超えた，多彩な進化史と生き様をもったものたちであるという理解を得つつ，本論を進めていきたいと思う．

30 第1章 有袋類の多様性

（2）歯列によるアイデンティティ

　前節の論の対象は，有袋類のあまりにも分かりやすい動物学的特徴である．
一方で，最初の章で，古生物学・形態分類学において運用可能で，実証力の
高い有袋類の共有派生形質を整理しておくのは重要なことであろう．そこで，
有袋類の歯列について簡単にふれておきたい．

　有袋類と真獣類の形態形質上の決定的相違の一つに，臼歯の相同性がある．
有袋類の犬歯より後方の歯列は，基本的に P1，P2，P4 が前臼歯を構成する
一方で，後臼歯の4本は P5，M1，M2，M3 である．つまり有袋類の後臼歯
の最前列は，形状は後臼歯化しているものの，第5列の前臼歯と相同と解釈
されるのである（Luckett, 1993; O'Leary *et al.*, 2013）．これは真獣類の歯列
が，P1，P2，P4，P5 による4本の前臼歯，M1，M2，M3 の3本の後臼歯
から成り，形状も前臼歯4本，後臼歯3本を基本とすることとは明確に異
なっている．

　臼歯列のこの違いは形態学的には非常に大きな相違といえる．だが，この
ような指標が，両群の分岐の深さや，系統的独自性の高さをどの程度指し示
しているかは，実際には解釈が難しい．

　一方，有袋類では興味深い歯牙の交換様式が指摘される．有袋類の乳歯か
ら永久歯への交換は，真獣類とはまったく異なっている．切歯，犬歯，後臼
歯では，交換が認められない．それゆえ，有袋類では，乳歯の永久歯化が起
きていると表現されることもある．通常有袋類で交換を見せるのは，上下顎
の最後前臼歯，第三前臼歯のみである．この特徴はどうやらきわめて保守的
と考えてよく，実質的に有袋類および，後に述べる初期群まで含んだ後獣類
全体の共有派生形質として扱われてきた（Carroll, 1988; Luckett, 1993; Cifel-
li *et al.*, 1996; Kirsch *et al.*, 1997; Cifelli and de Muizon, 1998; Nowak, 1999）．

　今後化石を扱う以上，また古生物学の論議を進める以上，有袋類を認める
最大の鍵の一つが，最後臼歯の交換である．とくにこの形質は，白亜紀後期
における真獣類と有袋類の境界線を決める議論で大規模に論議・運用されて
きた経緯がある．

　有袋類のこの歯の交換様式の生物学的意味は不詳ではあるが，そもそも乳
歯から永久歯への交換は，急速にサイズが成長する上下顎に対して，できる

だけ適切な大きさの歯列を顎骨に備えるための，哺乳類の発生学的戦略と解釈されている（遠藤，2002）．しかし，わずかに1列あたり1本の交換では，有袋類では上記の理解は成立しがたいともいえる．

　他方，別に語るように，有袋類の新生子戦略のなかに，口唇周辺の成長が極端に速く，未熟新生子が誕生直後に既に吸乳能力を有する口を備えているという特徴が挙げられている．口の発生・成長が速いことが，歯列交換が小規模に終わることと無関係ではないだろう．有袋類の未熟な新生子のプロポーションにおいて顔面頭蓋や口が如何に大きくても，所詮は小さい新生子の話であり，大きな永久歯を別に用意することとは結びつかないかもしれない．しかし，また別にふれるが，口蓋の形状など，有袋類には真獣類と比較して明らかに口唇周囲の形態に系統的特異性があると考えられ，歯列交換の不徹底は，こうした系統進化学的制約のなかで固定された形質と考えることができる．

第2章　生殖戦略の妙

　先週までどこかの名のある会社の副社長くらいの名刺を持たされていた雇われ経営者が，大学の門をくぐっている．そうした市場原理にかぶれた経営陣がのさばり，管理された専門学校のごとくおままごとを提供し，教育はサービスだなどと戯れ言を弄する今の大学とまったく異なり，たかだか三十年前なれども，大学の講義は教授との人生を懸けた闘いの場だった．

　いまの体たらくは何だ．

　何がシラバスだ．何がハラスメントだ．何がコンプライアンスだ．そんな概念もリスク管理も，何一つ大学に不要である．ここは，この講義室は，教授と学生が命を懸けて闘う場だ．若者よ，そして経営者よ，サービスとビジネスしか頭にないのなら，大学を去れ．

　三十年前になろうか．家畜生理学と銘打っていたと思うが，かつて獣医学科に進んだころ，そんな闘いの時間に，あたしが最初に叩き込まれた理屈が生殖周期だった．知識水準でいえば，初見の話が意外にも多かったと記憶する．いや，若い自分には，面白くて仕方なかった記憶をもつ．高等動物の個体レベル生理学を学べる場は獣医学や畜産学にしかないという，稀有な幸福を享受させてもらった．だが本質をいえば，生殖生理学の理論などどうでもよい．あたしは，そこに没頭し続けた教授の人生を学び，その人生と闘わせてもらった．

　「学問分野の生き残り」と称して，真理の探究を足蹴にし，イヌネコの成人病ごときの治療技術を教わってばかりの今の学生は，我々に比べて恐ろしいまでに貧困である．否，不幸である．けものの生涯の一秒を金に換えて儲ける技術を教え学ぶなら，獣医学など駅前の専門学校で十分だ．二十歳代の毎日を，サービスと経営と癒合させられて学生を演じるのは，人間として底

知れぬ屈辱だ．イヌネコの命が些末なことだとは敢えて言わないが，商業主義大学でものを治す術式を算盤塾のように知り，手に職をつけるだけで，それで満足なのか，学生たちよ．

　今と同じくらい，三十年前も，あたしは飢え渇いていた．闘いの相手を探し求めていた．そんなあたしの前に，繁殖戦略の話が繰り広げられた．もちろんあたしと教授の命がけの，攻防だった……．

2.1　新生子と育児嚢の設計

（1）繁殖戦略の特異性

　有袋類の繁殖について，表2-1に新生子と授乳を基軸とした種ごとの特性データを，表2-2に生殖周期を背景とした各種の諸元を掲げる．

　有袋類の強烈なアイデンティティとして，繁殖戦略があろう．胎生を半分

表 2-1　有袋類の新生子に関連した繁殖特性．

種	雌成獣の体重(g)	乳頭数	産子数*	新生子体重(mg)	新生子が育児嚢内にとどまっている日齢	離乳日齢
ディデルフィス類						
Marmosa robinsoni	50	13	8	100	40	65
Monodelphis domestica	100	22	10	100	／	50
Didelphis virginiana	2000-4000	11-17	3-13	130	70	110
ケノレステス類						
Caenolestes obscurus	30	4	3-4	／	／	／
ダシウルス形類						
Planigale maculata	15	8-13	4-12	／	45	70
Sminthopsis crassicaudata	12-18	8-10	6-8	10	60	65-68
Antechinus stuartii	30	6-10	6-10	16	75	90-110
Phascogale tapoatafa	140-180	8	1-8	／	／	120
Dasyuroides byrnei	90-150	6	4.8	／	70-78	100-120
Dasyurus viverrinus	1350	5-8	5.8	12.5	91	135-140
Sarcophilus harrisii	6700-12000	4	2.9	200	105	150-240
Myrmecobius fasciatus	500	／	2.4	／	160	180

ノトリクテス形類
Notoryctes typhlops | 40-70 | 2 | / | / | / | /

ペラメレス形類
Perameles nasuta	800-900	8	2.4	237	62-63	62-68
Isoodon macrourus	1130	8	3.4	350	53	58
Macrotis lagotis	800-1100	8	2	/	75	90

ブーラミス類
Burramys parvus	40	4	4	/	33-37	70-75
Acrobates pygmaeus	11-17	4	2	/	50	90-95

フクロモモンガ類
Petaurus breviceps	150-200	4	1.6	194	70-74	120
Pseudocheirus peregrinus	700-1000	4	2	300	120	180-210

フクロミツスイ類
Tarsipes rostratus	10-12	4	2.4	3-6	63-70	90

クスクス類
Trichosurus vulpecula	1500-3500	2	1	200	140-150	230

コアラ類
Phascolarctos cinereus	4000-11000	2	1	500	240-270	360-380

ウォンバット類
Vombatus ursinus	26000-40000	2	1	500	150-300	400

カンガルー形類
Potorous tridactylus	660-1000	4	1	330	130	147
Bettongia lesueuri	1100	4	1	317	115	165
Bettongia gaimardi	1800	4	1	300	114	155
Setonix brachyurus	2750	4	1	350	190	240
Wallabia bicolor	11500	4	1	610	256	420
Macropus parma	3500	4	1	510	212	300
Macropus eugenii	5000	4	1	370	250	270
Macropus rufus	27300	4	1	817	235	360
Macropus giganteus	27600	4	1	740	319	540
Macropus fuliginosus	27600	4	1	828	310	540

Tyndale-Biscoe と Renfree（1987）を基に改変・加筆.
各数値は，典型的数値，原データより筆者が選択した.
* 本文中でふれるが，ディデルフィス類やダシウルス形類を中心に，極端に多数の新生子を損耗させる系統では，表に出ている新生子数の意味が一般的にいわれる新生子数とは異なる場合がある.
／は不明.

表 2-2　有袋類雌の生殖周期特性.

種	発情周期 （日）	妊娠期間 （日）	胚休眠の 有無	卵胞期継 続日数	成熟卵胞数も しくは排卵数
オポッサム類					
Marmosa robinsoni	25.5	13.5	無	16	20
Monodelphis domestica	32.3	13.5	無	14.4	／
Didelphis virginiana	25.5	13	無	7-17	22
ダシウルス形類					
Sminthopsis crassicaudata	31	13-16	無	14-16	14
Antechinus stuartii	単発情	27	無	／	11-19
Dasyuroides byrnei	60	30-31	無	／	11
Dasyurus viverrinus	37	19	無	20	7-35
Sarcophilus harrisii	32	14-22	無	8-23	39
ペラメレス形類					
Perameles nasuta	10-34	12.5	無	5-10	3.3
Isoodon macrourus	9-34	12.5	無	10-20	5.1
Macrotis lagotis	12-37	13-16	無	／	／
フクロモモンガ類					
Petaurus breviceps	29	16	無	12	／
クスクス類					
Trichosurus vulpecula	25.7	17.5	無	8	1
カンガルー形類					
Potorous tridactylus	42	38	有	／	1
Bettongia lesueuri	23	21	有	22	1
Bettongia gaimardi	23.2	21.1	有	／	1
Setonix brachyurus	28	27	有	26-27	1
Wallabia bicolor	32.6	35.5	有	24.8	1
Macropus parma	41.8	34.5	有	6-15	1
Macropus eugenii	30.6	29.4	有	30.4	1
Macropus rufus	34.8	33.2	有	34.7	1
Macropus giganteus	45.6	36.4	有	10.9	1
Macropus fuliginosus	34.9	30.6	無	8.3	1

Tyndale-Biscoe と Renfree（1987）を基に改変・加筆.
各数値は，典型的数値，原データより筆者が選択した.
／は不明.

36　第2章　生殖戦略の妙

だけ齧ったような言われ方をしてきたその特異な繁殖方式は，十九世紀英国的進歩史観に直結した歪んだダーウィニズム様解釈の中で，不当に割りを喰ってきたといえる．しかし，これからふれるように，有袋類の繁殖にまつわる生残戦略の幅広さと奥深さは，繁殖生理学の大きな一章を構成するだけの緻密かつ高機能な特性を備えてきた．繁殖特性を見るだけで，有袋類は，単に哺乳類の一パートとして片づけるわけにはいかないだけの，十分に確立された進化史の到達段階だと受け止めることができるのである．

　ここでまず，有袋類の繁殖ストラテジーを順序立てて理解・整理していくために，切り口を新生子に置こう．有袋類の繁殖は，特異な新生子設計を核心に据えて成り立っていると理解することができるからである．

　有袋類は，相当に未熟な新生子を分娩する．そして，分娩された新生子は，乳腺を目指して母親の体側面を這って移動する．ほとんどの場合，母親の乳腺は皮膚が弛んでつくられた育児嚢なる袋の中に用意され，幼体は自律的に動くことができるまで育児嚢内にある乳腺からミルクを供給されて成長する．他に類例を見ないこの特異な新生子哺育様式を，進化学的にどうとらえればよいのだろうか．有袋類のこの特殊さを解き明かすべく，脊椎動物の繁殖戦略の歴史から，有袋類を眺め望みたいと思う．

　脊椎動物，さらには全ての動物を進化史的に見直したとしても，哺乳類の繁殖特性はきわめて高度化しているといえる．雌性生殖器は生殖細胞を環境中に放出することはなく，胎子を子宮に妊娠させ，子宮内で個体の形成を進め，程度の差はあれ十分に発生の進んだ新生子を出産する．動物が世代交代する際，通常もっとも損耗するステージが，卵子から幼体の間の，自己防衛能力に限界をもつ段階である．その段階をほぼ完全に雌親の生存性に依存しているという点で，哺乳類の次世代保護への投資は他群とは桁違いに大きいと結論することができる．

　加えて哺乳類は生後の子への投資が泌乳・哺乳によって約束されている．大多数の動物，脊椎動物がいわゆる子育てのプロセスを欠如するのに対し，哺乳類は高い基礎代謝率に支えられ，雌成体が，次世代の養育を自己の生理学的設計の中に組み込んでいる．この点で，動物史に見ることのなかった，驚くべき次世代養育システムを備えるに至っているといえる．幼体の生存は，圧倒的に能力の高い親成体に委ねられ，その結果，子自らが外界に投げ出さ

れる他の群に比べれば，次世代ははるかに有力に守られる．

　当然，妊娠においても泌乳においても親から子へのエネルギー投入には限界があるため，哺乳類は相対的に少子戦略となる．また，必然的に親とその幼体の共存時間は長くなる．高度な生存基盤を備えた哺乳類は，この時間をまさに親から子への世代間情報伝達に用いる．あいまいに使われる母性という概念が観察されるのも，この時間帯である．哺乳類の母子関係は，泌乳という栄養に直結した現象として確立されるが，実際の生態では，十分にそれを超える意義をもつのである．たとえば肉食獣なら，泌乳期間は母親から子へのハンティングの技術や餌を獲る方法の教育期間として貢献する．たとえば一定の群れ社会をつくる草食獣なら，同種他個体を認識し，群れを凝集，その社会性の中で生きることを学ぶことになるのが泌乳期間である．

　こうした一連の哺乳類の特異的母子関係は，しばしば動物の究極の高度化として語られてきた．その背景において，有袋類には哺乳類の中で異質に水準が低いというレッテルが貼られることにつながったといえるだろう．

（2）新生子の特質

　有袋類の新生子は，真獣類と比較して著しく妊娠の完成度を欠き，当然その妊娠期間は短く，何よりも身体の成熟度がとても低い（図 2-1）．

　まずは，双前歯類のアカカンガルーを考えてみたい．真の妊娠期間は 33 日間である．典型例を挙げると，成体の体重およそ 25 kg に対して新生子のサイズは体重 0.75 g に過ぎず（Sharman and Pilton, 1964），体重比は 0.003％にとどまる．真獣類で新生子が相対的に小さいことで知られるのは食肉目クマ科であるが，ヒグマ *Urus arctos* でたとえば 200 kg の親に対し 500 g の新生子，ジャイアントパンダ *Ailuropoa melanoleuca* で 100 kg に対し 100 g の子を産む（遠藤，2002）．真獣類なら大抵の場合，新生子の体重は成体体重の最低でも 0.1％に達しているといえるだろう．つまりは有袋類の新生子は桁違いに小さく，そのことは単に重量だけの問題ではなく，多分に生態学的・機能形態学的に未熟であることを意味する．

　有袋類の新生子は，あまりにも小さいその体サイズゆえに，哺乳類としては異質の生活史の中に位置付けられる．一つには，身体の各部の成長速度が揃っていない．つまり，発生が器官系や部位ごとに不均衡に進むのである．

38　第 2 章　生殖戦略の妙

図 2-1　キタオポッサム *Didelphis virginiana* の新生子．有袋類に典型的な発生戦略として，前肢領域を含む身体の前半身が早期に発達した状態で分娩される．前肢を用い，また早期に発生する嗅覚や触覚などの神経機構を頼りに，未熟な新生子ながら育児嚢の乳頭にたどり着く策をとっている．（描画：喜多村 武）

　一般に有袋類の新生子は体幹後方から後肢にかけての骨格・骨格筋の成長が不均衡に遅い．その機能的意義は，分娩されてくる新生子が，母親の体側面を這い，育児嚢に到達するための適応であると説明できる．つまり，新生子は早く成長した前半身および前肢の運動能力・ロコモーション機能を使って分娩後すぐに母親の体表を移動，育児嚢に至らなければならない．その際，ロコモーションを前肢に依存しさえすれば，後半身は徹底的に簡略化しておくことが可能となり，合目的的である．子宮内での限られた発生に必要な原資を，ことごとく前肢に回す生存策である．もちろん，当座役に立たない後半身は軽くて小さい方がいい．そのためにも，後半身の形成・成長を遅滞させる．前後肢間での明瞭なヘテロクロニーの成立である．
　もちろん育児嚢で泌乳を受けて以降，後肢の成長は前半身に"追いつく"ことになるが，分娩後育児嚢へ"歩行"するという有袋類の繁殖特性を最大

限に成功させる策が，後半身の低速度成長だということができる．確かに，短距離の移動能力を未成熟新生子に付与するとして，身体を機能的領域に分け，それぞれの成長スピードをずらすことは非常に有効な工夫であると推察される．

真獣類との比較に基づき，前肢の早熟と後肢の発生遅滞という有袋類特異の現象は，遺伝子発現の相違として追跡されてきた．肢芽に関わる遺伝子として *TBX4*, *SHH*, *TBX5*, *PITX1*, *FGF8* などの発現パターンの解析が進められた（Chew *et al.*, 2014）．その結果，前肢の形成に関わる *TBX4* の発現が，有袋類でマウスより早いことが明らかである．一方で，*SHH* や後肢形成に関連する *PITX1* の発現は限定的であったり，発現領域に相違を見せるなどの違いが，有袋類で確認された．前後肢に限っても，形態形成スピードが，こうした遺伝子群の発現パターン制御によって，巧みに設定が変更されていることが推測されている．

他方，新生子の体サイズが小さいことから，有袋類の新生子は真獣類では生じ得ない生理学的サイズ適応の領域にある（遠藤，2002）．その最大の特徴は体表面積が対体重・対体積に比して大き過ぎることである．そのアンバランスは，恒温動物で成立すべき代謝戦略の枠組みを超えてしまっている．

有袋類の新生子は，一般に熱容量的に体温を維持することができない小ささにとどまっているのである．つまり，生理学的に自律した体温維持が可能となるサイズに育つ過程を，育児嚢と乳腺に依存しているといえる．真獣類にも早期に分娩する適応戦略はあるが，有袋類の場合には新生子は普遍的に基礎代謝が不足する基本設計になっていることで，真獣類とは一線を画した状態にあると理解することができる．不足する熱の供給は，母体との接触によって補われる．有袋類の新生子にとって，雌親の皮膚から離れることは，即，死を意味している．

逆に，このサイズの場合，皮膚呼吸によって必要な酸素が獲得できるという報告がある（Mortola *et al.*, 1999）．ジュリアクリークスミントプシス *Sminthopsis douglasi* の新生子重量は 17 mg に過ぎず，ミルクによって 100 mg 程度に育つまで肺呼吸を一切使わずに育つことが明らかになっている．前肢の発生スピードを上げ後半身の成熟を遅らせるとともに，肺呼吸のシステムの確立も後回しにすることができるのである．

40　第 2 章　生殖戦略の妙

　また，新生子の知覚と運動の情報処理がどのように成り立つかという疑問が生じる．有袋類新生子の器官系ごとの発生・成熟スピードの不均衡は神経系にも及んでいる．前肢を使ったロコモーションで這いまわり，乳頭に到達することがほぼ唯一の要求スペックであるとき，新生子は確実に乳頭の方向を認識しなくてはならない．

　どうやらそれに大きく貢献しているのは嗅覚である（Gemmell and Nelson, 1988; Adadja *et al.*, 2013）．フクロギツネ，バンディクートとイヌの新生子について，嗅上皮の微細形態を比較，受容体細胞の発達を量的に比較すると，有袋類の新生子は真獣類の新生子と同等に発達が進んでいることが知られている（Gemmell and Nelson, 1988）．当たり前のように思われるが，そもそも有袋類の新生子は，分娩時点で比較すれば，真獣類よりはるかに未熟で胎子的である．その中で，前肢とともに極端に発生の進行を早く終えるのが嗅覚装置であると結論できる．母親の乳頭を見つけ出すために，嗅覚だけがわずかな妊娠期間のうちに十分に発達し，新生子としては不均衡に嗅覚のみが高い機能性を有していることが示唆される．

　新生子の脳と脊髄をハイイロジネズミオポッサム *Monodelphis domestica* で形態学的に検討したところ，三叉神経，内耳（前庭）神経，嗅神経の関連領域が，他領域と比べて早期に新生子期の発達を進めることが明らかとなった（Adadja *et al.*, 2013）．脳神経の形態学からも，前肢のリズミカルな運動による育児嚢・乳頭への到達を最大限重要な機能的要求と考えるとき，有袋類の新生子は早期に発達した嗅神経によって乳頭を探し，歩行する方角を決定していると考えることができる．三叉神経の発達については，吸乳運動の制御のために，口周辺の微細な触覚を初期から必要としていることと関連があるだろう．また前庭神経は，育児嚢や乳頭を目指す際の，ロコモーションの進行方向を決めることに貢献している可能性が高い．

　新生子の前肢を使った這いまわり歩行であるが，分娩 3 日前の胎子が既に，子宮内でリズミカルな前肢のロコモーション様運動を繰り返していることが，超音波による動画解析で判明している（Drews *et al.*, 2013）．このロコモーションは，未成熟と言われてきた有袋類の新生子にとって，きわめて早期に，また生残性においてとくに重要な行動形質として，運動器と神経系の協調の基に成立していることが明らかである．

有袋類の新生子の生理学的特質は，象徴的に粗く"未成熟"という言葉で処理されてきた．しかし，その未成熟の形態発生学的内実は，体サイズ全体で決まる基礎代謝条件を基盤に，後肢や肺や一部の神経系の成長曲線をスライドさせ，乳頭・育児嚢への到達を実現していることが明らかである．未熟で分娩することの利点を得るには，未熟な状態の新生子を確実に乳頭に到達させなければならない．その一点において，有袋類の新生子は，生存をかけた限界点での設計を採っている．これは視点を変えれば，未熟というネガティブで粗雑な価値観に収まるものではまったくなく，有袋類の新生子・胎子が，きわめて合理的で高度な生存システムを，真獣類とはまったく別の設計理念で完成させていることを意味している．

（3）"袋"の性能

有袋類のライフスパンにおける繁殖戦略の巧妙さ柔軟さは，胎子の成長スピードの精巧な設定のみにとどまるものではない．母体側の"袋"，すなわち育児嚢もきわめて効果的である．育児嚢は分娩後の妊娠子宮・胎盤の代わりを果たすと理解される向きは多く，真獣類における"ただの乳腺"よりは，受け持つ責任が大きいと認識されてよいだろう．だがその真の能力は，「"子宮"ほど本格的ではない」「"子宮"より節約的である」というスペック自体にある．

真獣類の子宮のとりわけ妊娠後半の有り様は，精巧な胎盤を中心に，オールオアナンの考えでいえば 100 点満点の装置であり過ぎている．胎子さえ捨ててしまえば成体の生存が図れ，必要なら次の交尾でそれを補えばいい状況は，自然界で四六時中生じていることだろう．真獣類はこの事態に対する対処が困難である．時と場合によってはオーバースペックともいえる真獣類の子宮は，45 点で運転するわけにもいかず，得てして融通が利かない．しかし，有袋類は真獣類でいう妊娠後半に相当する"胎子"を，臨機応変，簡単に遺棄することができるのである．

育児嚢は，妊娠後半の子宮を肩代わりするものと考えることができる．さらに同時に，この戦略を胎子の側から分かりやすく解釈すると，有袋類にとっての胎生とは，最低限必要な発生過程を子宮内に依存するだけの策であると理解することができる．ここでいう最低限とは，分娩後，母親の乳頭に

たどり着くことのできる最低限の性能の獲得である．具体的には，極端に小さい身体を維持する基礎代謝率と，体側を這って乳頭を見つける能力の二点だ．既述のように，前者は母親からの熱伝導に依存することを前提に成立させる．後者は，アンバランスな全身の発生により，短い時間で合理的に獲得される．

　ミルクを得て以降の成長は，母親から見れば完全に体外・外界の事象として受け止めることが可能だ．つまり有袋類は，「最低限の発生とジェネラルな成長を明確に分離」し，母親の子宮の占有意義を前者の機能のみに限定した，合理性の高い繁殖様式なのである．

　有袋類の哺育戦略は，「最低限の発生とジェネラルな成長の分離」に，そのアイデンティティがある．古典的に有袋類に関して唱えられてきた，あるいは有袋類の原始性，劣等性として烙印を押されてきた要素は，まさしくこの点に他ならない．未成熟な新生子の分娩，想定される新生子の損耗，胎盤の形態学的未熟さをもって，子を守り育てる能力の一段劣った哺乳類というレッテルが，見え見えに分かりやすく受け入れられたからである．しかし，その認識は繁殖進化学的真実からあまりにも遠く隔たった，誤った解釈である．

　母体において子宮が最低限の発生しか担保しないという特質は，母親の単位分娩あたりの過度な投資を抑制する，合理的戦略である．真獣類の子宮内での胎子の高度な成熟とそれを支える母体からの莫大な投資は，脊椎動物の基本体制がなし得る，いわば完成された次世代養育システムといえる．もっとも r 戦略側に寄っている，つまりは新生子の多大な損耗を計算に入れているドブネズミ Rattus norvegicus を例として取り上げても，その親から子への投資と保護の強大さは，脊椎動物の中で群を抜いた手厚さを実現しているといえるだろう．しかし，そうした真獣類は，基盤的な水準で既に，子への投資がかなり過大になっていると見ることができる．泌乳段階はともかくとしても，子宮を長期間，高負担要求の胎子に占有される真獣類のシステムは，明らかに母体がデメリットを抱え込んでいると認められる．確かに，胎子に向けたここまでの高度消費を実現できることこそ，真獣類の高基礎代謝率戦略の最大の強みではある（遠藤，2002）．しかし，いかに子を完璧に成熟させて誕生させたところで，自然界に待ち受ける脅威がゼロになるわけでもな

2.1 新生子と育児嚢の設計　43

く，生まれてくる子は，早晩生死の境目で折り合いをつけざるを得ない場面に遭遇するだろう．

　たとえば，最高度に成熟を終えたヌー *Connochaetes* は，分娩後15分もすれば親と一緒に高速で走行することができる．しかし，ここまで子宮なる養育システムを手厚く準備したところで，生息地にはライオンもブチハイエナも待ち構え，時には周到な作戦をもってまで新生子を襲っている．結局は避け難い生命のリスクが存在する中で，限られた雌成体のライフスパンを，子宮を通してここまで一腹の新生子のために消費することが得策といい切れるだろうか．

　そこで，ある意味中庸を得た状態を策として実現しているのが有袋類である．子宮を用いて初期発生と最低限の形態形成は進め，子宮と母体生理条件への負担を抑制しつつ分娩を成し遂げる．一方で，未成熟な新生子が親の体側から滑り落ち，育児嚢を使わずして損耗する可能性は一定に高い．もちろん真獣類の子宮内よりは明らかに危険だろう．しかし，有袋類のシステムであれば，そもそも費やした子宮の時間，雌親の貴重な対生涯時間はたかが知れている．アカカンガルーならたった33日間でしかない．たとえ子を失ったところで，母親の生涯設計においてはごく小さな損失にしかならないだろう．未熟な新生子が，あるいは育児嚢で育つ次世代が仮に命を落としても，次世代をまた妊娠し，簡便に次なる分娩に入ればよいのである．子宮と育児嚢の柔軟な運用こそ，有袋類の決定的アドバンテージである．

　子宮に負担をかけず，母体のライフスパンを無駄な時間として浪費しないという唯一点を本質的ストラテジーに据えることで，有袋類の未熟な新生子と育児嚢なる不思議な袋の真の意義を理解することが可能だ（遠藤，2002；Edwards and Deakin, 2013）．かつて下等であり劣っていることの象徴として語られた有袋類の繁殖様式は，胎生でありながら過剰な投資を前提としない，きわめて柔軟で合理性の高い，進化の一つの到達点だということができるのである．

2.2 有袋類の"胎生"

（1）胚休眠

ここで胚休眠について記しておこう．哺乳類の繁殖戦略を彩る一つの手法に，着床遅延がある（遠藤, 2002）．よくある例は温帯域での季節繁殖性に起因している．子育てに最適の季節に母親が分娩するとして，"設計上"の妊娠期間を引き算すると，困ったことに交尾が不適切な時季に当たってしまうというものである．

中型肉食獣や鰭脚類などは，発生する胎子・新生子のサイズもあって，通例2ヶ月から4ヶ月の本来的な妊娠期間を要求する．しかし，これを子育ての適期，たとえば北半球温帯域の4月に設定すると，交尾時期が12月から2月の厳冬期に相当し，行動生態学的にまた社会構造的に交尾を成立させることが難しくなる場合が生じる．そこで多くの種は雌雄が支障なく出会える時季に交尾を済ませ，受精卵のまま発生を休止，着床させずに時間を稼ぐという策をとる．これが着床遅延である．

食肉類の"時季合わせ"は典型的なケースとなるが，齧歯類など多産早熟戦略のものでも普遍的に見られる．この場合は，新生子の損耗を前提にしたかのような，次のリッターのための胚の確保を行っていると解釈することができる．実際多くの場合，後分娩排卵と組み合わさって，それぞれの種のライフスパンや繁殖戦略における交尾機会の無駄ない配置を実現している．

有袋類も早期の交尾と発生の停止，最適期での発生の再開をよくある手段として採っている．ただ，そもそも着床という言葉が妥当ではない有袋類ゆえ，着床遅延には胚休眠（diapause）という語を当てる．

胚休眠はダマヤブワラビーで初期の実態解明が進んだ（Renfree and Tyndale-Biscoe, 1973）．真獣類の着床遅延と同様で，ダマヤブワラビーでは交尾，受精後80から100細胞期のいわゆる胚盤胞の時点で胚休眠が起きる（Renfree and Shaw, 2014）．通常，この段階では一つ前のリッターが授乳中である．ダマヤブワラビーでは，第一に新生子の吸乳刺激が胚休眠の開始と継続に必要なファクターである．古典的にも，新生子の除去によって胚発生が再開することが確認されていた（Renfree and Tyndale-Biscoe, 1973）．実

験的に胎子や新生子のステージを調整したいときには，前リッターの新生子の除去を実験日程の起算時とすることが基本的手技として用いられ，この新生子の除去処置は RPY（removal of the pouch young）と呼ばれて至極一般化している．

しかし，ダマヤブワラビーでのさらなる胚休眠の継続は季節依存性である．現在においても外界の季節条件がどのように内分泌環境を動かして胚発生を再開するかは，まだ完全に解明されているわけではない．しかし，ダマヤブワラビーの場合，子育てに最適な季節を探って，11ヶ月にも及ぶ，全哺乳類を通じてみても最長クラスの休眠期間を継続する．

胚休眠が何をシグナルに終了し胚発生が再開するかは大きな注目を集め続け，多数の成長因子が捕捉され，種々のメカニズムが示唆されている（Renfree and Shaw, 2000, 2014）．それはむしろ有袋類のメカニズム追跡としての研究史よりも，ヒトを中心とした基礎繁殖生物学における，哺乳類の胎盤形成の細胞生物学的メカニズムの追求史としての経緯をたどってきたともいえる．

胎盤を通例の意味では作らないとされる有袋類が，胎盤形成の研究史と合致してくるのは興味深いことである．実際，哺乳類の胎盤の起源を探るには論理的に適した素材であることは間違いないだろう．胎盤といえば当然真獣類中心の理論構築がなされると思われがちだが，有袋類の胎生の研究は，本格的な胎盤構築の理解にも影響を及ぼしているといえる．

胚発生再開シグナルとして最も注目されるのは，いわゆる PAF（血小板活性化因子：platelet-activating factor）とその受容体の発現である（Renfree and Shaw, 2014）．PAF は子宮内膜から分泌される．この PAF 自身が，古典的に着床・胎盤形成の本質的要素とされてきた因子である（O'Neill, 1991）．一方ダマヤブワラビーにおいて，実際に，PAF が胚発生の再開を決定づけ，黄体の機能継続を決定づけることが示されている（Kojima *et al.,* 1993）．つまり，胎盤の有無を問わず，PAF はどうやら進化史的に使われ続けている因子で，高度な胎盤の形態形成よりも古い段階から胚休眠をコントロールし，有袋類における着床類似現象を決定づける物質基盤となってきたことが明白である．PAF 以外に LIF（白血球阻害因子：leukaemia imhibitory factor）も休眠胚の再活性化に関与していることは確実である（Renfree and Shaw, 2014). LIF は子宮での研究史の当初から，マウスで着床に必須の因子とされてきた（Bhatt *et al.*, 1991；Stewart *et al.*, 1992；Dey *et al.*, 2004）. また，真獣類においては，着床遅延を見せるイタチ類やスカンク類で，発生再開時に LIF 値の急激な上昇が見出されてきた（Song *et al.*, 1998；Hirzel *et al.*, 1999）. ダマヤブワラビーを筆頭に LIF とその受容体が，PAF 同様，胚休眠の停止，発生再開の必須因子になっていることは明らかだといえる（Nichols *et al.*, 2001；Renfree and Shaw, 2014）.

　なお後分娩排卵は，たまたま *Macropus* のよく知られた種が起こすために有袋類に一般的だという誤解を生みやすい. しかし実際に後分娩排卵が確認されるのは *Trichosurus*, *Bettongia*, *Potorous*, *Thylogale*, *Petrogale*, そして *Macropus* の一部に限られ，有袋類の中でも少数派しか採らない策となっている. 後分娩排卵を生じる種は，事実上すべて胚休眠を生起する. むしろ興味深いのは後分娩排卵と胚休眠を起こす種がことごとく単胎であることである. 真獣類においては胚発生の時期的辻褄合わせは多胎 r 戦略者によく見られる方策であるが，有袋類ではむしろリッターサイズ 1 の種が用いる，繁殖成功のためのバックアップ方式だということができる.

（2）子宮と胚の有袋類的文脈

　では，有袋類の受精卵あるいは胚と，子宮との相互関係はどうなっているのだろうか.

　俗に「有袋類は胎盤をもたない哺乳類である」といわれることがある. むしろそれが普通だ. が，これは有袋類の胚と子宮の関係を表す言葉として正しいとはとてもいえない. 事の本質は"胎盤"の実態である. 一見するとそれは，何をもって胎盤とするか，どこからが胎盤と呼べるのかという境界線の定義の問題に思われるかもしれないが，事の本質は定義の話ではない. あくまでも，形態学的に，有袋類の胚と子宮がどういう形態学的関係を構築しているかという，客観的な記載の議論である.

　まず確かなことは，有袋類のほとんどは真獣類のように高度に発達した胎盤組織を作らない. もしも胎盤のアイデンティティを子宮と胚が混在する組織・器官と規定するなら，確かに有袋類の多くは胎盤をもたないと表現できる. しかし実際には，母子間の組織の混在と物質受け渡しの高い機能性を備

えなくとも，胚の卵黄嚢が子宮内膜と密接に接近するだけでも，胎生の意義
は成立し始めている．事実，有袋類のこの状態を形態学的発達の悪い「胎
盤」として認識し，胎盤の一つの形として類型化することは古典発生学で行
われてきた．卵黄包胎盤（yolk sac placenta）というグルーピングがそれで
ある（江口，1979）．このタイプの有袋類の「胎盤」の，真獣類の胎盤との
明確な相違は，尿膜が関与しないことである．

　卵黄包胎盤では，母体は受精卵・胚を認識し，内膜の子宮腺が盛んに分泌
活性を亢進し，分泌物によって受精卵・胚を包む．卵黄包胎盤のアイデン
ティティは，卵黄嚢壁と子宮内膜の極端な接近である．これが両個体間に何
らの組織学的相互関係をも生じないかというと，そうではない．子宮内膜上
皮と卵黄嚢は密着し，電子顕微鏡レベルの微細形態において両側からの微小
な突起を突き合わせて相互にかみ合わせる構造を作っている（Freyer *et al.*,
2002, 2003）．確かに強固な癒合や組織の本格的な侵襲と混在は生じない．真
獣類での胎盤の高度化を特徴づける栄養膜合胞体層が形成されることは有袋
類一般には起き得ず，*Monodelphis* 等において例外的に見られるのみとされ
る．しかし，いずれの場合も，子宮内膜を走る母体の毛細血管は，卵黄嚢壁
の細胞との間に液体とガスの交流を完成させる．

　子宮内膜上皮と卵黄嚢壁の密着度は系統によって異なり，*Macropus* にお
いては母体と胚の間が比較的明瞭に区別できるのに対して，*Monodelphis* で
は部分的に子宮上皮が欠失し，母体毛細血管の内皮が基底膜のみを介して卵
黄嚢壁と密着するに至る（Freyer *et al.*, 2002, 2003）．*Monodelphis* のケース
は栄養膜合胞体層が形成されると考えられ，侵襲的に組織混在が生じている
と表現する解釈もある（Zeller and Freyer, 2001；Freyer *et al.*, 2003）．いず
れにしても，ほとんどの有袋類の卵黄包胎盤が，物質交換を伴う子宮-胚関
係の確立に至っている．

　例外的にペラメレス形類では，尿膜が発達し，尿膜と絨毛膜が子宮内膜と
の癒合に参加する（Hill, 1898, 1900；Padykula and Taylor, 1982）．真獣類と
は発達の程度に違いはあるが，概念としては尿膜絨毛膜胎盤の進化学的完成
である．胎盤の類型でいうところの尿膜絨毛膜胎盤の胎盤組織の特徴が，バ
ンディクート類にはしっかりと成立しているといえる．

　またコアラ類とウォンバット類では尿膜と絨毛膜が子宮内膜に近接し，組

織癒合はないものの，ガス交換は十分に行われていることが知られている（Tribe, 1923; Hughes and McNally, 1968; Hughes, 1984）．これらの尿膜絨毛膜は villi を欠いているため，真獣類の尿膜絨毛膜胎盤とは構造的に異なっているという主張もある（Hughes, 1974; Luckett, 1977）．逆にミナミケバナウォンバット *Lasiorhinus latifrons* のみには villi が存在し，より高い物質移動機能を有しているという推察もある（Freyer *et al.*, 2003）．

　胎盤と呼ぶかどうかはともかく，こうした子宮–胚間の機能的および形態学的インタラクションの系統性はいかなるものだろうか．既に見られたいくつかの系統での母子間の密着度，癒合度を比較しても，系統上の祖先派生関係と整合するとはにわかには思われない．胎盤組織の派生的形質が多系統的か否かはいま一つ明瞭な結論は得られないだろう．

　しかし，ある程度納得できる内容として，アメリカ有袋類には尿膜絨毛膜の形成と子宮側への近接が生じなかったことは明らかである．その代償というのは適切ではないかもしれないが，先の *Monodelphis* 類あるいはそれに類似する進化段階において，子宮上皮を失って母体の毛細血管内皮と卵黄嚢壁が直接接するタイプが生じたと考えることができる．他方，ある程度本格的な尿膜絨毛膜胎盤への移行は，ペラメレス形類と双前歯類の一部に生じていることが明らかである．つまりこの方向への進化は，現生群で見る限り，オーストラリア有袋類に特異的なものと判断される．派生度の高いカンガルー類が卵黄包胎盤にとどまっていることを考えると，この形質が多系統的に生じ得ることを念頭に置く必要はあろう．尿膜や絨毛膜が"時と場合によって"子宮内膜・子宮上皮への接近を容易に繰り返したと考えることはけっして無理なことではない．

　有袋類が胎盤をもつかもたないかという百対ゼロの論議が，そもそも多分に連続的な形態進化に対する，白黒つけがたい境界線を無理に扱っていることに気付かれるだろう．母子間の組織混在の程度や機能性を指標に胎盤であるか否かを決める主観的立場を築くことはできるだろうが，"胎盤"という線の手前側か向こう側かで論争するのは本質的なことではない．

　胎盤の言葉の定義ではなく，胎生の起源・開祖といった意味で語るなら，子宮内膜上皮の形態学的変化に着目すべきかもしれない．子宮内膜上皮の変化は PMT（plasma membrane transformation）という名で概念化され，原

始的胎生の第一歩として扱われてきた（Murphy *et al.*, 2000; Murphy, 2004; Laird *et al.*, 2014）．今後も，子宮と胚の関係について，事前に概念に境界線を引かずに純粋に機能論で論じることが胎生メカニズムの解明の近道であることは明らかで，それが有袋類の妊娠の実態を究明していくことにつながっていくであろう．もちろん，それは胎生の起源と意義を正確に語ることでもある．

　関連して，本書で参照する多くの理論を生み出した Marilyn B. Renfree 博士は，現在までに有袋類の繁殖生物学に関する多大な業績を築いた研究者である．博士がダマヤブワラビーを筆頭に有袋類の胎生に関するレビューで用いるのが，fully functional placenta という概念と表現である（Renfree, 2010）．単語だけを見れば，有袋類が完全なる胎盤を備えているように受け取ることができるが，真意は，いくつかの点において真獣類の胎盤ないしは胎生現象と同等の機能を，有袋類の母体胎子近接領域が果たしているという意味に限定される．けっして，有袋類の卵黄包胎盤とそこから派生する小規模な形態学的派生に対して，何らかの新しい形態学上の解釈を唱えているわけではない．

　博士が着目する胎盤・胎生と同等の状況とは，一つには，胎子の栄養膜細胞（trophobalst）を子宮側が一定に認識して卵黄包胎盤を形成し，子宮腺が妊娠期間の中盤や分娩まで分泌を活発に行っていることである．系統によって子宮と胚の形態学的相互関係に程度差はあっても，そこには物質交換機能が働いている．そこまでをもってして，fully functional placenta という言葉が使われ始めている（Freyer *et al.*, 2002, 2003）．

　さらにこの概念には，組織学的・細胞生物学的要素が加えられている．代表的には，有袋類の胎盤が PGF2α を分泌し，*IGF2* のような成長因子の遺伝子を発現している（Ager *et al.*, 2008）という，内分泌学的・細胞生物学的特徴を指している．また，胎生の起源たる必須の現象として，ゲノムインプリンティング（genomic imprinting）が有袋類の胎盤に関して見られることを挙げている（Renfree *et al.*, 2008）．これらを総合して，fully functional placenta という概念の支えとしていることが明らかである（Renfree *et al.*, 2008; Renfree, 2010）．観察される現象の認識に関して誤っていることはおそらく何もないが，これが胎盤の形態学的発達を問う論旨からのものでないこ

50   第2章　生殖戦略の妙

とは明白である．fully functional placenta という表現から有袋類が真獣類の
ように発達した胎盤を備えているいう誤解が今後生じるとするなら，この言
葉が形態学的論理性から距離をとって提起されていることが人々に理解され
ていない場合であろう．

　着床が起きるにしろ起きないにしろ，胎盤というものが出来るにしろ出来
ないにしろ，受精卵・胚の出現により，子宮内膜上皮はそれを迎えるべく形
態学的変化，すなわち先に述べた PMT を生じる．PMT は高倍率の光学顕
微鏡レベルから電子顕微鏡レベルで観察され，細胞間の接着・結合の変形，
内分泌活性の亢進を示すオルガネラの変化，上皮細胞の内腔側の突出などと
して明確に検出される（Laird *et al.*, 2014, 2016）．

　実際，こうした変化は，受精卵が出現すれば真獣類でも，また系統を逆に
振れば（卵）胎生爬虫類でも生じることが示唆され（Murphy, 2000, 2004;
Murphy *et al.*, 2000; Paria *et al.*, 2002; Thompson *et al.*, 2002），真獣類では着
床の前に必須の現象とされている（Orchard and Murphy, 2002; Kaneko *et
al.*, 2008）．つまりは，胎盤の構造的相違や機能的発達の差異はともかく，子
宮内膜上皮と受精卵・胚との一定に積極的なインタラクションは，有羊膜卵
ならば普遍的に観察され得ることであり，有袋類もその進化史的連続の中で
一つの様式を見せていると考えることが妥当だ．

　一方，分子進化学では胎生の起源と挙動を同じとするレトロポゾンあるい
は関連する遺伝子として *Peg10* を代表とする多数の遺伝子領域が見出され，
先のゲノムインプリンティングの実態と関連して注目されてきた（Suzuki
et al., 2007; Renfree *et al.*, 2013）．*Peg10* は，単孔類分岐後の有袋類と真獣類
に1億6000万年以上共有されたと考えられる遺伝子であり，その動態は胎
生の起源と確立を普遍的に示唆する分子遺伝学的イベントとして特筆される．

2.3　生殖機能の多様性

（1）育児嚢の機能形態

有袋類の特異な繁殖様式を支える一端は育児嚢である．しかし，育児嚢と
一口にくくってもその進化史的全容は見えていない．本質は子宮の妊娠を肩

代わりして柔軟に運用される哺乳装置であるが，その形態進化学的多様性は普通に知られている以上に幅広い．むしろ育児嚢の形態学的変異を見れば，雌親の子育て生態全体がグループ分けできるくらいに，育児嚢の形態は新生子を育てるスペックを表現型に見せてくれているといえる（Russell, 1982; Lee and Cockburn, 1985）.

　有袋類の育児嚢はその機能性から三段階に類型化されてきた（Russell, 1982; Croft and Eisenberg, 2006）.　この類型化は実際にはしばしば連続的に移行するともいえるので，観念的だという批判も起き得る．しかし，育児嚢の進化を理解するにはとても有効なグルーピングである．

　そこで，育児嚢による養育・哺乳をいくつかのタイプに分けながら，育児嚢の形態を羅列してみよう．もっとも育児嚢が未発達な系統としてケノレステス類が挙げられる．ケノレステス類は，一般にまったく育児嚢を形成しない．また，オポッサム類の *Didelphis*, *Chironectes*, *Caluromys*, *Philander*, そしてミクロビオテリウムのチロエオポッサムでは，時期によって育児嚢が消長することが知られている．子育てしていない時期には育児嚢が形成されず，泌乳期になると皮膚の弛みが顕著となって，明瞭な嚢を形作るのである．

　他方，ダシウルス形類は，様々な形態の育児嚢を備えている．発達の悪い種も見られれば，一方で *Sminthopsis* のように明らかに袋状の嚢を備え，そこに新生子を包み隠す例もある（Hughes, 1982）.　また *Antechinus* などは袋というよりは乳頭近傍の皮膚が緩んだ程度で，袋として形作られる空間が明瞭にならない．

　よく使われる類型では，上記の系統が Type I と呼ばれる育児嚢の使い方をするものたちである（Croft and Eisenberg, 2006）. Type I 群は一般に産子数が多い．育っていく多数の新生子を限られた育児嚢スペースで哺育することが合理性を欠くためであろうが，育児嚢への依存がむしろ不完全なグループだといえる．低機能の育児嚢の代償といえるだろうが，このタイプでは，多くの種が植物などを使って巣をつくるのである．当然，育児嚢を使う時間はとても短く，*Didelphis* で 70 日程度にとどまる．この様式の場合，育児嚢から離れた子はまだ体毛が乏しく眼も開いていないことが普通で，自律的な段階に達するまで，巣での泌乳・子育てが必須となる．また，自分で動けるようになってから離乳するまでの間，子は母親の体側にしがみついたり，

母親の後を追って母親に付随して行動している．そういう意味で未熟分娩と育児嚢という経過はたどるものの，真獣類のr戦略者，たとえば典型的なネズミ類やトガリネズミ類とよく似た子育てになっているといえるだろう．有袋類として見れば，多産の子育ては所詮は育児嚢なる装置で完遂することができないがゆえに，出産後は弱小の新生子を手に余るほど引き連れるという，真獣類のr戦略者に似た子育て生態に追い込まれているという理解が妥当だ．

　このタイプがオポッサム類とダシウルス形類に共通して見られることも，分かりやすい理屈と結びつく．往々にしてこの2系統はアメリカ有袋類とオーストラリア有袋類における，非特殊，雑食，小型中型，そして多産という同じ戦略をもった有袋類相互間の収斂関係を示している．両者の平行進化の内容は，育児嚢の機能形態や子育ての生態にまで及んでいるといえる．

　次にTypeⅡ群であるが，このグループが有袋類における多数派といえる．系統的には，まず一部のダシウルス形類，*Dasyurus*やタスマニアデビル *Sarcophilus harrisii* が該当する．また，ペラメレス形類，フクロアリクイ *Myrmecobius fasciatus*，フクロモグラ，フクロモモンガ類などがこのタイプとして挙げられる．これらは，いずれも少なくとも乳腺付近を完全に覆う発達した育児嚢を備えている．タスマニアデビルは，外表の裂け目のように見える手の込んだ育児嚢を備え，新生子を隠しもつ．

　このグループは，育児嚢の開口が身体の前方を向くものと後方を向くものに分けられる．この形質については，育児嚢がそもそも皮膚の襞であることを念頭に置くと，形態学的な理解は難しくない．皮膚の弛みは，開口を前にも後ろにも同程度に容易に作ることができるはずである．そう考えると，体幹を垂直に立て気味にして二足で静止するカンガルーのように，前方に開口しないと新生子が落下しやすくなる場合を除けば，育児嚢の開口方向は，前後ランダムでよいといえるだろう．逆のケースでは，たとえば離乳前の子どもに糞を与える種では，嚢が後方に開口して，新生子の顔が母親の肛門の近くにある方が理に適うことになる．

　TypeⅡ群の養育方式のアイデンティティは，新生子が育児嚢内で十分に発育し，体毛が生え，眼が開いた状態で育児嚢を離れることである．TypeⅠのグループが巣での授乳を子育てに必須の段階としているのに対し，TypeⅡでは巣の重要性が低いか，まったく営巣しない．TypeⅡ群は，育児

2.3　生殖機能の多様性　　*53*

囊を新生子のその後の成長・防御に最大限活用しきっているといえるだろう．このグループでは，巣を作る種でも子どもが巣に残されることはなく，育児囊から出た後は，自力で歩くのであれ母親にしがみつくのであれ，母親の採餌につねに同行するようになる．これは Type I 群に比べれば離乳前の母親による子の防護としては手厚くなされているものと理解することができる．

　ここまでのタイプに関連して，成体体重とリッターサイズについて付記しておこう．小型の双前歯類においては，リッターサイズは成体の体重に相関すると指摘されてきた（Ward, 1998）．この場合，成体体重の小さい種の方が産子数が多いという相関である．本書の表 2-1 からも一定に理解できるルールである．基本は，無作為に双前歯類を選んだときに，小型種の方が r 選択性が高いという結論と一致し，直感的にも理解しやすい．当然，Type I 群は成体が比較的小型の種が多いことになり，Type II はより大きい種に成立しやすいといえるだろう．前者が多産で，後者が少産となるのは自明だ．

　最後のストラテジーが Type III とされるもので，よく知られたカンガルー類やコアラ類のものである．先述の理由で前半身を立てることの多いカンガルー類では，育児囊は前方に開口する．一方，四足ロコモーションに加えて母親の肛門からの糞食を行うコアラでは，開口を後方へ向けている．興味深いことに Type III では，母親の体重と育児囊利用期間の間に，以下の関係が成り立っている（Russell, 1989）．

$$育児囊利用日数 = 35.22 \times （母親の体重）^{0.21}$$

この関数は，実は Type III が際立って長く哺育をしていることを意味している．またキノボリカンガルー類はこの式を逸脱してさらに日数が長い．このように，Type III 群の特質は，育児囊による子育ての極端な長期化である．

　Type III のグループを見ると，育児囊から最初に顔を出して以後の子どもへの母親からの投資は，母親の体重を用いて相対化すると，真獣類有蹄獣の分娩後の投資と同等の域に達している（Croft and Eisenberg, 2006）．つまり途中経過は異なっても，有袋類のもっとも手厚い子育て方式は，真獣類における同様にもっとも手の込んだ養育と変わらない水準にあるのである．

　実際，Type III 群の長期哺育戦略者では，体サイズの同等な真獣類と比較して，子育て中の子の生残性はおそらく大差ないものと推測される．Type III グループでは，子が育児囊から常時顔を出すようになれば，母親の行動は

授乳期間後期の真獣類，たとえば有蹄獣と同様である．また離乳後の子においても，このような方式をとる典型的な大型のカンガルー類の場合，雌は母親のホームレンジにとどまり，雄は一年間程度は母親の元にいる様子が観察される．子育ての社会生態においても，大型の真獣類との類似点や共通性が示唆されるといえる．

（2）生殖器の発生と性分化

有袋類の生殖器の発生や性分化の機構は，完全に真獣類あるいは広く脊椎動物と共通の範疇のものであり，進化学的にマイナーな変更点はあったとしても，有袋類ゆえの特異性をもつわけではない（Tyndale-Biscoe and Renfree, 1987）．ただし，胎子の発生と分娩のタイムスケジュールが有袋類においては特異なため，個体発生における性分化へ向けた泌尿生殖器形成のタイミングは少なからずずれている．

有袋類の始原生殖細胞の出現と遊走は，真獣類とは別に有袋類で独自に研究されてきた歴史をもつ．研究史の前半は，始原生殖細胞が卵黄嚢に姿を現し，胎子の生殖腺堤に遊走，集積して生殖細胞となり，生殖器官を形成していくことの記載的解明であった（Fraser, 1919; McCrady, 1938; Morgan, 1943; Chiquoine, 1954; Mintz, 1957; Alcorn, 1975; Ullmann, 1981a, 1984; Alcorn and Robinson, 1983）．研究の過程で使われたのは，*Didelphis*, *Perameles*, *Isoodon*, *Dasyurus*, そして *Macropus* である．始原生殖細胞の起源や遊生が真獣類ではカイウサギ *Oryctolagus cuniculus* で（Chrétien, 1966），またヒト *Homo sapiens* で（Mossman and Duke, 1973）研究された時代を考えると，有袋類による研究はこの領域の研究を先導していたと考えることができる．

子宮内での発生を早期に切り上げる有袋類を論じるとき，妊娠期間や分娩時期と生殖腺分化の時間関係は，真獣類とは別物として考えなければならない．*Isoodon* で始原生殖細胞の出現は胎齢 9.5 日とされ（Ullmann, 1981a），12 日間しかない妊娠期間の 80% を終えた段階になる．そして出産 1 日前には，細胞群が生殖腺堤の部位に集塊を形成している．始原生殖細胞の出現から生殖腺堤への流入の定量比較が，ダマヤブワラビーとラットで行われている（Alcorn and Robinson, 1983）．

ダマヤブワラビーの 20 日齢胎子では生殖腺堤に到達している始原生殖細

胞数はわずかに 500，それが分娩 2 日前には 12000 まで増加する．そして興味深いのは分娩後の生殖細胞の総数の変動である．劇的な現象であるが，分娩後 50 日までに，細胞数は $4\text{-}5\times10^5$ にまで急増する．そして，その後なだらかな減少に転じ，200 日齢でおよそ 1×10^5 にまで落ち着いてくる．この曲線の動きは真獣類ラットの胎子のものとよく似ている．ラットの妊娠期間を 21-22 日とすると，ラットの生殖細胞数の急増は胎齢 14 日齢に開始され，数のピークは胎齢 18 日付近に見ることができる．そしてラットでも生殖細胞数は減少フェーズに転じ，分娩前後で安定するに至る．

　興味深いことに，*Macropus* の出産日齢の新生子をラットの胎齢 14 日胎子とし，ラットの出産日齢新生子を *Macropus* の育児嚢内の 200 日齢新生子と考えることで，生殖細胞数制御のタイムスケジュールはきれいに揃う．ヒトでいえば胎齢 5-6 ヶ月で生殖細胞数がピークに達し，分娩，新生児期に向けて細胞数が減少することになるが，有袋類の生殖細胞数の消長と生殖腺の分化は，真獣類の胎子期のイベントを，丸ごと育児嚢の新生子に移したものと考えることができる．

　有袋類の性分化において形態学的に起こる事象は真獣類と同様である（Fraser, 1919; Moore, 1939; Alcorn, 1975; Ullmann, 1981b）．一方で，始原生殖細胞の集積のタイミングが妊娠期間の相対的に長い真獣類に対してずれを生じるのと同様に，性分化の時期を示す胎子・新生子の日齢は両者ではまったく異なっている．

　精巣の組織学的分化が始まるのは，*Didelphis*，*Perameles*，*Isoodon*，*Dasyurus* などで生後 1-3 日齢程度に揃ってくる（McCrady, 1938; Burns, 1939; Ullmann, 1981b）．*Macropus* では若干遅く，3-7 日齢となる（Alcorn, 1975）．*Dasyurus* で精細管の分化と形成，ライディッヒ細胞の出現は 6 週齢あたりからである（Ullmann, 1984）．いずれにしても，有袋類では，真獣類の胎子期のプロセスは，当然のように分娩後哺乳中の新生子において進行するのである．

　卵巣の形態学的出現も分娩後の新生子で生じるイベントである（Alcorn, 1975）．*Macropus* で生後 50 日目までに卵祖細胞の最大限の増数が達成される．その後生殖細胞は減数分裂の段階に入り，110 日目までに一次卵母細胞に分裂，250 日目まで分裂を進め，休止期に入る．まだ育児嚢に依存してい

56 第2章 生殖戦略の妙

る時期であるが，これで卵巣としては事実上の完成である．卵胞成熟につい
ては次節で語ろう．

　こうして見ると，雌雄ともに有袋類の性分化は，分娩された後，離乳前の
新生子に始まり，ほぼすべての段階を離乳前の時期に終了していることにな
る．既述のように，育児嚢への移動のために前半身を不均衡に成熟させて分
娩する胎子・新生子設計をもっているため，生殖器官の分化と形成は，誕生
後の育児嚢内，離乳前のフェーズに完全に委ねられているということができ
る．有袋類では分娩は真獣類に比べて明らかに早期だが，離乳というポイン
トを基準に考えれば，新生子あるいは育児嚢依存段階で生殖器が完成の域に
達するという時間設計は，真獣類との間に大きな隔たりをもつものではない．
先述の肺の機能開始時期についても同様にいえることだが，生殖器官の発生
のタイミングも有袋類の胎子・新生子設計に合致する巧みな適応の結果だと
理解される．

　他方，分娩を見た目の境界線としたときには性分化のタイムスケジュール
が真獣類と大きく異なることに関連して，有袋類の生殖腺は，ホルモン処置
によって，性染色体的に規定される性とは異なる表現型を，容易に誘導でき
ることが知られている（Burns, 1939, 1955; Coveney *et al.*, 2001）．有袋類に
おいても *SRY* 遺伝子に相当する遺伝子が Y 染色体上にあることは，真獣類
とまったく同様である（Foster *et al.*, 1992; Renfree *et al.*, 1996）．しかし，分
娩直後または育児嚢内の早期の新生子にエストラダイオールの経口投与を行
うことで，雄個体の精巣を卵巣様化することが可能となっている．条件によ
り，減数分裂中の生殖細胞をもったほぼ完全な卵巣化を遂げるときと，部分
的な卵巣化に終わるときがあるものの，精巣の発生を胎子から新生子の一定
時期に性ホルモンにより阻害することは，有袋類では難しくない．

　この現象の理解としては，有袋類の生殖腺の分化が分娩後に持ち越されて
いるために，分化が時間的に間延びし，外因性ホルモンによる卵巣化が可能
な時間帯がちょうど分娩時期と重なっていると理解することができる．他方
の真獣類においてはこの時期は子宮内で守られる発生プロセスであり，有袋
類の事象を実験的に再現することが，通例の手法では困難になっていると推
察される（Coveney *et al.*, 2001）．

　発生時間帯の間延びに影響を受け，生殖腺自体の分化と副生殖腺および外

部生殖器の形態形成の時間にも，真獣類とは異なるずれが生じることは珍しくない．有袋類新生子と真獣類胎子に観察される形成時期の時期的相違は，実際には生殖器であろうとなかろうと，新生子・胎子に設定される両系統のタイムスケジュールの差異によってもたらされる，至極合理的なずれであると理解することができる．

　有袋類ゆえの性分化の関心事として，育児嚢と陰嚢が相同の器官ではないかという推察が古典的になされた（McCrady, 1938; Tyndale-Biscoe and Renfree, 1987）．確かに両者は後方腹側面に両側性に生じる皮膚の大きな弛みであり，成長の様子と経過そのものは類似している．育児嚢の起源を探る上でも魅力的なアイデアではある．しかし，多くの研究が，有袋類各種において育児嚢の形成位置は，安定した陰嚢の位置に比べればどうしても頭側にずれていて，両者の相同的な形成は証明できないという結論に至っている（Pocock, 1926; Enders, 1966; Hunsaker, 1977; Tyndale-Biscoe and Renfree, 1987）．陰嚢はもちろんだが，育児嚢の発生学的位置も保守的で，系統間で容易に差を見せる印象は無い．両者はそれぞれに別の起源をもっていると考えることが妥当だろう．

（3）雌雄生殖器の形態

　雄性生殖器および副生殖腺の有袋類での肉眼形態（図 2-2）は，広い多様性を示す（Tyndale-Biscoe and Renfree, 1987）．もちろん，構成要素に例外はなく，精巣，精巣上体により精子・精漿が作り出され，精管から陰茎に至る．副生殖腺の形状とサイズの比率は多彩で，一般に前後に長い前立腺と，対になった比較的大きな尿道球腺を備えている．前立腺は，真獣類に似ていくつかの部位・領域に分かれていることが多く，系統に依存して，前後に三部位に分割されたり，両側性に分かれることが知られている（Tyndale-Biscoe and Renfree, 1987）．*Antechinus* では尿道球腺が著しく大きいことが知られている（図 2-2）．他方で，精嚢腺は退化しているらしく，有袋類では一般に観察されない（Tyndale-Biscoe and Renfree, 1987）．

　精巣の重量は多種の有袋類で十分に網羅的に検討され，繁殖生態との関連を議論されてきた（Rose *et al.*, 1997）．精巣重量の対体重比率は 0.10 から 4.12％まで幅をもつ（表 2-3；Tyndale-Biscoe and Renfree, 1987）．真獣類で

58　第 2 章　生殖戦略の妙

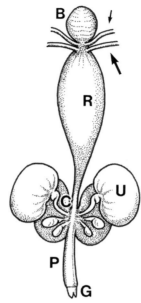

図 2-2　チャアンテキヌス *Antechinus stuartii* の雄性生殖器．精管（大矢印）と尿管（小矢印）の終端部から陰茎亀頭（G）までを描いた．副生殖腺として，前立腺（R）と尿道球腺（U）が発達する．B は膀胱，C は骨盤と陰茎の接続部となる陰茎脚領域，P は陰茎である．（描画：喜多村 武）

も変異幅が見られることと同様である（Harcourt *et al.*, 1981）．論理としては，雄間の競合が強まり順位を作るような種で精巣の相対的サイズが大きくなる可能性がある．

　しかし，真獣類に比べれば多様性の限られる有袋類では，むしろ体サイズの極小サイズのものが必然的に精巣の相対サイズが大きくなるという，単純な様相を呈する．極端に精巣の対体サイズ比の大きな種は，チビフクロモモンガとフクロミツスイで，それぞれ 4.12％ と 1.45％ という数値を残している．一般には 0.3％ 程度の種が多いので，この両者は確かに異質である．実際両種ともに，全哺乳類を通じて見ても，最大級の数値を示していると推察される．しかし，前者の体重は 10 g 強，後者に至っては 8 g 程度であるから，対体サイズ比が大きくなりやすいのは単純に当然な結果だともいえる．最後の章で語るが，交尾行動に関連した社会性をもつ大型のカンガルーは一般に

2.3 生殖機能の多様性   59

表 2-3 有袋類の精巣重量と対体重比率.

種	左右合計精巣重量	体重	対体重比率	備考
ダシウルス形類				
Dasyurus hallucatus	1.35	450	0.3	
Pseudantechinus macdonnellensis	0.11	27.1	0.41	
Dasykatula rosamondae	0.126	35.3	0.36	
ブーラミス類				
Cercartetus concinnus	0.062	14.3	0.44	
Acrobates pygmaeus	0.178	12.3	1.45	＊
フクロミツスイ類				
Tarsipes rostratus	0.365	8.9	4.12	＊
ペラメレス形類				
Isoodon obesulus	4.4	1155	0.38	
クスクス類				
Trichosurus vulpecula	8.26	3350	0.25	
カンガルー形類				
Macropus eugenii	31	5850	0.53	
Macropus agilis	25.64	11400	0.23	
Macropus rufogriseus	54.57	18500	0.30	
Macropus giganteus	42.02	40720	0.10	
Macropus fuliginosus	51.62	34150	0.15	

Tyndale-Biscoe と Renfree (1987) を引用. 加筆.
重量の単位は g. 各数値は, 平均値を用いて議論.
＊著しく比率の大きな種. 本文参照.

精巣重量はかなり大きめである (図 2-3). 他方で, そうした種は社会性から規定される体サイズの性的二型も現出しやすく, 雄の体重は著しく大きくなる. 結果として, 大きな体の雄にとっては対体重比で考慮すれば, 必ずしも精巣が相対的に大きいとはいえなくなる.

精巣はマクロ機能的には陰嚢によって冷却されていることが指摘され, *Macropus* と *Trichosurus* で通常 2-6℃程度, 深部体温より精巣の温度は低いとされている (Setchell and Thorburn, 1969; Setchell and Waites, 1969). ただし, 真獣類でも鯨類などのような例外が指摘されるように, 有袋類にも

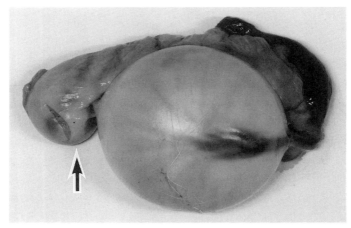

図 2-3　オオカンガルー *Macropus giganteus* の精巣．成体で 40-50 g に達し，現生有袋類で最大級の精巣といえる．矢印は精巣上体．

陰嚢の形態については，すべてが冷却機能だけで説明づけられるものではない．たとえばフクロモグラの精巣は事実上腹腔あるいは鼠径部に残置され，陰嚢が外部に突出してそこに精巣が靱帯を伴って下降するという一連の成長過程を生起しない（Sweet, 1907）．またミナミケバナウォンバットの場合も，明確な陰嚢と精巣の下降が確認されない（Brooks *et al.*, 1978）．この両者が掘削性・穴居性という共通点をもつことは示唆に富んでいる．穴居性適応種にとっては，体表面形状の凸部はおそらく掘削ロコモーションを阻害する．精巣の冷却をどう解決しているのかは不明だが，これらの種では凸部をつくらないよう陰嚢が発達しないものと推測される．

　大部分の有袋類が陰嚢を形成するとともに，陰嚢の出入り口で，精巣動静脈とリンパ管を主体としたいわゆる精索を形成する．フクロギツネやダマヤブワラビーを代表例にとると，精巣動脈と精巣静脈が分岐して，リンパ管系を巻き込みながら大きな叢を形作ることが知られる（Setchell and Waites, 1969 ; Heddle and Guiler, 1970 ; Lee and O'Shea, 1977）．この意義は明白で，動静脈の複雑に絡み合った怪網あるいは奇網を作り出して，精索周辺部で血流を介して対向流熱交換系を確立することである．有袋類も精索部に対向流を作り出し，精巣冷却のために熱交換を行っていることが確かである（Harrison, 1949; Barnett and Brazenor, 1958). 一説では真獣類よりも冷却能力に余裕があり，フクロギツネやダマヤブワラビーでの検討から，有袋類の方が雄の生殖器官の暑熱環境耐性が高いという推測もなされている（Setchell and Thorburn, 1969).

　各系統の有袋類 24 種を用いた怪網構造の組織学的検討では，ほとんどの種で精巣の冷却のために怪網を成立させていることが明らかとなった．他方で，オブトスミントプシス *Sminthopsis crassicaudata*，チビフクロモモンガ，フクロモグラの 3 種においては，単純な太い血管の走行しか確認されず，怪網の形成が観察されなかった（Barnett and Brazenor, 1958). このうちフクロモグラの場合はむしろ一貫していて，先述のように同種は陰嚢下降が見られないため，そもそも精巣冷却機構を精索や怪網に依存することはないと推察される.

　陰嚢周囲の成長過程を見てみると，精巣下降を起こしまた精巣下降を終える日齢は多くの系統で明らかになっていて，早いものではヒガシシマバンディクートが 25 日齢程度（Heinsohn, 1966），時間を要してもキタオポッサムのように 80 日齢程度までには完了する（Finkel, 1945). フクロギツネやカンガルー類でも 2 ヶ月強の時期には終了する（Maynes, 1973; Turnbull *et al.*, 1981). ここまでにふれてきた有袋類新生子の日齢の意味を考慮しても，かなり早いうちに精巣の陰嚢への配置が終わるといってよい.

　雄における季節繁殖制御については，精巣，精巣上体，前立腺の重量変化が，たとえば *Macropus* や *Trichosurus* で確認されてきた（Gilmore, 1969; Inns, 1982). 雄性生殖器の季節繁殖性は，有袋類全体を見渡すと多様なパターンを見ることができる．繁殖行動生態も含め，最後の章で雌雄まとめて論じることにしよう.

　精子発生，精細管のステージ変動，精子形成など多くのプロセスにおいて，有袋類ゆえの特異的ストラテジーが見られるわけではない（Setchell and Carrick, 1973; Harding *et al.*, 1981, 1982; Temple-Smith, 1984). ただし，アメリカ有袋類においては精子の形態学的特徴として，2 つの精子が一対の奇妙なペアを成す構造が知られてきた（Biggers, 1966; Phillipps, 1970; Olson and Hamilton, 1976; Krause and Cutts, 1979; Olson, 1980; Temple-Smith and Bedford, 1980; Rodger and Bedford, 1982). 対を成す精子は，精子形成時に

精子細胞（精細胞）が変形し精子に至る過程で形作られる．この形状の機能的意義は不明で，対になる精子の片方は運動性が低く，受精に至らないという憶測も呼んだことがある．確かなことは分からないが，交尾後，雌の生殖器内で2つの精子が分離し，受精に向かうと推察される．

有袋類の精子は，細胞のサイズが大きいことでも知られている．幅広い系統の哺乳類の精子を網羅的に計測した結果として，有袋類の精子は真獣類より明らかに大きなサイズを示す（Cummins and Woodal, 1985）．精子のサイズに起因する細胞の機能の差異は不詳だが，翼手類を除くと一般的には，系統とは無関係に，体サイズと精子サイズには負の相関が確認されるといわれてきた．つまり大きな哺乳類は精子が小さく，小さな哺乳類は精子が大きいというルールである（Cummins and Woodal, 1985）．しかし有袋類の場合，系統として，真獣類よりは明らかに精子の各計測部位が大きいという特徴が認められる．

雄の外部生殖器，とくに陰茎の機能形態については真獣類の多様性に比べればあまり変異を見せないといってよい．そのうちでは *Dasyurus*, *Antechinus*, *Myoictis* の各属に亀頭や海綿体などの形態学的特質が記載されているが，その機能的意義はよく分かっていない（Woolley, 1982）．

後述する雌性生殖器とある意味で類似していて，雄性生殖器も一定に不安定な左右性の中に有る．有袋類では，とりわけ陰茎の先端領域が両側性を示す例が生じる．もっとも派生的といえるのがカンガルー類で，単純に正中線上に一体の陰茎を構成している．他方，コアラやウォンバット類，フクロミツスイなどは，陰茎遠位部に程度は低いが左右両側性の分割を起こしている．フクロミツスイでは陰茎海綿体が両側に分割して発達している（Rotenberg, 1928）．ミミナガバンディクート *Macrotis lagotis* でも陰茎先端の左右二分が生じ，さらに *Didelphis*, *Marmosa*, *Caluromys*, *Philander*, *Antechinus* などでは，陰茎遠位部の両側性二分は明確となる．アメリカ有袋類にその傾向が強いことから，先端部に生じる両側性は，祖先的な形質だと考えることができる（Biggers, 1966）．

話を雌性生殖器の進化に展開しよう．有袋類の子宮のマクロ形態は，真獣類ほどではないものの，ある程度多彩な系統間の相違を見せる（Tyndale-Biscoe and Renfree, 1987）．まず，いずれの種や系統も，両側性によく分離

した子宮を備えている．有袋類の特性として子宮内の胎子は真獣類に比べて
けっして大きく育つことはないため，子宮の機能的負担・要求は明らかに低
い水準だと推察される．一方で，胎生を達成する装置の進化学的起源を現生
有袋類の子宮，生殖洞と膣に特異的に求めようとしても，なかなか明瞭な理
論が築かれるわけではない．子宮そのものの形態学的バラエティも，実際に
は巨大な胎子や多数の胎子を抱え込む真獣類の方がやはり多様だといえる．

　しかし，有袋類の子宮と膣は２つの点で重要な情報をもたらしている．そ
の一つは膣領域に見られる形態の特異性，あるいは原始性である．雌性生殖
器が基本的に両側性に形成されるのは明らかだが，哺乳類では正中での癒合
の度合いが系統により異なり，左右の一体化が進むほど派生的だと考えるこ
とができる（加藤，1961；Sharman, 1965）．

　真獣類では，左右両側の子宮体あるいは子宮角の合体・癒合の程度が低い
順に，重複子宮，両分子宮，双角子宮，単一子宮と類型化されることは知ら
れてきた通りである（加藤，1961）．これはそれぞれの子宮を備えた系統そ
のものの分岐・成立の歴史が古いか新しいかという問題とはまったく別に，
子宮自体の形状が原始的か派生的かという，いわば類型あるいは"序列"と
して使われてきた．

　ところが有袋類では，子宮領域の左右二分は当然のことであり，左右の子
宮の分離程度は，真獣類の類型に喩えるなら，限りなく重複子宮寄りにある
といえる．ところが実際にはそれでとどまらず，有袋類では，さらに膣領域
まで左右二分されていることが一般的である．そのため，子宮の類型におい
てもまた有袋類を示す分類学的用語としても，二子宮という言葉を与えられ
てきた経緯をもつ（図 2-4；豊田，1988）．

　対に分かれた膣は側膣と名付けられている．頭側では，子宮が外子宮口ま
ではほぼ確実に左右に分かれ，仮に一度左右が合体したとしても，側膣に
よってまた二分され，程度の差こそあれ，膣前庭の少し頭側まで一対の構造
となっている．子宮と膣の接続部での左右分離の程度には系統差が見られ，
Dasyurus や *Antechinus* では中隔によって完全に二分されている．一方で，
Tarsipes や *Macropus* は同部位で左右の管が一度癒合し，側膣とは別に，正
中に貫通するもう一本の膣の管を備えている．この管は pseudo-vaginal pas-
sage と呼ばれ，横文字の意味とは無関係に日本語では産道と称されてきた

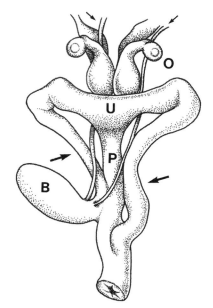

図 2-4 ダマヤブワラビー *Macropus eugenii* の雌性生殖器．U は左右に二分した子宮．O は卵巣．大矢印は側腟．P は産道．B は膀胱で両側に腎臓から走る尿管（小矢印）が見える．（描画：喜多村　武）

（図 2-4）．分娩時にはこの正中の通路，すなわち産道を通じて新生子が出産される（Sharman, 1965）．内分泌学的には，pseudo-vaginal passage の拡張が分娩直前に起こることが示されてきた（Woolley, 1990）．他方，側腟は，精子の遊走経路として機能するといわれている．

考え方としては，胎生の萌芽として，腟領域に左右癒合の試行錯誤が生じていると解釈することもできよう．あるいは，新生子のサイズ変異に応じて腟が形態進化学的に洗練されていく途中経過だと受け止めることができる（Tyndale-Biscoe and Renfree, 1987）．さらにもう一つの重要な情報は，子宮体全体の壁構築の特殊化である．有袋類の子宮体壁の筋走行はきれいに斜行し，矢状断面に対して 45°の整然とした螺旋走行を示すとされる（Baxter, 1935; Lierse, 1965）．

このことは，子宮相同領域が，胎生の獲得に伴って胎子の適切なサイズに合わせた機能的対処を求められていることを意味する．筋組織の単純な螺旋

走行は子宮の全方向的な強度を確保するにはおそらく合目的的な構造であるが，真獣類ではあまり見られない特徴である．卵生から胎生に移行した際に，まずは小型の胎子に対して採りやすい方策であったことが推察される．つまり，胎子を抱えるようになり，容積の変化を要求される子宮体壁が，ひとまず途中経過的に，シンプルに進化させられる子宮壁がこのような構造だったという推測が成り立つ．

　一方で，このくらいに単純な壁構造では真獣類の本格的な妊娠には対応できないことが予測される（Tyndale-Biscoe and Renfree, 1987）．単純な螺旋走行の筋肉では，収縮機能においては大きな問題を生じないだろうが，弛緩によって大きな胎子・胎盤に適した内容積をつくり出すことが難しいのかもしれない．

　通例とは子宮の議論と順序が前後するが，有袋類の卵巣組織についてここで見ておきたい．有袋類の卵巣のマクロ形態は，真獣類と類似しているといえる．重要な相違は，成熟卵胞の形態学的特徴だろう．有袋類の卵胞はやはり多くの種で検討されてきた経緯があるが，成熟過程そのものは真獣類と類似するにもかかわらず，卵母細胞や卵胞のサイズが異なっている．少なくとも一次卵胞の段階では，全般に有袋類の方が，卵母細胞も卵胞も大きな直径をもっている（表 2-4；Alcorn, 1975；Lintern-Moore *et al.*, 1976；Tyndale-Biscoe and Renfree, 1987）．一次卵胞は成熟を一度止め，長期にわたりそのまま休止する段階である．だが既にこの時期の卵母細胞の直径は有袋類では $100\,\mu m$ を超え，一次卵胞全体の大きさは径 $200\,\mu m$ に達していることが普通だ．これは同時期の真獣類の 1.5 倍から 2 倍の大きさといえるだろう（表2-4）．

　興味深いのは，クマドリスミントプシス *Sminthopsis macroura* の大きい卵母細胞である（表2-4）．$250\,\mu m$ に至っているとされ，卵胞も $300\,\mu m$ となる．一次卵胞時点での卵母細胞の大きさの進化学的な意味は難解だが，この数値自体がそもそも興味深い．単孔類カモノハシ *Ornithorhynchus anatinus* のこの段階の卵胞の直径が $380\,\mu m$ で，ほとんどの真獣類・有袋類のものよりはるかに大きいことが知られている（表2-4；Lintern-Moore and Moore, 1977）．もちろん単孔類における卵母細胞の大きさは卵生であることに影響されるが，胎生の発展と卵母細胞のサイズに，何らかの進化学的関連

66　第2章　生殖戦略の妙

表 2-4　有袋類の卵母細胞と卵胞のサイズ.

種	一次卵胞時点での卵母細胞の直径	一次卵胞の直径	グラーフ卵胞の直径	備考
オポッサム類				
Didelphis marsupialis	124	208	／	
Marmosa robinsoni	／	／	826	
ダシウルス形類				
Sminthopsis macroura	250	300	474	＊
Antechinus stuartii	128	194	611	
ブーラミス類				
Cercartetus concinnus	130	／	420	
リングテイル類				
Pseudocheirus peregrinus	／	／	3900	
Petauroides volans	114	224	3500	
クスクス類				
Trichosurus vulpecula	170	220	4900	
カンガルー形類				
Potorous tridactylus	158	／	3000	
Macropus eugenii	120	195	4200	
Macropus giganteus	133	257	6000	
Setonix brachyurus	125	／	3000	
単孔類(カモノハシ *Ornithorhynchus anatinus*)の例		380		＊
真獣類の平均		141		＊

Tyndale-Biscoe と Renfree（1987），Lintern-Moore と Moore（1977）を引用，加筆.
直径の単位は μm.　／は不明の項目.
＊一次卵胞のサイズが注目される．本文参照.

を求めたいという考えは生じるだろう．雌性生殖細胞と雄性生殖細胞の二型の進化は，性の起源，有性生殖の意義と絡む根源的な論題として議論され続けてきたが，一方で有袋類の卵母細胞の形態は，少なくとも胎生の起源との関係において注目する必要があろう．

　排卵前のグラーフ卵胞のサイズは，分厚く多層化した卵胞上皮細胞や卵胞液が体積をつくり出し，多くの種で直径3mmから6mmに達する（表2-4）．この段階では，真獣類のグラーフ卵胞ではより大型のものもある．また，グ

ラーフ卵胞は小型サイズのおもにアメリカ有袋類では比較的小さいといえるかもしれないが，むしろそうした種で一次卵胞時の卵母細胞の大きさが相対的に大きいというのが，有袋類の興味深い特徴である．

極体の放出も含め，減数分裂の完成をどの瞬間とするかは，真獣類同様に，微妙な種間差があると考えられる．キタオポッサムなどで研究されてきた古典的な論点であるが，有袋類でも多くの場合は，受精とともに雌性減数分裂が完了すると解釈すべきであろう（McCrady, 1938；Rodger and Bedford, 1982）

生殖周期という文脈での排卵はきわめて重要な論題であるので，次節で語ろう．その前にここでは排卵にまつわる内分泌を論じておきたい．

排卵の内分泌生理学的基盤は，有袋類でも真獣類におけるものと本質的な差があるわけではない．有袋類の多くの種では，発情から排卵までが24時間から48時間程度という保守的な特性がある（Tyndale-Biscoe and Renfree, 1987）．*Dasyuroides* や *Dasyurus*，*Anthecinus* などのいくつかの種は，この時間が長めに逸脱している種で，4日から10日以上というデータがある（Selwood, 1980; Fletcher, 1983）．しかし，もちろん，これらの系統が交尾排卵のカテゴリーに入るわけではない．こうしたダシウルス形類は，単に排卵の遅い例外に当たるだけである．また後にふれるが，真に交尾排卵動物となっている有袋類は，実際のところコアラのみである．

発情から排卵にかけての典型的内分泌学的状態は以下のようなものである．典型的といっても，精度の高い話はダマヤブワラビーの後分娩排卵時のデータに基づくものだ．分娩を明確な時間的・現象的起点に据えられるので，有袋類の場合，ダマヤブワラビーの後分娩排卵は確度の高い論議として重宝に用いられている．

後分娩排卵を迎えるダマヤブワラビーでは，出産のおよそ1日前にエストロジェンレベルが最大に達する．濃度はエストラダイオールで 22 pgml^{-1} といわれている．単胎を基本とするダマヤブワラビーでは，リッターごとに左右の卵巣を交互に使う．そのため，このエストロジェン量は，成熟状態に達している一つの卵胞からの分泌量であるとともに，それは退縮しつつある黄体をもつ卵巣とは反対側の卵巣に生じているものとなる．エストラダイオールのピーク値は，前回の排卵によって生じて妊娠を維持してきた黄体が退行

し，プロジェステロン値が急減するおよそ12時間前となる．排卵はエストラダイオールがおよそ13 pgml^{-1}を超えると起こるという結論があり，(Shaw and Renfree, 1984；Harder *et al.*, 1985)．通例に従えば，グラーフ卵胞が正常に機能すれば，排卵は確実に起きる．

ダマヤブワラビーも，とりたてて例外ではなく，排卵前にはLHサージを起こす．サージの生じる時間帯は，エストラダイオールの最高値の時点，あるいは発情開始の8時間後，あるいはプロジェステロン減少後16時間後などと様々な書かれ方をするが，誤差はあっても，いずれにせよ一連のすべての内分泌の変動は，48時間以内に圧縮されて生じる現象である（Sutherland *et al.*, 1980；Tyndale-Biscoe *et al.*, 1983；Harder *et al.*, 1985）．LHサージから排卵までは24時間というのは，かなり厳格に決まっている．

ダマヤブワラビーの分娩から発情，排卵までの経過を見ると，全般に真獣類の教科書的典型例に似た時間配分をとっていることが分かる．しかし真獣類同様，有袋類にも変異は多いと考えられ，たとえばキタオポッサムのエストラダイオールの最高値は24 pgml^{-1}とよく似ているにもかかわらず，時間的には発情の4日も前である（Harder and Fleming, 1981）．このように発情・交尾行動を指標にすると，内分泌学的状況が多くの種で必ずしも揃ってはいないことが見えてくる．

2.4 生殖周期の意味

（1）雌性生殖周期

これからしばらく，有袋類の雌性生殖周期を主題としよう．前提として発情周期，妊娠期間，卵胞成熟期間，排卵数などを整理しておく（表2-2；Tyndale-Biscoe and Renfree, 1987）．

まずここで，雌性生殖周期の特徴を系統あるいは種ごとに論議してみる．*Didelphis* や *Marmosa* の発情周期は概ね25日前後に設定されている（Hartman, 1923；Reynolds, 1952；Godfrey, 1975）．もちろんいくつもの例外が確認され，また *Macropus* 類では若干長めだが，この25日という発情周期は有袋類全体を通じて至極典型的な長さだといえる．

これらの系統では発情は 1.5 日程続き，発情開始から 24 時間以内に排卵を起こす．この *Didelphis*, *Marmosa*, *Monodelphis* のグループでは，妊娠期間が揃って 13-15 日に収まっている（Talice and Lagomarsino, 1961；Godfrey 1975；Fadem *et al.*, 1982；Harder *et al.*, 1993）．この 13-15 日という数字は，双前歯類を除く有袋類では，多くの場合共通の日数である．状況証拠的にも有袋類の妊娠の祖先型と考えられる妊娠期間であり，別にふれてきたように，有袋類の特異な胎子・新生子設計と新生子生存ストラテジーを満たすのに過不足ない発生所要時間だと理解することができる．

卵巣の機能として語るなら，13-15 日は単純には黄体の持続期間と正確に一致する．先の 25 日という発情周期で割り算すると，そのうちのほぼ 50% が妊娠期間に当たるという明確な基本設計である．ここに，"25 日と 12-13 日" という有袋類における生殖周期の根本原則を見出すことが可能だ．

もちろん分娩後の泌乳，吸乳刺激が量的に維持されれば発情は再開しない．一方で，双前歯類を除くと，有袋類の多くは多胎妊娠の種が一般的であり，吸乳する新生子が一定に損耗すれば，当初のリッターを犠牲にしてでも，次の発情，排卵のフェーズに入る．支障なく一定数の新生子が育っているならば，*Didephis* の代表種で泌乳は 110 日程度続く．*Marmosa* で 70 日（Barnes and Wolf, 1971），*Monodelphis* で 50 日（Fadem *et al.*, 1982）は泌乳が継続する．すなわち，妊娠期間や発情周期の保守性，斉一性に比べて，分娩後の泌乳・授乳の時間に変動幅を与えることで，少なくとも双前歯類を除く有袋類の発生所要時間は調整されていると考えることができる．なお現実には繁殖に季節性のある種は多く，季節繁殖者として幅広く修飾的バリエーションを示すといえる（Fleming, 1973；Atramentowicz, 1982）．

ダシウルス形類においては，代表種で発情周期が 37 日，妊娠期間が 19 日というデータが見られる（Fletcher, 1985；Tyndale-Biscoe and Renfree, 1987）．一方で *Sminthopsis* の発情周期は 24 日と見られ（Fox and Whitford, 1982），タスマニアデビルでは 32 日と推察される（Hesterman *et al.*, 2008）．

先に双前歯類を外すことで雌性生殖周期の一般的理解を試みたが，実際にはダシウルス形類で，25 日程度という発情周期の普遍性に対して，既に若干の乱れを起こしているといえるかもしれない．それにしても，発情周期の 50% 程度が妊娠期間というスタイルは維持されていると考えることが可能だ．

70   第2章　生殖戦略の妙

ダシウルス形類の妊娠期間としては，*Sminthopsis crassicaudata* と *S. murina* で 13 日（Godfrey and Crowcroft, 1971；Fox and Whitford, 1982），*Antechinus* と *Dasyuroides* で 27-31 日（Selwood, 1982；Fletcher, 1985）といった幅が確認されている．なお，*Antechinus* の場合には，真の妊娠期間とは別に，交尾後に雌側での精子貯蔵による受精と発生の遅延が起きると考えられている（Taggart *et al.*, 2003）．これらのグループは，*Sarcophilus* と *Dasyurus* のような大型種もいるが，大半は体重 10-50 g 程度の種が占めているといえる．そして興味深いことに泌乳期間と成体体重の間には相関が成立する（Russel, 1982）．

　ペラメレス形類の発情周期には幅が生じるが，概ね 21 日程度．そして，その妊娠期間は驚くべきことに，代表種ハナナガバンディクート *Perameles nasuta* やシモフリコミミバンディクート *Isoodon macrourus* で 12.5 日とされる（表 2-2；Lyne, 1974）．真獣類で妊娠期間のとても短い例に 16 日程度のゴールデンハムスター *Mesocricetus auratus* が挙げられるが，ペラメレス形類は全哺乳類を通じてもっとも妊娠期間の短いものとして知られている．真獣類の早熟グループとの差がわずか 3 日というのは興味深い．逆の見方をすれば，有袋類に匹敵する短い妊娠期間を可能とする種を進化させた真獣類の妊娠の多様性は，驚異ともいえる．ペラメレス形類各種の泌乳期間は大体 60 日程度に揃っている（表 2-1；Heinsohn, 1966；Gordon, 1971, 1974）．たとえば *Perameles nasuta* で，新生子は育児嚢内で 50-54 日を過ごし，61-63 日で離乳する．ペラメレス形類は有袋類の中でも発生，哺育，成長の時間が最小限に短縮されているグループだと考えることができよう．

（2）双前歯類の特殊化

　話を双前歯類へ進めたいと思う．改めて表 2-1 と表 2-2 を見て頂きたい．双前歯類は，生殖戦略，とりわけ雌性生殖周期に関して，他の有袋類とは一線を画す違いを見せている．もちろんそれはこのグループが系統史上の派生的グループであることの帰結でもある．しかし，概観してみて，有袋類の中では生存システムや適応メカニズムが一段と高度であるために，短期での発生や成長がそもそも難しく，一般論としてもっとも K 戦略側に寄った系統となっていることが一つの要因であろう．

2.4 生殖周期の意味 *71*

最初に扱うのはフクロギツネである．フクロギツネは毛皮用に養殖される
こともあり，繁殖生理学の詳しいデータが揃っている．発情周期は 26 日前
後とされ（Pilton and Sharman, 1962），この限りにおいては有袋類の基本ス
ペックを踏襲している．妊娠期間は若干長めで 17.5 日とされる（Lyne *et al.,*
1959; Pilton and Sharman, 1962）．泌乳期間は長く，230 日程度だ（Lyne
and Verhagen, 1957）．

フクロモモンガ類では，フクロモモンガ *Petaurus breviceps* の発情周期は
29 日と間延びしている．妊娠期間は 15-17 日，泌乳期間 120 日である
（Smith, 1971, 1973）．ある程度近縁のフクロモモンガダマシ *Gymnobelideus
leadbeateri* の場合で発情周期 30 日，妊娠期間 20 日（Smith, 1984）となる．

他方，系統を遠く隔てるが，コアラは発情周期 27-30 日（Smith, 1979），
妊娠期間 34-36 日，泌乳は 360-380 日と長い．ウォンバット類は発情周期
32-34 日，妊娠期間が 20-22 日，泌乳は 400 日に及ぶ（McIlroy, 1973）．

総じていえることとして，有袋類の雌性生殖周期については，双前歯類と
それ以外の系統で，タイムスケジュールに大きな相違が見られると結論でき
る．繰り返すが，有袋類には，発情周期を 25 日とし，その半分程の妊娠期
間を費やすという祖先的な戦略が成立している．多少の変異はあったとして
もこの "25 日と 12-13 日" の構図は，胎生の原始的採用の姿，デフォルト
の設計図として合理的なものだったろう．

が，双前歯類に派生する段階で，この時間が全般に少しずつ延長される傾
向になったと推測される．その要因は，まずは双前歯類が全般に体サイズが
大きい側にシフトしたことであろう．また，有袋類なりに機能形態と行動生
態を高度化させた双前歯類において，精巧な身体システムの形成のために，
若干でも発生に要する時間を延長しなければならなかったと考えることがで
きる．また実際，真獣類の妊娠後期に相当する泌乳フェーズが，双前歯類で
かなり長い時間になったことも，双前歯類の高度化の要因と強く結びついて
進化してきたことが示唆される．

（3）黄体の挙動

雌性生殖周期は，卵巣，特に黄体の周期と寿命に起因する興味深い生殖内
分泌学的進化史を提示する．真獣類におけるその全体像は既に詳述されてき

た（高橋，1988; 遠藤，2002）．一方，有袋類においても黄体の寿命につい
ては精査され，それをもって，先の“25日と12-13日”の理解・解釈が進
められている（Tyndale-Biscoe and Renfree, 1987）．代表例はキタオポッサ
ムで（Cook and Nalbandov, 1968; Fleming and Harder, 1983），発情後 3-7
日のうちに，黄体組織の大きさや血中プロジェステロン値が急激に増加する
ことが確認されている．

　同様の黄体の動態は *Dasyurus* や *Dasyuroides*，*Trichosurus* でも確認さ
れ，妊娠時も非交尾時も同様に黄体が活性化することが判明している
（Shorey and Hughes, 1973; Renfree, 1975; Harder and Fleming, 1981; Hinds,
1983）．この意味するところは重要で，真獣類でもたとえばラットのように
非妊娠時に黄体の速やかな機能低下を来す種と，ウシのように黄体期が短く
とも継続する種に分かれている．高等霊長類とくにヒトが，異様なほどに長
い黄体期と月経を経過することも，極端な策として知られた通りである（遠
藤，2002）．

　繁殖戦略としては，ラットのように黄体期を極力省略して交尾機会を確実
に増やす例は r 戦略となり，逆のケースは K 戦略であると見ることができ
る．一方で，有袋類の多くの基盤的系統・祖先的系統が非妊娠時にも黄体期
を継続する．ということは，有袋類が基本的に K 淘汰の世界にいるのだと，
一見すると思われてしまう．黄体の動静を見る限り，有袋類は少なくとも交
尾機会に関してはラットほどの高頻度化策をとっていないようにも見えるの
である．しかし，後に議論するように，有袋類と真獣類はそもそも妊娠期間
が大幅に異なることが普通なので，有袋類の生殖周期がのんびりしたものだ
と判断するのは早計である．

　有袋類の機能黄体存続期間であるが，交尾・妊娠した場合には妊娠期間の
終了とともにプロジェステロンフェーズが終わる．そして，泌乳期間中には
機能黄体が組織学的に退行するとされている．もともと妊娠期間が短いので，
一周期における黄体の寿命はけっして長くないというのが，有袋類の黄体の
基本設計だろう．

　Isoodon や *Perameles* のケースはこれらの基本型と異なっていて，黄体の
アクティビティ，プロジェステロンの分泌量ともに，事実上分娩時に最大と
なるタイプである．そのまま分娩後も機能黄体が継続し，分娩後 45 日程度

は黄体の細胞数，組織体積，黄体によるプロジェステロン分泌量が高めに確保されるものである（Gemmell, 1979, 1981, 1984; Lyne and Hollis, 1979）. *Isoodon* の泌乳期間を 60 日とすると（Gemmell, 1982），泌乳期間のごく末期を除いて機能黄体が残存する. *Isoodon* の場合は，発情後 3 日目から 12 日目までの間に黄体の活性化が急速に進み，分娩後の活性は微減のまま長く継続するタイプである. *Isoodon* では新生子の除去や滅失により，黄体はその後 10–12 日間で退行し，次の発情サイクルが開始される. つまり，*Isoodon* のタイプは，*Didelphis* や *Trichosurus* と異なり，妊娠時と非妊娠時で黄体の退行がまったく異なる過程をたどる（Hughes, 1962; Close, 1977; Gemmell, 1981）.

さらに機能黄体が長く間延びし，妊娠から泌乳にかけてのフェーズで黄体がほぼ完全に継続し，黄体による高プロジェステロン値が断絶することなく次の発情に連続するタイプが見られる. ダマヤブワラビーがこの動態をとる例といえよう（Hinds and Tyndale-Biscoe, 1982）. この種は発情周期 30.6 日，妊娠期間 29.4 日である. 発情前後 1 週間程度の低プロジェステロン値フェーズはあるが，各周期の残存黄体により，比較的高いプロジェステロン値が維持されるタイプである.

同様の類型の種として，アカクビワラビー *Macropus rufogriseus*，クアッカワラビー *Setonix brachyurus* が挙げられる（Cake *et al.*, 1980; Hinds and Tyndale-Biscoe, 1982; Walker and Gemmell, 1983）. またこの特性の黄体は，カンガルー類に一般的に見られるといえる. カンガルー類では，妊娠，分娩，泌乳の間は，黄体から確実にプロジェステロンが分泌され続ける. このタイプの場合，吸乳する新生子を除去すると，その後 3-10 日間はプロジェステロン値が高まっているが，速やかに機能黄体は退縮する. 妊娠しなかった場合を想定しても，これと同様のことが起こるであろう.

このようにカンガルー類やコミミバンディクート属 *Isoodon* に見られるパターンでは妊娠時と非妊娠時で黄体持続期間が異なっている. イメージとしては，カンガルーのようなケースが，より真獣類のラットのような *r* 淘汰者に近いように見える. しかし，既に見てきたように，有袋類は，*Didelphis*，*Dasyurus*，*Trichosurus* のように，妊娠時と非妊娠時で黄体寿命が大差ないというパターンを，祖先的，基本的戦略に採ってきたことは疑いない.

74   第2章　生殖戦略の妙

このことは真獣類との比較の上では非常に興味深い．というのも，妊娠期間を考慮すれば有袋類はそもそもデフォルトからして真獣類よりも *r* 戦略性が強いことが確実であり，交尾の成否を情報にして，黄体の消長を制御すべき範疇にないといえるのである．最大限派生的なケースとして，発生に時間を要するカンガルー類で，あえていえば非妊娠時の黄体退行を迅速化する工夫がなされていると考えるべきだろう．真獣類を極限まで多産化したラットのような場合で，やっとのことで，*Trichosurus* や *Didelphis*，*Dasyurus* を生殖周期の回転スピードで"逆転"しかけていると受け止めることができそうである．

どんな場合にも，黄体は退行し，白体として組織学的にもライフスパンを全うし終える．また白体組織自体も結合組織の集塊に成り果てて終わりを告げる．白体として組織学的特徴を見せるのは，オオカンガルーで150日間（Clark and Poole, 1967），ダマヤブワラビーやフクロギツネでほぼ1年間，コアラでは数年を超えるとされるが，生体で随時追跡できるものではないので，実態は明確ではない．

（4）リッターサイズと泌乳の含意

ここで，排卵数とリッターサイズについて議論しておこう．既にふれたように，オポッサム類のような多産の有袋類で，しばしば新生子を大量に損耗するような多胎の分娩が起きていることが確認される（Nowak, 1999）．50を超えるような多胎分娩の挙句，乳頭数はせいぜい10を超える程度という実例がキタオポッサムである．

有袋類の場合，胎子・新生子は必ずしも確認されずとも，成熟卵胞あるいは黄体が一生殖周期において極端に多数確認されることがある．多くの有袋類が，育てきれないだけの卵を排卵し，受精させ，その後の何らかの段階で捨てているらしいのである．その数は真獣類的感覚からすると尋常ではなく，キタオポッサムでは60（Rafferty-Machlis and Hartman, 1926），ミナミオポッサム *Didelphis marsupialis* で20以上（Hill, 1918），ロビンソンマウスオポッサム *Marmosa robinsoni* で最大27（Godfrey, 1975）もの，成熟卵胞や黄体が一時に確認される．また，ダシウルス形類でも，フクロネコ *Dasyurus viverrinus*（Hill, 1910），オオネズミクイ *Dasyuroides byrnei*（Wool-

ley, 1971），タスマニアデビル（Flynn, 1922; Guiler, 1970），チャアンテキヌ
ス *Antechinus stuartii*（Woolley, 1966），クマドリスミントプシス（Godfrey,
1969; Woolley, 1990）などで，多数の成熟卵胞ないしは黄体が見つかってい
る．受精卵，初期胚，乳頭にたどり着くことができない新生子が，おびただ
しい数で捨てられていると推察されるのである．

　これは事象としては白黒はっきりさせるべきなことなのだが，受精卵や初
期胚が *in vivo* で棄却される証拠は，野外やもちろん飼育下ですら検出が難
しいという単純な理由から，今日に至っても実態がつかめていない．交尾後
の摘出卵巣の組織検索がほぼ唯一確実な検討手法であり続け，損耗の現象自
体が観察されない．人間が"特異"とレッテルを貼っている有袋類の繁殖に
おいて，基礎中の基礎として客観的に把握せねばならない現象が，まだ観察
証拠をつかまれていない状況にあるといえるだろう．一体何が特異なのか，
まったくもって何も分かっていないというのが本当のところだ．

　上記の文献を総合すると，たとえばダシウルス形類では，飼育中のオオネ
ズミクイで 11 個体の新生子が巣箱に捨てられていることが確認された例が
あり，タスマニアデビルでは 39 の初期胚が見つかったという話が残されて
いる．クマドリスミントプシスでは多数の妊娠雌が経時的に解剖に供され，
総計 329 の受精卵・初期胚の存在に対して 433 の黄体形成が組織学的に確認
されている．検討の途上でも，発生をやめて死滅しつつある受精卵も見つ
かっている．この場合には，24％の初期胚や受精卵が育たずに失われたと考
えることができる．有袋類の一般論として，現実の乳頭数あるいは哺育能力
の限界よりもかなり多くの排卵を起こし，受精し，母体内の発生段階あるい
は新生子の段階で捨てられていることが推察される．

　黄体を多めに作ることで，多量に分泌されるプロジェステロンにより妊娠
状態を安定させ，また結合組織を軟化させ産道（pseudo-vaginal passage）
の形状を適切に確保しているという推測もある（Woolley, 1990）．が，有袋
類が真獣類と異なり，明らかに過剰に排卵し，過多の胚を作り，また泌乳能
力を超えた数の新生子を分娩する傾向があることはどうやら疑いない．量的
には，雌性生殖細胞の大半が使われないままに雌個体の寿命が尽きるという
高等脊椎動物の一種アンバランスな状況を考えれば，雌性生殖細胞の有効利
用という局面でもあろう．系統的には，とりわけ多産戦略をとるオポッサム

類やダシウルス形類において，よく見られる事象だろう．起きていることを有袋類あるいは脊椎動物の胎生獲得初期の姿として受け止めることによって，胎生という策の真の姿を論議する上で大いに意義深いと考えられる．

関連して，有袋類においては誕生あるいは離乳する性比に偏りがあるのではないかといわれてきた．アンテキヌスの多数の新生子を用いた精緻な観察（Selwood, 1983; Davison and Ward, 1998）では，離乳する雄対雌の個体数が0.32対1にまで偏り，雄に比べてはるかに多数の雌を哺育・離乳している実態が明らかとなった．事後に摘出した卵巣を用いた黄体数すなわち排卵数のデータを合わせると，実際には黄体数の4分の3あるいは74％程度しか新生子は分娩されず，また黄体数の3分の2あるいは69％程度しか育児嚢で乳頭を得るに至っていなかった．仮説としては，排卵・受精後に，母体が特定の性別を生残させ，逆に特定の性別を棄却している可能性が浮かび上がる．それが事実なら，有袋類は排卵数と哺育数の差を性比の調節に活用していることになる．

しかし，精緻な検証にもかかわらず，性比を合わせるために，受精卵や新生子を性別ごとに捨て，また守っているという証拠はまったく得られていない．真相は不明だが，むしろ逆に，アンテキヌスで起こる先述の精子貯蔵プロセスにおいて，Y精子が生残しにくいとか，Y精子が受精しにくいという現象が起きている可能性が示唆されている（Davison and Ward, 1998）．また，個体変異としての母親の体重差と，生まれてくる子どもの性比に相関があるのではないかという予見もあったが，実際に相関が検出されているわけではない．

これらを総合すると，有袋類において，離乳集団の性比の偏りもあまりにも過大な排卵数も興味深い事象ではあるが，これらを分かりやすく結びつける特定の出来事が妊娠から離乳にかけて生じているということを証明するには至っていない．

表2-1における産子数は，上述の新生子の想定される損耗を加えた，分娩される真の新生子の数ではない．これは損耗を無視するということとは意味が違うが，多くの先行研究も引用されるデータも，技術的に確認可能な範囲で実際に乳頭に到達し育っている新生子数を数えているというのが実際のところである．つまりは，新生子の実際の分娩数とは大きく異なる，曖昧な数

2.4 生殖周期の意味 77

字を扱っていることになる．有袋類の真のリッターサイズの論議は，ディデルフィス類やダシウルス形類を中心に，実数は棚上げにして，授乳において意味のある産子数を扱っているというのが常識的な現状である．換言すれば，有袋類の中でもとくに新生子損耗の多い系統における離乳様態の意味を語るとき，損耗前の真の産子数を持ち出せば，他の系統との比較は意味を成さなくなる．つまりは，他系統との子育て戦略を比べる場合には，乳頭に辿り着いている新生子の数を曖昧に数えることに一種の妥当性を見出しているといえるだろう．

　他方，ペラメレス形類や双前歯類になると，成熟卵胞数や黄体数も限られるとされ，仮に多胎の種であったとしても，確認されるリッターサイズと排卵数・受精卵数・初期胚数の間に大きな相違は無いと考えることができよう（Tyndale-Biscoe and Renfree, 1987）．

　ここで，有袋類の泌乳に関する驚くべきメカニズムを紹介することとしたい．ことは乳腺および乳汁の生理学的動態についてである．

　有袋類の泌乳期の乳腺に関する基礎機能形態学的データは少なくなく，フクロギツネにおける分娩前後の乳腺重量変化の追跡（Sharman, 1962; Stewart, 1984），ダマヤブワラビーによる乳腺組織や乳汁成分の定量的変動（Findlay, 1982; Green, 1984）が古典的に検討されている．内分泌制御という意味からはプロラクチンの分娩後の変動も各種でデータ化されてきた（Hinds and Tyndale-Biscoe, 1985; Hinds and Janssens, 1986; Hinds and Merchant, 1986）．

　一方，第1章でふれてきた有袋類独自の長い泌乳期間は，泌乳の生理学的進化という観点からは，当然，真獣類よりも複雑な多様性をもたらす可能性を生じる．事実，真獣類に見られない有袋類の精巧な泌乳機構として，長い泌乳期間を活用した乳汁成分の転換が挙げられる．そもそもが長期の授乳を行うカンガルー類で検討の進んだ現象で，基礎的データの多くはダマヤブワラビーに依拠している．

　ダマヤブワラビーでは，哺育に備えて，フェーズ1，2A，2B，3とされる計4段階の乳腺の機能転換が行われる（Trott *et al.*, 2003）．フェーズ1は来るべき新生子を迎えるための，乳腺の形態学的発達の段階である．そしてフェーズ2Aで，乳頭では無事到達し得た新生子によって吸乳が開始される．

78 第2章 生殖戦略の妙

この段階では新生子は片時も乳頭を放すことはない．このフェーズで乳腺が
作り出す乳汁には，ELP（early lactation protein）と呼ばれるタンパク質群
が多量に含まれ，比較的エネルギーの少ない乳汁となっている．この時期の
ミルク100 gが含むエネルギーは，250 kJ（キロジュール）程度にとどまる
と算出されている（Green *et al.*, 1988; Trott *et al.*, 2003）．

　続いて2Aから2Bへの移行は，新生子が常時乳頭に吸いついている段階
を終え，吸乳するときのみ乳頭をくわえるように行動が変化することと一致
する．この段階では，新生子の乳頭への常時接触が解消されているにもかか
わらず，吸乳の頻度はとても高いとされる．乳汁中のタンパク質はELPの
急減を示し，代わってWAP（whey acidic protein）群の増加を特徴とする．
whey（ホエイ）はいわゆる乳清タンパク質であり，高WAPミルクとは，
考え方としてはヒトの乳汁にタンパク質組成が類似しているミルクだといえ
るだろう．そしてフェーズ3は，育児嚢から新生子がときどき這い出て外を
歩くようになる段階である．フェーズ3への移行は，WAPの産生が急減し，
LLP（late lactation protein）-AとLLP-Bと呼ばれるタンパク質群の分泌が
高まることで特徴づけられる．乳汁の含有エネルギー的にはフェーズ2B以
降で値が高く，100 gあたり500 kJ，最大では1000 kJを超えるとされる
（Green *et al.*, 1988; Trott *et al.*, 2003）．各フェーズでの乳腺が生成するタンパ
ク質量の転換は，古くから電気泳動で明確に確認されてきた（Simpson *et
al.*, 1998, 2000）．

　フェーズ2A，2B，3の継続期間は個体変異が大きいだろうが，大雑把に
見れば70日から120日程度の持続をもって，各段階が転換していくと考え
ることができる．各フェーズの含有タンパク質の特徴と該当ステージの新生
子が要求する栄養量・成長量との間に明確な理論は語られていない．おそら
くは，分娩直後よりは圧倒的に大量の筋肉や身体実質を作り出さねばならな
い授乳後期の新生子は，高エネルギーのWAPやLLP群を必須としている
と推察される．

　この乳汁生成機能の転換は，上述の新生子の吸乳頻度の変化に対する母親
の生理学的反応の一つだろうと考えられてきた．しかし，以下に述べるダマ
ヤブワラビーでの里子実験（Trott *et al.*, 2003）によって，理論の大幅な書
き換えを余儀なくされた．

2.4 生殖周期の意味 79

　ダマヤブワラビーでは，新生子を育児嚢で育てている泌乳中の雌と新生子を多数用意し，母親に自分の産んだ子とは異なる日齢の新生子を託すことが可能である．この里子実験により，たとえばフェーズ2Aに相当する低エネルギー乳で育てられるはずの新生子を，異なるフェーズの雌親の育児嚢に移し，高エネルギーのミルクで哺育させることができる．その結果，早期に高エネルギーミルクを与えられた新生子は明らかに成長速度が速まり，少なくとも外形や行動の特徴を指標にする上では，早期に発生・成長を達成することができるのである．

　この実験（Trott *et al.*, 2003）は，高エネルギーの乳汁が額面通りに新生子の成長を速めることを示すとともに，新生子の吸乳パターンの変化に影響されずに，雌親が分娩を起算点にした経過日数を基に，乳腺の機能を自律的に転換している可能性を証明するものとして注目されている．

　さらに興味深い点は，*Macropus*類における新旧リッターの共存と乳腺機能の使い分けである．第1章で語り，描画（図1-12）で表現した通り，時間的にすれ違いに近い状況とはいえ，泌乳期間が長くとりわけ胚休眠を用いる種では，完全な離乳に近い子どもと，生まれたばかりの新生子が，一頭の母親に共存する時間が生じ得る．こうした状況では，一個体の複数の乳腺・乳頭が，上記のダマヤブワラビーで名付けたところのフェーズ2Aと3の機能状態を使い分けることが起きるのである（Lemon and Bailey, 1966 ; Lincoln and Renfree, 1981 ; Nicholas, 1988）．

　このように，有袋類では，泌乳にも真獣類に見られない精巧な生理学的適応が見られる．この適応は，あくまでも新生子の緻密な基本設計に対応して泌乳をどう設定するかという，哺育の高度な合理性を実現する進化であるといえる．他方で，海獣や砂漠性種の泌乳特性を進化させている真獣類（遠藤，2002）に比べると，対生息自然環境への適応という観点からは，採用している多様化戦略の幅は一定に狭いという印象が否定できない．

　なお，真獣類ほど例は多くないが，有袋類でも，授乳と無関係に，雄親による幼体の保護，子育てが行われることは，いくつかの有袋類で知られてきた．チビフクロモモンガやフクロモモンガ類では，雌雄の混群が新生子を育てる例が知られる（Croft and Eisenberg, 2006）．フクロモモンガも，雄が子を守り毛づくろいをする（Klettenheimer, 1997）．有袋類における雄から子

へのケアは，群れ社会を構成する種において小規模に進化すると考えてよい
だろう．

本章では，繁殖，生殖に関わる行動生態や社会生態，あるいは季節繁殖性
の論点にはあまり深入りしていない．こうした内容は，最終章で有袋類の行
動学的特質について語るときに改めて論議したいと思う．この後は話を有袋
類学の核心ともいえる進化史に向けていこう．

第 3 章　化石と分子による歴史

　大学院に入ったころ，シカゴ大学とパリ自然誌博へ行こうかと思ったことがある．なぜならば，かの国のサイエンスは，脊椎動物学と古生物学を，科学哲学と研究体制の中で一体に融合させている姿が手に取るように分かったからである．そしてそこでは，憧れの博士たちが日夜闘っているのだ．形にのめり込んだ人間は，誰しも，億年単位で築かれたからだの設計を，概念＝「生のからだ」と化石＝「歴史の実際」を隔てなく行き来して，理を構築しようと挑戦することだろう．それができそうな稀有な場が，海の向こうに見えていた……．

　だが，あたしの大学は，こと動物学に関しては，いまも変わらずなかなかにお茶目である．やめておけばいいものを，化石から機能を論じる学位論文を出そうとする院生が，必ず現れる．これもやめておけばいいものを，指導教員は，モリキュラーにしか興味をもたない教員に査読をお願いすることにする．しばらくするとイライラした分子教員が，「こんなものを読まされても何も分からない」と当たり散らしてくることは珍しくない．

　この自己閉塞した幼さがある限り，利根川進流の浅慮狭小のナチュラルヒストリー廃絶思考がある限り，日本の博物館も解剖学も不滅だ．なぜかといえば，人間は屈服してはならない敵を前にしたときには，不滅の姿を見せるからである．ヒトラーの息の根を止めるまでパルチザンは闘い，禁教令が消え失せるまで隠れキリシタンは生き延びる．人間を深奥で動かす底知れぬ力とは，形式上の強者にはけっして与えられない．それは，存在を賭して闘う者だけが手にする，無限に強い力なのだ．

　極東の島国のとある大学と異なって，西洋には理による破壊力をもった正統な還元主義者が科学の歴史を創ってきた．たとえば，そう，クロード・ベ

ルナールである．しかし，彼が制したかのように見える学の世を切り裂いて，いまもナチュラルヒストリーは咆哮を噴き上げる．それは，かの島国でも同じことだ．ベルナールの博物学破壊と還元主義宣言如きを見た程度で闘いを諦める自然誌学者は，この些末な島国ですら，一人もいない．

3.1 有袋類はどこから来たのか

(1) 白亜紀の先駆者たち

本章では，まず有袋類の起源を化石群の知見から論じたいと思う．有袋類の根源的な起源をめぐる論題は必ずしも明瞭な結論を得ていない．ただおおどころの便利な整理として，一つ変化球を投じておこう．有袋類は地理的に南アメリカ＋オーストラリア地域に産するグループと，北アメリカ＋アジア地域に産するグループに類型化できる（表3-1；Rougier *et al.*, 1998, 2015; Rougier, 2009; Bi *et al.*, 2015）．単系統性を無視した人為的類型であるので必ずしも定着した呼び名ではなないが，それぞれに Boreometatheria と Notometatheria という名称が当てはまる2群である（Kirsch *et al.*, 1997）．当然，現生系統はすべて前者に該当する．

話題を整頓するためにこの2群をあえて類型として取り上げる場合が現実にあり，逆にその割にはこの2群の名称が定着していない実状は，白亜紀から新生代初期にかけての有袋類の系統関係がなかなか明瞭にならないことが原因である．分布していた地域と時代は古生物学的に検証できても，それぞれの系統の分岐関係がまったく難解なままなのである．

次に，これまでも登場していたが，ここで後獣類 Metatheria という学名を正式に導入しておこう．現生群を議論する上では，後獣類は有袋類と同義であるが，古生物学的に後獣類と呼んだときには，白亜紀から新生代前半のたくさんの絶滅群を含む，真獣類以外の大きな系統を広く指すことになる．階級的には下綱あるいは亜綱あたりが適格といえる大きな括りである．

原始的な後獣類にデルタテリディウム類 Deltatheroida が記載される．デルタテリディウムは，白亜紀後期にアジアに，そして北アメリカ大陸に広まり，恐竜時代の北半球に一定の多様性を見せる繁栄を経過した．

表 3-1　後獣類 Metatheria の構成.

Sinodelphis

Holoclemensia

デルタテリディウム類（Deltatheroidea）
Sulestes
Oklatheridium
Tsagandelta
Lotheridium
Atokatheridium
Nanocuris
Deltatheridium
Deltatheroides

北アメリカ＋アジア系統（Boreometatheria）
Asiatherium
Aenigmadelphys
Kokopellia
Iugomortiferum
Turgidodon
Albertatherium
Alphadon
Anchistodelphys
Pediomys
Glasbius
Pariadens
Didelphodon
Eodelphis

南アメリカ＋オーストラリアの系統（Notometatheria）
Borhyaenids
Mayulestes
Jaskhadelphys
Pucadelphys
Andinodelphys
Dasyurids
Dromiciops
Marmosa
Didelphis
オーストラリア有袋類

Bi ら（2015）を基に改変した. デルタテリディウムの単系統性は
おそらく支持されるであろうが, Boreometatheria と Notometa-
theria は, 実際, 多系統の類型ととらえるべきである. たとえば,
ボルヒエナ類を含む単系統であるスパラソドント類を, 産地に応じ
てグルーピングしたものを多数含んでいる.

84　第3章　化石と分子による歴史

　実は，この時代の哺乳類化石の多くは，有袋類に繋がる系統なのか真獣類に属する系統なのかが，比較的近年まで明確になっていなかった．確かな記録があるものだけでも，キーランテリウム *Kielantherium*，ホロクレメンシア *Holoclemensia*，パポテリウム *Pappotherium*，そして話題の主のデルタテリディウム *Deltatheridium* などについて，明確な系統的位置を見出されずに，記載だけが進められていた．

　実際，こうした化石は，白亜紀後期の Theria of metatherian-euterian grade なる，悩ましい概念と名称で一括りにされていた．たとえばキーランテリウムはもっとも原始的な真獣類に関連する系統に帰属する（Kielan-Jaworowska *et al.*, 1979；Cifelli, 1993a, 1993b）とされ，ホロクレメンシアは有袋類に，パポテリウムは真獣類に近いとされる（Fox, 1980；Slaughter, 1981）．こうした諸説が生まれ，説得力ある理論として整理され得なかった．白亜紀哺乳類は，Theria of metatherian-euterian grade という，いわばゴミ箱に寄せ集められた状態を呈していたといえる（Clemens, 1979；Clemens and Lillegraven, 1986；Carroll, 1988）．

　この中でデルタテリディウム類は状態の良い化石に恵まれ，先行して精度の高い記述と議論を生み出していた．側方によく発達した頬骨弓を備え，逆に鼻部が不均衡に小さいと見なされる，独特なプロポーションの頭蓋をもっていたことが分かっている．咀嚼装置，とくに歯列の検討が進められて，歯式も I4/1-2・C1/1・P3/3・M3-4/3-4 に収まるなど，形質に関する豊富な証拠を基に，一定の系統理論づくりがなされていた（Kielan-Jaworowska, 1975）．ただし，やはり，真獣類との親和性を挙げられたり（van Valen, 1966；McKenna *et al.*, 1971），有袋類（後獣類）に類似することが唱えられたり（Kielan-Jaworowska and Nessov, 1990；de Muizon *et al.*, 1997），とりあえずは両系統のどちらにも帰属させるべきではない（Kielan-Jaworowska *et al.*, 1979）という学説が生じるなど，混乱状態にあったといえる．

　しかし，わずか 20 年ほど前であるが，デルタテリディウムの化石において，その後の有袋類から把握されるのと同じ，特異的な臼歯の交換パターンが確認され，以降デルタテリディウム類と見なされる大きなグループが，真獣類分岐以後の白亜紀の後獣類を構成し，有袋類側の際立って有力な系統として発展したと見なされるに至った（Rougier *et al.*, 1998）．第 1 章でもふれ

たように，有袋類は最後前臼歯のみが交換するという特異な派生形質を備え
ている．そして，デルタテリディウム類を含めて，この特徴が後獣類の共有
派生形質として確認されたのである．この後述べるが，臼歯の交換パターン
を共有派生形質とする後獣類の確定は，白亜紀の哺乳類がいつ後獣類と真獣
類に分岐したかという年代の高精度化をもたらし，分子系統学的論議との有
効な総合と結びついている．

　なお，もちろん臼歯の交換様式が確実に分かる化石は必ずしも多くない．
Theria of metatherian-euterian grade をより完全に解消し，さらに白亜紀の
哺乳類の系統性を整理していくには，まだ時間を要するものと思われる．そ
れは，単に臼歯の交換という単一の形質の論議にはとどまらず，長く続く白
亜紀哺乳類の進化史の全貌の解明につながるであろう道筋である．

　さて，化石である程度まで把握される後獣類の確立，あるいは，有袋類と
真獣類の分岐の年代は，現生群を用いた分子遺伝学では，どう推定されてい
るのだろうか．各分岐のノードの絶対年代は化石証拠による較正の抜き差し
で変動するものの，現生系統から推定される有袋類対真獣類の分岐年代は，
たとえば，大雑把に1億8000万年前から2億2000万年前あたりとされる
（van Rheede *et al.*, 2006; Beck, 2008）．つまりは，三畳紀からジュラ紀の始
まりにかけてというかなり古い年代が推定されてくる場合がある．一方で，
浅めの推定では，1億3500万年前となる（Nilsson *et al.*, 2004）．これらの年
代は，化石証拠と比較して，一見，古過ぎる印象を受けなくもない．

　この点で，化石証拠からは，表3-1に並ぶようなデルタテリディウム類や
初期有袋類の多様化は，おもに8000万年くらい前の出来事だと見なすこと
ができるので，上記の分子による分岐年代は確かに過度に深い時代に見える．
しかし，起源や類縁性の解明などを度外視して，とにかく年代の古い系統の
化石証拠でよければ，最古の後獣類はシノデルフィスの1億2500万年前
（Luo *et al.*, 2003），ホロクレメンシアも1億1000万年前（Jacobs *et al.*, 1989）
まで遡ることができる．いわゆる Boreometatheria では，*Kokopellia* は
9800万年前には北アメリカに分布している（Cifelli and de Muizon, 1997）．
また，他方で真獣類側では，*Juramaia* が1億6000万年前（Luo *et al.*, 2011;
Chu *et al.*, 2016），*Eomaia* が1億2500万年前（Ji *et al.*, 2002），*Montana-lestes* で1億1000万年前（Cifelli, 1999）という年代の推定がある．古い有

袋類相は若干ひ弱だが，少なくとも真獣類側の地質学的証拠を考慮すれば，分子系統学が唱える分岐年代との間に極端に大きな差異はないことになろう．白亜紀中期くらいには，後獣類と真獣類は，その段階に実在した系統がそれぞれどういう形質の持ち主であれ，系統の分岐そのものは終えていたと考えることに大きな矛盾はないだろう．

（2）"デルタテリディウム後"の混沌

デルタテリディウム類は，その最初期に，有袋類に連なるそれ以外の2系統の共通祖先と分岐したと考えられる．そして，デルタテリディウムを切り離した後の後獣類は，Notometatheria と Boreometatheria，すなわち南アメリカ＋オーストラリア産の諸系統と北アメリカ＋アジア産の諸系統に相当するいくつもの系統を生み出していった（表3-1）．

実際のところ，どこから有袋類あるいは有袋形類と呼ぶべきかは難しいところだが，デルタテリディウム分岐後の各系統は，有袋（形）類の新生代初期の姿だと考えることができる．本書では，ときに後獣類，ときに有袋形類，ときに有袋類という言葉を使うことになると思うが，読者から見て各用語の使用意図は明確になると信じる．

さて白亜紀の多くの系統が，臼歯交換様式を指標に後獣類であることが認められても，Notometatheria と Boreometatheria にグルーピングされる多くの系統が，一体どういう系統性で括られるのかは，いまだに論議が収束していない．これは，初期後獣類の分類学的謎のもっとも難解なものとして現在も残されている課題である．そして問題の焦点の一つは，現生有袋類に直結する系統，すなわち，いずれはオポッサム類を生み出すに至る白亜紀末の系統に，北アメリカから産する化石群が直接関与しているかどうかという点である．

もしも Notometatheria と Boreometatheria が形式上の類型にとどまらず，デルタテリディウム分岐後の後獣類が，明瞭にこの2群に分かれて進化したとするならば（Rougier *et al.*, 1998, 2015；Bi *et al.*, 2015），現生群は，より古くから南アメリカ地域で進化していた Notometatheria からしか生み出され得ないことになる．

他方で，Notometatheria と Boreometatheria が多系統の類型に過ぎない

と考えれば，北アメリカで初期段階を経ていた白亜紀後獣類が，直接的に南アメリカ大陸に進出，放散し，現生群に至る道に入ったと考えることができる（Luo *et al.*, 2003；Case *et al.*, 2005；Goin *et al.*, 2006；Wilson *et al.*, 2016）．この場合，北アメリカで K-Pg（白亜紀–古第三紀）境界を越えて，始新世以降まで生き続けたペラデクテス *Peradectes* やヘルペトテリウム *Herpetotherium* が北アメリカから南アメリカへ侵入し，オポッサムへ至る系統をつくったと考えるか（Horovitz *et al.*, 2009），もしくは白亜紀のうちに既に南アメリカへ放散したと考える（Case *et al.*, 2005；Goin *et al.*, 2006）ことになる．実際ペラデクテスは形態学的に現生オポッサム類とよく似ているため，広くディデルフィス類として現生オポッサムと高次で同じ分類群とされることがある（Goin *et al.*, 2016）．いずれにせよ，白亜紀末から新生代初期にかけての南北アメリカ大陸は容易に陸獣が往来していたことは間違いない．

　白亜紀末の北アメリカ大陸には，アルファドン科 Alphadontidae，スタゴドン科 Stagodontidae，ペディオミス科 Pediomyidae，グラスビウス科 Glasbiidae などに分岐した諸系統が分布していた（Wilson *et al.*, 2016）．かつてのようにアルファドン等の系統を，そのまま現生有袋類の祖先群だと考える（Colbert and Morales, 1991）向きは現在は多くはないが，現生オポッサム類と形態が類似する系統を既に生み出していたことは間違いない．そして，興味深いことに，同時代のアジアでの後獣類の主役はデルタテリディウム類が担っている．

　本節でふれた白亜紀の後獣類の多くは，まず K-Pg 境界の前後において姿を消している．K-Pg 境界を貫いてその後も生残・発展した後獣類は，概略的には 2 つの可能性に絞られる．その一つは，ボルヒエナ類に進化する後述のスパラソドント類の一部である．そしてもう一つは，ペラデクテス類か，アルファドン類か，単系統と見なす Notometatheria あたりか，いずれにしても現生群に連なる有袋類となろう．本章以外では断りなくつねに話題の中心を占めているアメリカ有袋類とオーストラリア有袋類は，新生代初期に生き残っていた，後獣類系統に派生する歴史の浅い系統群だと考えていただければ幸いである．

3.2 K-Pg 境界を越えて

（1）白亜紀終盤の分岐

では，分子系統学と古生物学を融合させながら，新生代の有袋類のアイデンティティを把握することに努めておきたい．

現生有袋類の系統におけるもっとも古い分岐はオポッサム類とそれ以外の有袋類の分岐であって，多少の数字の差異を扱う論議はあるものの，その年代は，たとえば 8060 万年前付近とみて妥当であろう（Beck, 2008）．一方，ケノレステス類とオーストラリア有袋類の分岐はそれに続く 7650 万年前と推定される（Beck, 2008）．ケノレステス類とオポッサム類は単系統を構成しないことに注意が必要である．

7500 万年前を超える古い段階の分岐は，初期の 3 群，すなわち，オポッサム類，ケノレステス類，そしてオーストラリア有袋類を生み出したといえる．実際の分岐の場所が地理学的にどこであったかは，確定するのはとりあえず難しい．また，遺伝子の分岐関係と化石群の表現型のアイデンティティを結びつけることが困難なのはいうまでもない．大切なのは，K-Pg 境界よりも前に，少なくともこの 3 群は分岐を終えているということである（Goin *et al.*, 2016）．さらに，もっとも古い年代推定を採るならば，この時代に，双前歯類がそれ以外のオーストラリア有袋類から袂を分かっている可能性がある．

白亜紀末から暁新世にかけての時代，南アメリカ大陸は北アメリカ大陸と強く結びつきを保っていたと推測され，化石証拠を見る上では，既に 4 群に分岐した真獣類のいくつかの系統（de Muizon, 1991; de Muizon and Cifelli, 2000）や，爬虫類の有隣類やハドロサウルス類（Case *et al.*, 2000, 2005）が北アメリカから南アメリカへ広がったことが知られている．

南アメリカ大陸における最古期の有袋類の化石は，ボリビアのティウパンパ Tiupampa から，暁新世前半の多様な分岐を経過した多数の系統が記録される（Gayet *et al.*, 1991）．マユレステス *Mayulestes*（de Muizon, 1998），アンディノデルフィス *Andinodelphys*（Marshall and de Muizon, 1988），プカデルフィス *Pucadelphys*（Marshall *et al.*, 1995），ジャスカデルフィス *Jas-*

khadelphys（Marshall and de Muizon, 1988; Marshall and Kielan-Jaworowska, 1992）などが実例となるが，それら自体は短い時間で消えた南アメリカの最古の後獣類と考えることができよう．これらは系統的には，後で述べる，広義のボルヒエナ類の一角とされる．現生の系統を残す有袋類とこれら南アメリカ最古の化石後獣類群との系統関係を遠いと見るか近いと見るかは混沌としている．実際のところ，ティウパンパの暁新世の化石群よりも，次に述べる北アメリカの新生代初期の化石の方が，現生有袋類との系統的親和性が高いとする説が有力である．

　南アメリカに産する解釈の難しい暁新世のボルヒエナ類近縁群よりも，北アメリカの始新世の化石群の方が，現生群との形態学的類似が大きいと考えられてきた．先に簡単に述べているように，オポッサム類の起源の候補として，北アメリカの始新世初期 5500 万年前の系統が取り上げられる．たとえば，ペラデクテス類の *Mimoperadectes* やヘルペトテリウム類の *Herpetotherium* である．これらの系統は，椎骨や四肢骨の化石データから，完全な地上性であったことが判明している（Horovitz *et al.*, 2009）．一方で，脊椎の形態学的特徴から，暁新世のマユレステス類に既に一定の樹上性ロコモーション適応を認めることができる（Argot, 2003a）．系統関係の結論は棚上げにするとしても，新生代初期の後獣類・有袋類において，既にロコモーション適応の多様化が成立していたことは疑いない．

　北アメリカからは，ペラデクテス類を議論に持ち出さなくとも，そもそも白亜紀のアルファドン科やスタゴドン科などが産し，これらも現生群との形態学的類似性が高いと見なされる．異論も少なくないが，全般的傾向として，ティウパンパに産する化石系統よりも北アメリカの系統の方が，新生代後期のディデルフィス類との系統的繋がりが強いという印象をもたれている．

　広義のオポッサム類の化石の分類学的検討は進歩し続けていて，大雑把には 20 から 30 ほどの属が扱われているといえる．系統性は難解であっても，時代的には暁新世には初期の多様化を経過した系統であると推察され，現生群と直接の関連をもつ系統の歴史としては，哺乳類全般を見渡しても，年代的にきわめて古いグループとして位置付けられるだろう．

　ケノレステス類においては，古生物学的には，後述する双前歯類に匹敵する多様性を示したと主張される（Aplin and Archer, 1987）．ケノレステス類

は，始新世の初期には系統が確立されていたであろう（Carroll, 1988）．一貫して，頭蓋を含め骨格には非特殊的原始的状態を残している（図3-1）．大きな特徴は第一後臼歯で，相対的に大きく，裂肉歯とは呼ばれないまでも，前後に伸びたナイフ状の形態をとっていた．漸新世の *Palaeothentes* などが臼歯列の形状に典型的な特徴を見せる．臼歯の大型化と高機能化は，真獣類のみならず有袋類においても雑食者・肉食者が備える派生的な特質と解釈され，後述するオーストラリア有袋類にも，ダシウルス形類を中心に類似の形質を見ることができる．

ここで，南アメリカの始新世から鮮新世にかけて，2つの小規模な絶滅化石群を挙げておきたい．科のレベルの多様性ととらえることができるもので，グロエベリア類とアルギロラグス類である（Rusconi, 1933; Carroll, 1988）．前者の代表，*Groeberia* は始新世には登場していた．I2/1・C0/0・P0/0・M4/4 という歯式が見せるように，咀嚼機構をはじめとして，多くの点で齧歯類と収斂する系統である．後者の代表群 *Argyrolagus* は，全身の形態の分かる保存のよい化石を残している．歯式は I2/2・C0/0・P0/0・M4/4 となり，同様に一部の齧歯類に酷似した形質を備えている．どうやら極端に発達した後肢により跳躍移動を行った可能性が高く，砂漠性のトビネズミ類 Dipodidae やカンガルーネズミ類 *Dipodomys* を思わせる形態である．

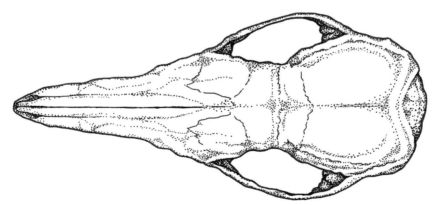

図 3-1 ベネズエラのおもに高地に分布するクロケノレステス *Caenolestes convelatus* の頭蓋背側面．独自の系統史を歩んだ一群だが，頭蓋は全般に祖先的な形質を残している．この種は吻鼻部が伸長する特徴がある．（描画：喜多村 武）

齧歯類型の適応はきわめて有能・有望な戦略と見え，有袋類は何度も異所的に収斂の実例を残してきた．とくに大きな切歯と後方の小さな臼歯列による幅広い咀嚼機能の適応は頻繁に見ることができる．グロエベリア類とアルギロラグス類は一定に成功を収めたと考えることができる．しかし，漸新世にはおそらくはラフティングなどの偶然の出来事により真の齧歯類が南アメリカ大陸に出現し，現生のいわゆるテンジクネズミ類 Caviidae に至るグループとして発展を遂げる．それとともに，おそらく競合したであろうグロエベリア類とアルギロラグス類は衰退の歴史をたどった模様だ．

また別の章・節でふれるが，双前歯類全体が，齧歯類的な咀嚼機構を収斂進化させたということができる．とくにウォンバット類とコアラ類は，体サイズは大きめなものの，多分に齧歯類的な適応を遂げているということができる．形態学的類似性からして，アルギロラグス類が収斂していた典型的な相手方は，真獣類の齧歯類というよりも，オーストラリア有袋類のウォンバット類とする方が妥当かもしれない（Simpson, 1970）．

（2）アメリカ有袋類化石群に見る高度化

有袋類の歴史と多様性を見渡すとき，現生群だけを扱うともっとも大きく欠失する要素が，南アメリカ大陸のいくつかの絶滅系統に残されている．南アメリカ大陸の化石群には，現生有袋類にはまったく見られない幅広い適応の歴史があったことの証拠が見事なまでに残されているのである．ここはしばらく，第1章で棚上げしてあった，アメリカ有袋類の巨大な絶滅系統群を論議しておこう．

アメリカ有袋類のうち，化石群としてのみ知られる一群に，広く単系統群としてスパラソドント類 Sparassodonta を考えることができる（Marshall, 1978, 1979; Marshall *et al.*, 1990; Babot *et al.*, 2002; Forasiepi, 2009）．伝統的階層でいえば，目水準の多様さを残した系統だと考えることができる．言葉としては，ボルヒエナ形類あるいは砕歯類という和名が成り立ち得る系統だろう．スパラソドント類を大別すれば，たとえば，ハトリアキニウス科 Hathliacynidae と，ボルヒエナ科・プロボルヒエナ科・ティラコスミルス科に分けることができる．

スパラソドント類がどのような祖先群からどのようなプロセスを経て派生

92 第3章 化石と分子による歴史

したかを明確に語ることは，これまでの化石証拠からだけでは困難だ．確実なのは，デルタテリディウム分岐後，比較的早く，他の後獣類・有袋類から分かれたことである．その後の進化史は，Notometatheria と Boreometatheria の単系統性を承認するかどうかによって全体像も動いてしまうが，スパラソドント類は，有袋類であるとはいっても，現生系統からはかなりの距離のある，深い分岐をもっていることは間違いない．

　スパラソドント類は，始新世，漸新世，中新世あたりを境に多様化したグループであるとされる．暁新世の *Patene* や *Allqokirus*，始新世の *Stylocynus* などは，多分に祖先的な形質を備えたスパラソドント類である．これら初期のスパラソドント類が，アルファドン科やペディオミス科やスタゴドン科すなわち *Alphadon* や *Pediomys*，*Didelphodon* など，または *Anchistodelphys*，*Kokopellia* などと姉妹群となることが推測される．白亜紀新大陸の系統把握の難しいこれらの系統と，おもに新生代初期に発展するスパラソドント類は，いわゆる有袋形類 Marsupialiformes を構成する主要な部分だと考えることができる．

　先にアルファドン科などの北アメリカの白亜紀の後獣類を新生代後期のディデルフィス類の祖先とする考え方が有力になっていると述べた．だが一方で，ディデルフィス類が備える形態学的特徴は明らかに新しいものであり，スパラソドント類に対してもアルファドン科・ペディオミス科などの中生代の有袋（形）類に対しても，系統的に隔たっているのではないかという考え方も成り立ち得る（Wilson *et al.*, 2016）．このため，現生有袋類の祖先系統の理論化は困難が伴う．また，いずれにしても，ボルヒエナ類の直近の祖先系統を化石証拠から見出していくのは，現在のところ難しいままである．

　ハトリアキニウス類は，ボルヒエナ類ほどの特殊化・高度化は見られないが，おもに始新世から漸新世にかけて，一定に多様化に成功したグループである（Forasiepi *et al.*, 2006; Engelman *et al.*, 2014; Suárez *et al.*, 2015; Goin *et al.*, 2016）．*Acyon*，*Borhyaenidium*，*Cladosictis*，*Notictis*，*Pseudonotictis*，*Sipalocyon* など，多くの属が記録される．

（3）最高度の捕食者

　次に，スパラソドント類の系統の中心として，プロボルヒエナ類やティラ

コスミルス類を含めて，広義のボルヒエナ類を取り上げることができる．このグループは新生代中頃を中心に，海洋に隔離された南アメリカ大陸で独自の進化・適応を遂げた高度な肉食者の一群である．

漸新世には，*Proborhyaena* と呼ばれるグループが繁栄していた．この系統は，大型のクマ科のような形態をとり，臼歯を食肉目に見られるような大きな裂肉歯様に進化させていた．化石証拠には比較的恵まれ，咀嚼運動器の機能推測が行われ，また動物相的には被捕食者となり得ていた有蹄獣の化石とともに見つかっている（Goin *et al.*, 1998; Babot *et al.*, 2002; Croft, 2007）．ボルヒエナに近縁であるかもしれないが，系統分類学的な詳細は分かっていない．

ボルヒエナ類は，後獣類・有袋類の中でもとりわけ高度に特化した肉食性のグループであったということができる．基本設計として有袋類という枠組みの中にあることを考慮すると，真獣類の食肉目とまったく同等に高機能の捕食者であったととらえるべきではない．しかし，少なくとも，食肉目との機能形態学的収斂を認めることはできよう．本群が，食肉目のイタチ科かイヌ科のような中小型サイズで，行動にも食性にもしばしば汎用性を見せる，多彩で有能な捕食者を進化させていたことは間違いない．

全史を通じて，ボルヒエナ類の適応戦略は，まさに真獣類の肉食者との収斂関係を想起させる．歯は，捕食者としての歯列を備えている．歯式は I4/3・C1/1・P2-3/2-3・M4/4 と，ディデルフィス類の祖先型からは減少しているが，むしろ高性能の捕殺者を思わせる．犬歯の大きさはもちろんのこと，鋭いナイフ状の前臼歯や，近遠心方向に大型化する後臼歯にも，有袋類他群の追随を許さない特殊化した肉食性生態を想起させる．

ボルヒエナ類が示すのは，その後のオーストラリア有袋類も成し遂げられなかった，食物網の最高階層を占める高機能の捕食性肉食者としての姿である．ボルヒエナ類は系統の初期から一貫して捕食機能の高い肉食性の適応を進めたものと推察され，その点においては，有袋類の中では異質に高度化していたと考えることができる．また，この系統は単に高度化しただけでなく，多様に放散したといえる．暁新世から鮮新世にかけて，30 以上の属が記録されている．

ボルヒエナ類の一つの完成形が，中新世のボルヒエナ属 *Borhyaena* やア

ルクトディクティス属 *Arctodictis* であろう（Carroll, 1988; Colbert and Morales, 1991; Forasiepi, 2009; Goin *et al.*, 2016）．ボルヒエナ属は，体形的，運動機能的には，真獣類のハイエナ類 Hyaenidae を髣髴とさせるものがある．比較的大型化した体，ずんぐりとした体形などは，確かにハイエナを思わせる．現生のアフリカの，たとえばブチハイエナ *Crucuta crocuta* との収斂を指摘されることがあるが，今日の捕食性ハイエナ類は食肉目の中でもきわめて洗練されたハンターであることを忘れてはならない．ボルヒエナ類が太古の南アメリカ大陸で要求されたハンターとしてのスペックが現在のハイエナと同等であるかどうかは，判断が難しい．実際の行動生態は謎に包まれているといわねばならない．ただ，十分に高機能を達成している歯列や咀嚼機構と，サイズが一定に大きく発達した中枢神経，バランスのとれた筋骨格系ロコモーションシステムなどから推測されるのは，この時代の南アメリカの最高度の捕食者の姿である．

　同時代は，南アメリカ産有袋類のほかにも，真獣類としてもともと南アメリカに産する異節類の各群が多様化し，滑距類，南蹄類，雷獣類，火獣類などの複数の系統の特異的有蹄類が分布していた．謎に満ちた南米特異の有蹄獣は，滑距類と南蹄類において近年分子系統学的位置付けが明確になりつつある（Buckley, 2015; Welker *et al.*, 2015）．そして，齧歯類と霊長類が遅れて南アメリカ大陸に到達したことが確かである．これらの特異な歴史の上で，他地域と異なる捕食−被捕食者関係が，ボルヒエナ類とこれら真獣類との間に成立していたことは疑いない．ボルヒエナ類は，独自の動物相の頂点に君臨する，それ自身も特異な系統史を歩んだ代表的肉食者であったと考えることができよう．

　広い意味でのボルヒエナ類，あるいは近縁の独立した科として特殊化の頂点を示す系統は，よく知られたティラコスミルス属 *Thylacosmilus* やパタゴスミルス属 *Patagosmilus* だといえる（Riggs, 1933, 1934; Marshall, 1977b, 1978; Turnbull and Segall, 1984; Carroll, 1988; Colbert and Morales, 1991; Forasiepi and Carlini, 2010; Goin *et al.*, 2016）．南アメリカ大陸がまだ北アメリカ大陸と結合する以前の鮮新世に繁栄したティラコスミルスは，上顎にサーベル状に巨大化する犬歯を発達させていた．巨大な犬歯は閉口時に下顎に収納する空間を備え，使用時には強力な捕殺装置として機能したことが確

実である.

　この形質は，まさに，真獣類食肉目ニムラブス科のホプロフォネウス *Hoprophoneus* などに多々見られる．大きな“剣歯”との収斂であると理解することができる．俗に剣歯猫（サーベルキャット），剣歯虎（サーベルタイガー）として知られる捕食者の犬歯の巨大化が，南アメリカ大陸の有袋類にもまったく同じように収斂的に進化したものといえる．ティラコスミルスに至って最大化するサーベル状犬歯は，系統的繁栄は少しだけ後の時代になろうが，短く海を隔てた北アメリカ大陸でまさに進化の頂点を極めるネコ科スミロドン *Smilodon* のものと酷似していると考えられる.

　鮮新世に南北アメリカ大陸が陸続きになった際，北アメリカからの進歩的派生的な真獣類の侵入によって，南アメリカ大陸独自の哺乳類相は壊滅的な打撃，攪乱を被ることとなる（Romer and Persons, 1977; Colbert and Morales, 1991）．その敗者の側の一例が，有袋類では，このボルヒエナ類である.

　両大陸接続後，似た肉食性・雑食性生態のディデルフィス類やケノレステス類があまり影響を受けずにおそらくは細々と存続していったように見えるのに対して，ボルヒエナ類は比較的短い時間に系統ごと姿を消したことが確実である．特殊化の程度の低い生き方をするオポッサム類が真獣類に圧倒されることを避けられたのに対し，ネコ科を思わせる歴としたハンターに進化していたボルヒエナ類は，真獣類のネコ科か他の食肉目と直接的にニッチを奪い合い，また，有能な被捕食者・逃走者である数多の偶蹄類などに対して，有力な捕食者たり得なかったことが示唆される．中新世以降のボルヒエナ類を含むスパラソドント類がどのように真獣類と競合し，絶滅したかについては，細かい検討が続けられている（Prevosti *et al.,* 2013）.

　アメリカ有袋類の自然誌科学的，マクロ生物学的理論については，精緻で利便性の高い総説が出版されている（Goin *et al.,* 2016）ので，参考にされることを推奨する.

3.3 分かれゆく有袋類

（1）大陸移動と系統の分岐史

　有袋類の分子系統学は，他群同様に研究の発展の初期を経過し（Retief *et al.*, 1995; Kullander *et al.*, 1997），検索対象遺伝子の数を格段に増やしながら，化石証拠によるキャリブレーションを加えて，多くの議論が蓄積してきた（Raterman *et al.*, 2006; Beck, 2008; Meredith *et al.*, 2008a, 2008b, 2008c, 2009, 2010; Phillips and Pratt, 2008; Westerman *et al.*, 2008, 2012; Voss and Jansa, 2009; Mitchell *et al.*, 2014; May-Collado *et al.*, 2015）．

　ではそもそも，アメリカ有袋類とオーストラリア有袋類の分岐年代を，分子系統学はどう推察しているのだろうか．分岐の順序でいうとオポッサム類が分岐し，次にケノレステス類が分岐，残るのがオーストラリデルフィアという単系統になるというのが一つの考え方である．*Lestoros* と *Rhyncholestes* を用いた検討がまだ十分に進んでいないが，オーストラリア有袋類と最後に分かれたのがケノレステス類だとするという結果は，しばしば支持されている（Amrine-Madsen *et al.*, 2003; Cardillo *et al.*, 2004; Nilsson *et al.*, 2004; Beck, 2008）．この結果は形態学的形質とともに解析された場合にも成立している（Horovitz and Sánchez-Villagra, 2003）．他方，Mitchell ら（2014），May-Collado ら（2015）が唱えるように，ケノレステス類が最初に分岐するという結論も提示される．

　先述のように，Beck（2008）のデータからは，ディデルフィス類とそれ以外の有袋類の分岐が 8060 万年前，ケノレステス類とオーストラリア有袋類の分岐が 7650 万年前と見られている．また，最初に分岐するのがケノレステス類だとされた解析では，推定年代に幅があるものの，分岐は 8680 万年前とされている（Mitchell *et al.*, 2014）．後でふれるようにオーストラリア側の白亜紀・新生代初期の化石証拠があまりにも乏しく，古生物学的にはこの分子の分岐年代と比較できる化石資料がなかなか得られない．このため，この分岐点については，分子からの推定年代は現在でも論議の中で独り歩きしている感が，時に生じる．

　分子系統による分岐年代が，実際の海洋隔離や分布域の変動と時代を同じ

3.3 分かれゆく有袋類 97

くする必要はない．しかし，ここで大きな問題は，白亜紀末のゴンドワナ陸塊の陸橋あるいは海洋隔離の状況が地質学的に謎に満ちていることである．つまり，北アメリカで初期分化を終えた後，南アメリカで分岐を繰り返す有袋類が，南アメリカ大陸から如何にオーストラリア大陸に移ることができたかというプロセスを，ほとんど証拠のない中で推測せざるを得ないのである．

解決の一つの鍵は，渡来ルートとしての南極大陸である．この時代の南極大陸は，現在より緯度も低く温暖である．そして有袋類化石はきわめて乏しいながら，一例として Antarctodolops を産している．そこで現在，白亜紀末に関しては，南アメリカ大陸＋南極大陸＋オーストラリア大陸という陸生動物が移動可能な陸の連結が，長く継続し得たことを議論の前提にすることが普通だ．

有袋類のマクロ分岐の論争の一つはミクロビオテリウム類である．ミクロビオテリウム類は唯一種チロエオポッサムが南米チリに現生する．本種が19世紀末に記載されたとき（Thomas, 1894）にはオポッサム類の一種と見なされ，長い間そのままに据え置かれた．他方，ミクロビオテリウム類という系統の認識は古生物学が先行し，Microbiotherium patagonicum というアルゼンチンの中新世の化石をもって，この属が記載された（Ameghino, 1887）．いずれにせよ，系統の独自性はあまり指摘されず，少し変わったオポッサム類という程度の認識だったようである（Wilson and Reeder, 1993）．現生のチロエオポッサムが，化石で知られるミクロビオテリウム類に帰属すべきという指摘が始まったのは，Reig（1955）の時代以来であろう．それでもミクロビオテリウム類全体の系統的独自性が語られる機会はなかった．

しかし，ミクロビオテリウムの頭骨には，複数の特異的な形質が確認される．とりわけ耳胞領域が蝶形骨の一部を取り込んで大きく発達する．また，足根領域が南アメリカに分布する有袋類としては，オーストラリア有袋類に類似するという指摘が，分子系統学の発展以前に始まっていた（Szalay, 1982）．その形態学的類似が系統性を反映しているならば，現生チロエオポッサムも化石 Microbiotherium も，南アメリカに分布しながら，オーストラリア産の有袋類に系統が近い可能性が生じてくる．

明確な答えは分子系統学によってもたらされた．第1章で語ったように，有袋類はアメリカ有袋類とオーストラリア有袋類に分けられ，チロエオポッ

98   第3章 化石と分子による歴史

サムはオーストラリア有袋類に帰属する独自性の強い系統であることが判明した．そして，分岐年代が解析され，チロエオポッサムとオーストラリア域に分布する他の有袋類（オーストラララシア有袋類）との分岐は，7120万年前（Mitchell *et al.*, 2014），あるいは，6740万年前（Beck, 2008）と推定されたのである．

　謎に満ちた分子系統学的分岐と現実のミクロビオテリウム類の分布を明らかにする鍵は，化石証拠の充実である．ミクロビオテリウム類の最古の化石はボリビアのティウパンパで発見されたカシア属 *Khasia* の *Khasia cordillerensis* であるとされ，およそ6000万年前のものと推測されてきた（Marshall and de Muizon 1988 ; Gayet *et al.*, 1991 ; Woodburne and Case, 1996）．これが形態学的分類の評価として正しいならば，第一に，分子系統が推定する分岐初期の時代と大きくは異なっていない．さらにミクロビオテリウム類に帰属すると考えられる化石群は，南アメリカから，先のミクロビオテリウム属の他に，エオミクロビオテリウム *Eomicrobiotherium*，ミランダテリウム *Mirandatherium*，イデオデルフィス *Ideodelphys* などが，暁新世・始新世以降から多数記録されることになった．つまり，ミクロビオテリウム類は，南アメリカ大陸で新生代初期に一定の多様化を生じたグループであると考えられることになる（McKenna and Bell, 2000）．そして，現生チロエオポッサムは，そのまま南アメリカ大陸域に残り，オーストラリアへ入らなかったグループであると見なされることになる．

　ここで大切な論点は，ミクロビオテリウム類はあくまでもオーストラリア有袋類であり，その現生種が南アメリカ大陸に分布しているという事実である．分岐を起こした地理学的な位置を突き止めるのは容易ではない．ただあらゆる分子遺伝学的解析結果が，チロエオポッサムがオーストラリア有袋類に帰属することを証明しているので，オーストラリア有袋類がアメリカ有袋類から分岐を終えたにもかかわらず，いまだに南アメリカ大陸に分布していることを認めなければならない．どこで分岐し，どのように移動したかが，ミクロビオテリウム類の抱え込んだ謎である．それに対する一つの答えが，上述の，チロエオポッサムは移動せずに南アメリカに残ったというアイデアである．

　しかし，Beck ら（2008）は，南アメリカで見つかるミクロビオテリウム

類とされる古めの化石の多くは，実際にはオーストラリア有袋類ではない可能性を指摘している．南アメリカ大陸で見つかる明らかなオーストラリア有袋類の化石は，中新世前半の *Microbiotherium tehuelchum* が最古のものであるとする立場である．本質は形態形質の評価の違いである．Beck らの主張に沿う場合，ミクロビオテリウム類と見なされてきた多くの古い化石は別のアメリカ有袋類であると見なすべきことになり，中新世以降に限られるミクロビオテリウム類の移動と隔離に関して別のアイデアを必要とする．

　対するオーストラリア大陸からは，明確なミクロビオテリウム類の化石は報告されていないと考えてよい．しかし，後述するように，オーストラリア大陸の最古級の有袋類化石は，クイーンズランドのティンガマラ Tingamarra から，時代的には始新世のおよそ 5500 万年前のものが知られている．そして，その一部は，現生する *Dromiciops* 属と大きく異ならない形態学的形質を備えていると報告されている（Beck *et al.*, 2008）．それが正しいなら，状況証拠的には，一度東ゴンドワナ領域に入って一定に進化したミクロビオテリウム類が，再度，南アメリカ大陸に逆戻りし，中新世前半の *Microbiotherium tehuelchum* や現生のチロエオポッサムに至ったという "back-dispersal" の仮説が説得力をもつ（Beck *et al.*, 2008）．オーストラリア域での初期分化の化石証拠が乏しいこともあって，結論を得るにはまだ時間がかかりそうである．いずれにせよ，謎めいたこの系統は，ゴンドワナ陸塊の地誌を語るきわめて興味深い存在であり続けるだろう．

　有袋類の系統性の結論は用いる塩基配列や推定手法によっても多少の理論的相違を残すが，ミクロビオテリウム類がオーストラリデルフィアに包含されることは一貫している（Springer *et al.*, 1998；Palma and Spotorno, 1999；Nilsson *et al.*, 2004；Beck, 2008；Mitchell *et al.*, 2014）．チロエオポッサムは，解析によっては，ダシウルス形類分岐後の双前歯類にすら近縁であるという主張もある（Cardillo *et al.*, 2004；May-Collado *et al.*, 2015）．同系統が，南アメリカ大陸の "居残り" 組なのか，第三紀序盤にオーストラリア陸域から南アメリカ大陸へ "逆戻り" したのかはともかく，オーストラリア有袋類の中で，早期に分岐したものの一つだという結論は揺るがないだろう．

　そして，オーストラリア有袋類の多様化の開始は，興味深いことに，時代的には K-Pg 境界とほぼ一致するといってよいだろう（Beck, 2008）．現象と

100 第3章 化石と分子による歴史

してはK-Pg境界におけるオーストラリアでの中生代ファウナの大絶滅を契機に，オーストラリア有袋類が，空いたニッチ・環境を活かしながら，急速に多様な系統を多系統的に生存させたのだと推測することができる（Mitchell *et al.*, 2014）．

新生代の南アメリカ大陸に着目すれば，始新世には広義のディデルフィス類から新たな系統群を生み出す小規模な分岐が開始されていることが化石群から証明される．たとえばボナパルテリウム類Bonapartheriidaeやプレピドロプス類Prepidolopidaeといった，おそらくは広義のディデルフィス類を起源とする，あるいは広義のディデルフィス類と関連の強い系統が複数出現し，大雑把には科レベルでの分岐と多様化が相次いだと見なすことができる（Carroll, 1988; Goin and Candela, 1996）．しかし，この時期の絶滅化石群に関する知見はけっして豊富ではない．

（2）現生系統への分岐

ここで現生有袋類の各系統の位置付けを整理しておきたい．オポッサム類，ケノレステス類とそれ以外の系統が分かれた後の話題である．

ミクロビオテリウム類・チロエオポッサム，ダシウルス形類，ノトリクテス形類，ペラメレス形類，双前歯類からなるオーストラリア有袋類の単系統性は堅固に証明されてきた（Amrine-Madsen *et al.*, 2003; Phillips *et al.*, 2006）．ミクロビオテリウム類の分岐は他の系統よりも一際早いはずである．他方，残り4群については，ペラメレス形類とノトリクテス形類とダシウルス形類が比較的近縁で，早期にもう一つの大きな系統である双前歯類と分岐した可能性が高い．

この4群，すなわち，ノトリクテス形類，ダシウルス形類，ペラメレス形類，双前歯類の分岐の開始年代は，先にふれたようにK-Pg境界と近い．キャリブレーションの方法によって変わることだが，もっとも古く見積もって7300万年前から，もっとも浅くて5800万年程度の間に，4群は分岐したと考えられる（Beck, 2008）．分岐の細かい順序は，この分岐が短い時代範囲のなかで一気に起こったと考えられる上，実際の解析結果も揺れるのであまり本質的ではないが，一つのセオリーとして，ノトリクテス形類＋ダシウルス形類＋ペラメレス形類の3群は単系統をつくり，もう一方の双前歯類が

3.3 分かれゆく有袋類　*101*

単独で進化を続けたと考えることができる（Beck, 2008; May-Collado *et al.*, 2015）．他方，フクロモグラとペラメレス形類を近縁とする分岐関係も提案されている（Mitchell *et al.*, 2014）．

　ここで，オーストラリアの最古級の哺乳類化石を産するサイトについて述べておこう．ミクロビオテリウムの項でクイーンズランドのティンガマラについてふれている．ティンガマラは，オーストラリアの有袋類の最古の化石を産するとともに，発見される化石脊椎動物はきわめて豊富で，鳥類，爬虫類，両生類に及び，始新世のオーストラリアの脊椎動物相の貴重な情報を網羅しているといってよい（Scanlon, 1993; Boles, 1999; Elzanowski and Boles, 2012）．年代はおよそ5460万年前という推定がなされている（Godthelp *et al.*, 1992）．見出される豊富なファウナの情報から，ティンガマラ動物相と呼ばれて，オーストラリア域の始新世初期の生物地理学と古生物相の理論を支えている．

　オーストラリア有袋類の4群の分岐年代をもっとも浅めに推測したとしても，おそらくはティンガマラの年代，すなわちおよそ5500万年前よりも古い時代に，既に4群は分岐を終えていたと考えるのが妥当だろう（Beck, 2008; Goin *et al.*, 2016）．分岐前後の形態形質の変化については知る由もないが，現在までに検討できるオーストラリアの有袋類化石証拠は，4群分岐後の系統しか確認できていないと見なすべきである．

　ティンガマラの化石群が学界の俎上にのるまでは，オーストラリア有袋類の化石証拠は極度に乏しかったといえる．第三紀前半の化石情報は，長くタスマニア産の漸新世・中新世の化石に支えられてきた（Tedford *et al.*, 1975）ので，ティンガマラは有袋類化石研究を書き換えるいくつかの発見と繋がっている．

　実際，オーストラリア最古の有袋類化石は，ティンガマラに産する *Djarthia* である（Beck *et al.*, 2008）．*Djarthia* は，発見後，頭蓋や足根部が詳細に検討された．帰属する系統は正確には不詳だが，想定される分岐図上では，ディデルフィス類に続いて，ケノレステス類が分岐した後，オーストラリデルフィア内で最初に，おそらくはミクロビオテリウム類よりも早期に分岐する群という位置付けにある（Beck *et al.*, 2008; Goin *et al.*, 2016）．実際，*Djarthia* については，*Dromiciops* との形態学的類似性が指摘され，現生チ

ロエオポッサムに連なるミクロビオテリウム類の南アメリカ域への "back-dispersal" の論拠とされている（Beck *et al.*, 2008）.

ティンガマラからは，他に古い系統では，始新世初期の *Thylacotinga* が発見されている．これは，*Djarthia* と同時代のものであって，オーストラリア有袋類の最初期の化石の例として挙げられている（Archer *et al.*, 1993; Woodburne and Case, 1996）.

しかしながら，およそ 7000 万年前を示すオーストラリア有袋類の分子系統学的分岐と，ゴンドワナ陸塊の接続状況を考慮すると，ティンガマラで発見されているこれら最古の有袋類化石よりもさらに古いオーストラリア有袋類の化石が，オーストラリア域で見つかっても不思議ではないだろう．いずれにしても，オーストラリアにおけるより古い時代の化石哺乳類相の検証が期待される.

有袋類の大分岐に関して動くことのない事実は，オーストラリアの有袋類の単系統性である．オーストラリアの有袋類とディデルフィス類の類似を，あくまでも重要視し，強調・支持することは断続的に続いている（Szalay and Sargis, 2001, 2006）．ただしこれは，オーストラリアの有袋類の系統性を純粋に探索するというよりは，新大陸とオーストラリア大陸の有袋類間での形態学的類似を積極的に見つけ出した上で，それを検証の場に移している立場だと認識するのが妥当だろう.

（3） ダシウルス形類をめぐる多様化

オーストラリア有袋類の中では，上述の通り，ノトリクテス形類＋ダシウルス形類＋ペラメレス形類が近縁で，双前歯類を残して早期に分岐しているという結論が出されることが少なくない．この分岐順序と形態学的センスとの若干の離齬は，第二趾と第三趾の形態学的癒合がこの両大系統内で独立して派生的に見られることである（Weisbecker and Nilsson, 2008）．つまり，分子系統の結論と整合するためには，ペラメレス形類と双前歯類は，二趾性に関して平行進化しなければならないことになる．これについては多少の違和感はあっても，二趾性自体を大規模な収斂と見なすのが伝統的で単純な解決である.

関連して二趾性を形成する分子発生学的メカニズムがダマヤブワラビーで

検討されてきた．注目されたのは，肢芽出現以降の段階において，指・趾相互間の組織に発現する *HOXA13* と *HOXD13* である（Chew *et al.*, 2012）．両遺伝子とも，マウス同様に早期のステージで肢芽に発現を開始するが，有袋類の *HOXA13* では，前肢と後肢で発現時期が異なり，明らかに前肢においてより早期に発現していた．さらに *HOXD13* は二趾性とは関連しない前肢では真獣類同様に指間に明確に発現するが，後肢では発現領域が限定的で，趾間の組織とは直接の関連をもっていない様相が提示された．こうしたデータは，二趾性の進化学的起源の究明において，意義深い示唆をもたらすと期待されている．

　ここで，ノトリクテス形類＋ダシウルス形類＋ペラメレス形類のうち，ノトリクテス形類を見ておこう．ノトリクテス形類は現生系統のフクロモグラ類を見る限り，形態学的に特殊化の程度のきわめて高い系統であるが，確かな化石は記録されていない（Long *et al.*, 2002）．わずかに，クイーンズランドのリバースレイ Riversleigh の中新世初期のサイトから，同グループの化石が得られる．これは *Naraboryctes* と呼ばれ，現生のフクロモグラより祖先的であると結論される（Archer *et al.*, 2011）．

　関連してリバースレイの漸新世から中新世にかけての地層から，*Yalkaparidon* という頭蓋形質の解釈が難しい化石が見つかっている．独立性の強い上位群に帰属させることも行われるが，ノトリクテス形類に似た形質があるため，初期のノトリクテス形類つまりはフクロモグラ様の系統であると考える研究者が少なくない（Beck *et al.*, 2014）．他方で，原始的なペラメレス形類やミクロビオテリウム類に似た形質も備えている．オーストラリア大陸でのミクロビオテリウム類の確実な化石証拠はきわめて乏しく，ミクロビオテリウム類の海洋隔離の問題とも絡んで，注目される化石系統である．

　ダシウルス形類は中新世初期の地層から多数の化石が知られている（Wroe, 1998, 1999）．鮮新世から更新世に関する化石は，クイーンズランド博物館に収蔵されてきた大量の標本が貴重な資料となっている．クイーンズランドのダーリング・ダウンズ Darling Downs，チンチラ Chinchilla 地方から出土する化石は，この時代の脊椎動物相の多様性について詳細な情報をもたらしている（Louys and Price, 2015）．一連の化石はチンチラ動物相と呼称されるに至り，爬虫類や鳥類を含む，大規模な化石群である．チンチラの

104 第3章 化石と分子による歴史

化石群は，そこから化石種が豊富に見出されるというだけでなく，第三紀
オーストラリアの生物相と環境を明瞭に語り得る最高水準の研究資料を構成
している．チンチラ動物相の中には，ダシウルス形類では，*Archerium* 属や
現生系統の *Dasyurus* 属が確認される．

　ダシウルス形類には，1930 年代に絶滅したフクロオオカミが含まれる．
フクロオオカミ類は，途中経過は不詳なものの，たとえば 2600 万年前の分
岐が想定されている（Beck, 2008）．化石証拠としては，リバースレイの漸
新世後期から記録される祖先的な形質をもつ系統として，*Badjcinus* が挙げ
られてきた．同じくリバースレイの鮮新世からは，現生と同属の *Thylaci-
nus* の化石も記録されている（Louys and Price, 2015）．なお，現生のフクロ
オオカミは，ホバート動物園の飼育個体が最後の確実な実例とされ，貴重な
生態動画が残されている．種の終焉が動物園で記録されたことが，本種の多
様性保全上の象徴的位置付けを高めているといえるだろう．また，絶滅種の
剥製標本からゲノムの抽出と系統解析に成功した初期の研究例としても知ら
れている（Thomas *et al.*, 1989）．

　先の章でふれたように，歯の減少とともにダシウルス形類の諸系統が明確
に確立されてくると見なすことができる．ダシウルス形類は，比較的多くの
属が現生群に残されている．それとともに，化石としてのみ知られる系統に
も多数の属が設定され，系統分類学的に検討されてきた（Carroll, 1988）．

　ダシウルス形類にまつわる初期の分化ついては，フクロアリクイが早期に
分岐したと考えることができよう．その年代は，たとえば 3500 万年以上前
という推測が成り立つ（Mitchell *et al.*, 2014）．古くから独立科として分類す
る向きがあったように，形態学的特殊化が大きく，それと整合する分子遺伝
学的データも珍しくない．

　ダシウルス形類内の多様な分岐年代は，1500 万年よりも浅いという考え
（Beck, 2008）もあれば，漸新世に始まっている（Mitchell *et al.*, 2014; West-
erman *et al.*, 2016）というセオリーも提起される．早いか遅いかは，分岐を
促進した環境イベントの考察に影響する．そのこともあって，なぜ該当の時
代に分岐を起こしたかという論議は，まだ収束に時間を要するだろう．

　分子系統のデータからは，ファスコガーレ類（亜科）Phascogalinae と狭
義のフクロネコ類の分岐が，分子遺伝学的に 1160 万年前と推測される

（Beck, 2008）．一方でペラメレス形類においても，狭義のペラメレス類（亜科）Peramelinae とトゲバンディクート類 *Echymipera* の分岐が，おそらく同時代である．この時代の地質学的イベントとしては海水準の大きな低下を含む気候変動などを経過したと考えられ，大系統が分岐する要因として注目されよう（Haq *et al.*, 1987；Zachos *et al.*, 2001；Gradstein *et al.*, 2004）．さらに細かいダシウルス形類の詳細な変異は，遺伝学的に追跡されている（Woolley *et al.*, 2015）．*Dasyurus* 属では，系統の独立性と陰茎の形態学的差異に高い相関があることが知られ（Woolley *et al.*, 2015），種分化生殖隔離の機構としても注目される．

　ペラメレス形類では，派生的に後臼歯の高機能化が進んだといえるだろう．ハイポコーンを備えて全般に大型化し，メタコーンを舌側に移動させて，より効率的な咬頭の配置を作り直したという印象がある．このことは，いわゆるバンディクート・ミミナガバンディクートにおいて体サイズの大型化を可能としたこととも関連が強いだろう．ペラメレス形類の最古級の化石 *Bulungu* 類はリバースレイから見出され，漸新世末から中新世のものとされる（Gurovich *et al.*, 2014）．他方，漸新世後期のペラメレス形類 *Yarala burchfieldi* も，オーストラリアにおける初期の有袋類相の一端を物語るといえる（Muirhead and Filan, 1995）．

　Bulungu，*Yarala*，あるいは *Galadi* などの漸新世末の化石ペラメレス形類は，体重 60 g 程度の小型のものから 1 kg 以下の中型サイズまでの系統で，昆虫食・雑食性の摂餌生態をとるものたちである．これらは，若干遅れて広まるダシウルス形類の多様化よりも早期に，オーストラリアのこうした生態学的ニッチを占めることに成功していた可能性が高い（Travouillon *et al.*, 2010；Gurovich *et al.*, 2014）．また鮮新世以降のペラメレス形類は，チンチラ動物相の中に確認されている．鮮新世の地層から見出されるペラメレス形類の多くは，既に現生系統と同属と見なされている（Louys and Price, 2015）．

（4）双前歯類の多様化

　双前歯類は巨大な第一切歯を特徴とする，多様化に成功したグループである．細かい相違を問わなければ，真獣類の齧歯類と収斂していると考えることもでき，大型化した切歯による主たる咀嚼運動と奥に備わる臼歯列の補助

106 第3章 化石と分子による歴史

的破砕機能によって，幅広い特性の咀嚼適応が可能となっている．双前歯類はオーストラリアとニューギニアにおいてもっとも多様化に成功した哺乳類であろう．

双前歯類内の細分化は，ウォンバット形類と広義のクスクス類とが分かれたことに始まると考えられる（Phillips and Pratt, 2008）．その年代は，たとえば5710万年前と推察される（Beck, 2008）．

オーストラリアにおける有袋類の化石記録は必ずしも豊富ではないが，それでもリバースレイの一連の化石が，古い時代の双前歯類の実態把握に貢献している（Archer et al., 1989）．地理的にいうと，クスクス類についてはニューギニアが進化の中心で，逆にその後オーストラリアに分布を広げたと考えられる（Raterman et al., 2006）．

クスクス類は，双前歯類の中では祖先的な形質を多く残しているといえるだろう．広義のクスクス類と広義のカンガルー類を比べると，歯の機能形態学的発展の度合いがだいぶ異なっている．クスクス類は軟らかい葉や果実を咀嚼対象にしていると見えて，低い歯冠でいわゆる bunodont 型もしくは sublophodont 型の臼歯を備えている．下顎切歯のエナメル質の発達も悪い．対してカンガルー類は差はあるものの，一般に高冠歯を備え，bilophodont 型の咬合面を有している．これは硬い粗剛な植物を餌資源とした適応である．クスクス類の化石証拠は分子系統の分岐推定年代よりは新しい．記録は漸新世まで遡り，中新世になると形態学的には現生のものとよく似るようになる．

ウォンバット形類は一貫して多様化に乏しかったと考えられる．比較的大きな分岐は，地上性の広い意味でのウォンバット類と樹上性のコアラ類の分岐である．分岐年代のおそらく妥当な一案は4050万年前である（Beck, 2008）．初期のコアラ類は，漸新世中期から後期にかけて一定の多様化を見せたことが化石証拠から明らかで，原始的な形質をもつコアラ類は，まだ十分にウォンバット類との形態学的類似点を指摘することができる（Black et al., 2012）．その後，コアラ類の多様化は小規模に落ち着いてしまったと推測される．その要因は，コアラ類は単なる中型植物食者の樹上性適応よりもより高度な特殊化を遂げたからかもしれない．消化器や感覚器・運動器の進化の項で詳述するが，コアラ類が備えた生存を支える生体システムは，場当たり的な樹上への逃避的適応の範疇を超えた，明らかな特殊化の水準にある．

3.3 分かれゆく有袋類 107

このレベルの特殊化は，近縁の種や系統を多様に増やすということとは異なって，限られたニッチへのピンポイントの依存を起こすものだと推察される．

ウォンバット類・コアラ類に関して，リバースレイ・チンチラのその後の新第三紀の化石証拠からは，*Koalemus*，*Koobor* など多様な絶滅属に加えて，現生の *Phascolarctos* 属そして *Vombatus* 属が見出される．現生と同属と見なされ得る系統が出現，多様化するのは，早くても中新世の終わり，本格的には鮮新世の 500 万年前以降と考えるべきだろう（Black *et al.*, 2012；Louys and Price, 2015）．

ウォンバット類とコアラ類の分岐の後，クスクス類とブーラミス類が 3940 万年前，フクロモモンガ類とリングテイル類が 3220 万年前にそれぞれ分岐したと推定される（Beck, 2008）．

こうしてみると，オーストラリア大陸での有袋類の多様化は，化石証拠の乏しさから，かつては諦め気味に中新世後半あたりから活発化したと考えられていたが，現在では，より古い時代に起きていると証拠固めされている．むしろ，新生代前半を費やして，基幹的系統の高度化と分岐を起こしていたと考える方が，オーストラリデルフィアの分岐の実態に合致しているといえるだろう．

カンガルー類を語る前に，ここで，双前歯類の中のいくつかの絶滅群を記しておこう．ウォンバットへの形態学的類似という意味では，ディプロトドン科のディプロトドン *Diprotodon* という大型双前歯類が更新世に出現している．ちょうど現生のウォンバット類を体重 1-2 トンくらいに大きくしたような鈍重な体つきで，有袋類史上最大の体サイズを誇る系統である．外貌の復元描写としては現生のカバを喩えとして用いることがある（Nowak, 1999）．オーストラリア有袋類系統の一般的な大型化傾向の歴史については，別にふれる機会をもとう．

ウォンバット類との形態の類似が指摘される系統では，ウィンヤルディア科 の *Wynyardia* が取り上げられる．ウィンヤルディアは中新世の有袋類相において確固たる位置を占めていた．パロルケステス科の *Palorchestes* も，カンガルーやウォンバットとの形態学的類似点が多いとされる．漸新世から更新世にかけて発展した同系統は，吻鼻部が相対的に大きく発達していたと

推測され，顔面部が現生の奇蹄類バク科 Tapiridae のような形状だったと想像されることもある．

古生物学の対象となる系統を一つ付記しておきたい．中新世を中心に，エクトポドン科の繁栄を認めることができる．この系統は，おそらくはクスクス科の周辺から分岐した系統群と考えるのが妥当だろう．代表する属の *Ektopodon* は，bilophodont 型の臼歯を備え，後臼歯咬合面が近遠心方向に稜線で分割されるという目立つ特徴を見せる（Stirton *et al.*, 1967）．中新世に発展を遂げた系統であるが，咀嚼様式を含め，生活史戦略はよく分かっていない．

（5）カンガルー（形）類──化石の事情

カンガルー（形）類は系統として新しい．最初期のものの一つはやはりリバースレイからの発見で，漸新世の後期から確認される．基本は中新世から鮮新世にかけて多様化したと結論できる（Dawson and Flannery, 1985; Archer *et al.*, 1999; Long *et al.*, 2002）．

カンガルー類の多様化は，ダシウルス形類とペラメレス形類の多様化と同様に，中新世の大規模な気候変動や海水準変化，草原の拡大（Martin, 2006）などに影響を受けた分岐に基づくと考えることができよう．この観点でダシウルス形類の放散を検証した新しい研究から，植生の大規模な変遷としては，2500 万年前の広葉樹林の広がり，1500 万年前の乾燥の始まり，1000 万年前のサバンナ化が注目される（Ortiz-Jaureguizar and Cladera, 2006; Barreda and Palazzesi, 2007; Iglesias *et al.*, 2011; Jansa *et al.*, 2014）．植生変化を中心としたこれらの地誌学的イベントが，オーストラリア有袋類のそれぞれの放散の要因として明確に浮かび上がっている（Westerman *et al.*, 2016）．

カンガルー（形）類では，ネズミカンガルー類に古い形態学的形質が多いとされる．形態学的形質が実際に祖先的であるかどうかは一概にはいえないが，別に述べる遺伝学的論議をふまえ，実際，ネズミカンガルー類とニオイネズミカンガルー類を各々別個に科レベルで独立させることは珍しくない．

一方で，分子系統の話題でもふれるが，キノボリカンガルー類の系統的解釈は難しい．現生群はニューギニアを中心に，おもに熱帯・亜熱帯の多雨地帯に生息している．草原性の種のようには伸長していない下腿部や中足骨，

そして草原性のカンガルー類と比較して，ブラウザー的食性や樹上性ロコモーションを示すことなどから，かつては古い形態形質を備えた長く原始的なままのカンガルー類とされることが多かったといえる（Szalay, 1994）．実際，骨形態学的検討から，そして形質を見るセンスからも，本系統が原始形質を多く備えていると見なされたであろう．しかし，後に述べるように，確かに祖先的とはいえ，それはカンガルー亜科を超えて早期に分岐するようなものではなかったという考え方が主流を占めるようになった．極端に古い形質の持ち主というよりは，むしろ多くの他のカンガルー類とさほど変わらない時期，つまりは中新世後半から鮮新世初期にかけて急激に分岐を起こし，その中で，中新世後半の共通祖先が備えていた程度の非草原性適応群が，その形質を保存してきたと考えるのが妥当だろう．非草原性とはすなわち樹上性・小型という適応的表現型であり，鮮新世以降に継続する微小な樹上性環境に適応して生残した一群だととらえる向きが強くなっている（Flannery, 1989; Dawson, 2004; Prideaux and Warburton, 2010）．

　キノボリカンガルーの研究が進まない要因は化石証拠があまりにも乏しいからである．*Dendrolagus* 類以外に，かなり体サイズの大きな *Bohra* 属が鮮新世から知られ（Flannery and Szalay, 1982; Dawson, 2004），キノボリカンガルー類の中にも祖先的な種と派生的な種が見られるという実態はある．あるいはそれは，行動生態学的な多様化の跡だと考えることができる．しかし，キノボリカンガルー類が系統として分岐した後，現在に至るまで，どのような適応戦略の集団として推移したかという全体像はほとんど分からない．多くの形態学者が原始的と考えてきた本系統が歩んだ適応の歴史と，他の中新世以降の草原適応型カンガルー類との生存戦略の違いがどのようにして生じたかは，謎に包まれたままである．キノボリカンガルー類の進化学的解釈は，また分子系統の項でもふれよう．

　中新世中期の化石カンガルー類である *Balbaroo* 類はリバースレイから多数が発見され，ポストクラニアル・スケルトンも保存されている（Black *et al.*, 2014）．解析の結果，*Nambaroo* 類などとともに（Schwartz and Megirian, 2004），特異な共有形質が指摘されている．系統的には，ネズミカンガルー類と類似するのではないかと推定する場合もあるが，初期に分岐した別の大きな絶滅系統として扱われることが多い．

化石カンガルー類の系統に関する重要なポイントはまさしくこの点であり、*Sthenurus* や *Macropus* ほかキノボリカンガルー類までをも含む派生的な系統群、すなわち Macropodidae あるいは Macropodinae とは別に、*Balbaroo*, *Nambaroo*, *Ganawamaya*, *Wururoo* などの中新世から鮮新世の化石系統群が、たとえば亜科レベルでバルバルー類 Balbarinae という系統群に収まるとする考え方が主流である（Flannery *et al.*, 1983；Cooke, 2000；Schwartz and Megirian, 2004）．現生種を残すニオイネズミカンガルー類 *Hypsiprymnodon*（図 3-2）の分類学的解釈は難しいが、漸新世に単独で分岐を終えているという考え方もあれば、バルバルー類に帰属させる意見もある．

現生の *Bettongia* や *Potorous*、さらには *Wakiewakie*, *Ngamaroo*, *Purtia* などを含む可能性もある広義のネズミカンガルー類 Potoroinae は、どうやら *Sthenurus*, *Dorcopsis*, *Setonix*, *Thylogale*, *Dendrolagus*, *Bohra*, *Lagorchestes*, *Lagostrophus*, *Wallabia*, *Onychogalea*, *Macropus* とは、漸新世には分岐を終えていると考えるべきだろう（Woodburne, 1984；Kear and Pledge, 2007）．

図 3-2　ニオイネズミカンガルー *Hypsiprymnodon moschatus* の外貌．オーストラリア北東部に分布する．カンガルー類の中で早期に分岐した系統の唯一の現生種と考えられる．少なくとも現生系統間では、他のカンガルー類と比較して形態学的・生態学的特異性が高い．（描画：喜多村 武）

3.3 分かれゆく有袋類　*111*

　少し強引にまとめるなら，カンガルー類の主要な系統史は，ニオイネズミ
カンガルー類を含むかどうかはともかく，①バルバルー類 Balbarinae と，
②ネズミカンガルー類 Potoroinae と，③比較的狭い意味のカンガルー類
Macropodidae あるいは Macropodinae，つまりは *Sthenurus，Macropus，
Dendrolagus* などの多くの現生群を含む主要な派生系統の，計3群の亜科か
科程度の分類になるだろうという大雑把な理解となる（表3-2；Black *et al.*,
2014）.

　Balbaroo 類の骨学的検討の結果，このグループでは，静止時に後肢二足
での立ち上がり姿勢はとれたであろうと考えられるが，反面二足での跳躍走
行ができなかった可能性が示唆されている（Black *et al.*, 2014）．初期のカン
ガルー類には，現生カンガルーの草原適応群とは異なるロコモーション戦略
を想定することが必要だろう．Balbarinae 類では，ポストクラニアル・ス
ケルトンのみならず，頭蓋の形質もロコモーションの推測を行う上で貢献し
ている．頭蓋底が屈曲して大後頭孔が腹側に向いて開いていれば二足ホッピ
ングの成立を示唆するであろうし，後頭骨に項靭帯の付着領域が残っていれ
ば，頭部を頸椎から牽引しながら，椎骨列を後方に伸ばして四足歩行を主体
としていたことの証明となろう．こうした頭蓋の形態学的情報を検討に加え
た結果，Balbarinae 類の多くに，現生種とはまったく異なる四足歩行の状
態が成立していたことが推定された（Cooke, 2000）.

表 3-2　カンガルー形類 Macropodiformes の構成.

カンガルー形類 Macropodiformes（カンガルー上科 Macropodoidea）

1　バルバルー類 Balbarinae
　　Balbaroo，Nambaroo，Wururoo，Ganawamaya など
　　Hypsiprymnodon，Ekaltadeta などの初期分岐群の帰属が議論されている.

2　ネズミカンガルー類 Potoroinae
　　*Wakiewakie，Purtia，Ngamaroo，Palaeopotorous，Aepyprymnus，Caloprymnus，
　　Bettongia，Potorous* など

3　狭義のカンガルー類 Macropodidae，Macropodinae
　　*Wabularoo，Bulungamaya，Cookeroo，Lagostrophus，Protemnodon，Silvaroo，
　　Tropsodon，Prionotemnus，Wanburoo，Rhizosthenurus，Sthenurus，Simosthenurus，
　　Procoptodon，Dorcopsoides，Dendrolagus，Bohra，Dorcopsis，Dorcopsulus，
　　Lagorchestes，Petrogale，Macropus，Wallabia，Onychogalea，Setonix，Thylogale*
　　など

---

112 第3章 化石と分子による歴史

　年代的にもっとも古いカンガルー形類は，新しいとはいえ漸新世の終わり
までは遡ることができる．系統が備える形質が祖先的か派生的かという論議
とは独立して，上述の3つの系統群すべてから，*Hypsiprymnodon*，*Ngama-roo*，*Purita*，*Bulungamaya* が，漸新世末からの化石で確認される（Kear
and Pledge, 2007）．

　その後，中新世にとくに多様化・発展した形跡が見られるのは，狭義のカ
ンガルー類 Macropodidae である．リバースレイから得られる漸新世末から
中新世にかけての化石群がその様子を伝えている（Butler *et al.*, 2016）．時代
的に初期に分岐したと考えられるのが，*Cookeroo* 属や先に挙げた *Bulunga-maya* 属である．中新世を起点に現生系統群と第四紀の絶滅群を見渡してみ
ると，この *Cookeroo* と *Bulungamaya* を含めて，*Sthenurus*，*Dorcopsis*，
Setonix，*Thylogale*，*Dendrolagus*，*Bohra*，*Lagorchestes*，*Lagostrophus*，
Wallabia，*Onychogalea*，そして *Macropus* に至る，互いに近縁なカンガ
ルー類（科）が大々的に成立したと見なすことが可能である．キノボリカン
ガルー類は，表現型・適応戦略の詳細な問題は別として，系統としてはここ
に完全に包含される．もちろん異論もあろうが，現生系統では，ニオイネズ
ミカンガルー類およびネズミカンガルー類と，Macropodidae 類あるいは
Macropdinae 類が，漸新世には分岐を終えているという説が古生物学的に
説得力を得る．時代的に新しい狭義のカンガルー類は，全般にシンプルな派
生史を歩んだと考えることが可能である．

　同様に中新世の Macropodidae 類として，*Wabularoo* や *Nowidgee* が記録
される（Kear and Pledge, 2007; Travouillon *et al.*, 2015; Butler *et al.*, 2016）．
これらは，考え方としては，*Cookeroo* や *Bulungamaya* を追うように出現し
た，中新世の実例ということになる．*Wabularoo* は既にステヌルス類（亜
科）との形態学的な類似性も少なくないと考えられ，最初期のステヌルス類
（亜科）と認めることが多い（Prideaux and Warburton, 2010; Butler *et al.*,
2016）．

　カンガルー類の多様化前半の化石で歯牙の形態を見ると，クスクス類との
間で類似点が見受けられるともいえる．ただし，草原性に向けた食性適応も
あってか，臼歯の形態には，早期からカンガルー形類としての特殊化が起き
たことが示唆される．

鮮新世の広義のカンガルー類は，チンチラ動物相の化石から初期系統の様子がかなり明瞭に語られる．狭義のカンガルー類における属分類の重要度の論議はさておき，*Brachalletes*，*Tropsodon*，*Sthenurus*，*Simosthenurus*，*Wallabia*，*Macropus*，*Prionotemnus*，*Protemnodon*，*Silvaroo*，*Bohra* などが多数記録される．これらから，鮮新世には，いわゆるキノボリカンガルー類や後述するメガファウナ構成系統群をも含む，きわめて多彩なカンガルー類が進化していたことが明らかである．もちろん分類学的論議は容易に収束するものではないが，チンチラ動物相が示す新第三紀のカンガルー類の分化適応放散は，これらの系統が実に多様な進化の成功者であった跡を示唆するものである（Louys and Price, 2015）．そして，現生種を多数含むカンガルー属 *Macropus* は，カンガルー類（亜科）Macropodinae の中でもとくに新しい系統であり，事実上更新世に多様化した系統だと考えることができる（Rich, 1982）．

Macropodinae は系統としては中新世後半から発展しているが，姉妹群関係として挙げられるのが，*Sthenurus* や *Simosthenurus* を典型とする化石群のステヌルス類（亜科）Sthenurinae である．ステヌルス類は多くの点で，形態学的にカンガルー亜科との相違が見出され，伝統的に少なくとも形態学的には明瞭に異なる系統であることが強調されてきた（Murray, 1991, 1995; Prideaux and Warburton, 2010）．表 3-3 に両亜科系統の属の実例と地質年代を列挙しておく．基本的に中新世に出現し，鮮新世初めから一気に分岐，更新世に多様化と絶滅の経緯をたどったと理解しておくことが妥当である．

他方で，Flannery（1983, 1989）は現生のシマウサギワラビー *Lagostrophus fasciatus* がステヌルス亜科に含まれるべきだという仮説を提示した．シマウサギワラビーの現生カンガルー亜科の中での形態学的異質度は高く，また，古代 DNA 解析が行われる以前の分子遺伝学もシマウサギワラビーの特異性を検出してきた（Westerman *et al.*, 2002）．問題提起以後およそ 30 年を経て，分子系統学がステヌルス類の ancient DNA を解析するまで，この仮説は論争の中に置かれたといえる（Prideaux, 2004）．ステヌルス類の分子遺伝学的位置と機能形態学的適応については，それぞれの項で再度語ろう．

体サイズに着目すると，*Procoptodon* は頭胴長 3 m に達し，カンガルー類で最大の系統となる．鮮新世以降になると，カンガルー類は真獣類のシカ科

114 第3章 化石と分子による歴史

表3-3 ステヌルス亜科 Sthenurinae とカンガルー亜科 Macropodinae の構成と年代.

ステヌルス亜科 Sthenurinae
Wabularoo：中新世中期
Hadronomas：中新世中期から鮮新世前期
Sthenurus：鮮新世後期から更新世
Simosthenurus：鮮新世後期から更新世
カンガルー亜科 Macropodinae
Dorcopsis：鮮新世前期から現在
Setonix：更新世から現在
Petrogale：鮮新世前期から現在
Bohra：鮮新世後期から更新世
Dendrolagus：鮮新世前期から現在
Thylogale：鮮新世前期から現在
Protemnodon：鮮新世前期から更新世
Wallabia：更新世から現在
Lagorchestes：鮮新世後期から現在
Onychogalea：更新世から現在
Baringa：鮮新世前期から更新世
Macropus：鮮新世前期から現在

Prideaux と Warburton（2010）を基に検討してまとめた.

やウシ科と同じく，草原性草食者の生態学的ニッチを占めるようになる（Colbert and Morales, 1991）．現生カンガルー科は 60 種を超える．現生でもっともサイズの大きいアカカンガルーやオオカンガルーを想起させる系統であるが，実際の科内のサイズ変異は幅広く，樹上性群すら含み，行動生態や社会性も多様に進化した系統である．

オーストラリア大陸の有袋類は他大陸の真獣類同様，鮮新世から更新世にかけて巨大な体サイズを進化させる．*Simosthenurus*，*Protemnodon*，一連の *Sthenurus* あるいは *Procoptodon* といった体高 170 cm 近い系統が知られる．しかし，巨大化は系統的にカンガルー類にとどまる話ではない．有袋類のサイに喩えられる *Diprotodon* は広義のウォンバット系統に属し，奇妙な歯列の進化を遂げた *Thylacoleo* は絶滅した肉食適応群であるが，ともにそれぞれの生態学的適応が許す範囲で，著しく大型化している．

大型化は実際には哺乳類に限らず，アフリカ大陸を由来とするオオトカゲ類はオーストラリア域で体長 5 m に達し，飛翔性を失った鳥類 *Genyornis* は体重 200 kg を超えていたとされる．これらによりメガファウナとも呼ば

れるべき特異な動物相が，この時代のオーストララシアに成立している（Llamas *et al.*, 2015; McDowell *et al.*, 2015a）.

　一方で興味深いのは，オーストラリアにおけるこれらの巨大群の絶滅が39000 年前から 52000 年前の間と推定され，他大陸の同様の絶滅より一定に早期であるとされていることである（Roberts *et al.*, 2001; Price *et al.*, 2011; Gillespie *et al.*, 2012）. この年代は，およそ 5 万年前といわれる先住民の渡来時期と大きく異ならない. 一方で，層序と年代測定の精緻な検討が進むにつれて，メガファウナの構成種の一部は，たとえばプロコプトドン類に関しては 2 万年前程度までは生残したことが示されるようになっている（McDowell *et al.*, 2015a）. いずれにせよ，メガファウナはオーストラリア先住民との短い共存時期があったことは確実であり，この特異な動物相のオーストラリア独自の絶滅要因を論議する際に，人間の関与は強く示唆される.

（6）カンガルー（形）類――分子系統の事情

　有袋類全体から見て，双前歯類やさらにはカンガルー科周辺で続けられている分子系統学の議論を整理しておきたい.

　このあたりの系統性の論議は古典的には 1990 年代から継続し（Janke *et al.*, 1994, 1997; Kirsch *et al.*, 1995; Clegg *et al.*, 1998; Osborne *et al.*, 2002），途上では形態学的情報を含めた大量のデータによる分岐図の構築が論議の基軸になったこともある（Cardillo *et al.*, 2004）. 有袋類の初期の遺伝学的研究が，真獣類の目相当レベルでの分岐の全体像が分からなかった当時，哺乳類の系統分類学に与えた衝撃は大きい. 単孔類・有袋類・真獣類の分岐の順序と年代，真獣類各目の放散など，その後に修正を受ける内容も多々あるものの，90 年代における哺乳類分子系統学の画期的牽引者が，有袋類への関心を深めていたことは興味深い研究史である（Gemmel and Westerman, 1994; Janke *et al.*, 1994, 1996, 1997; 長谷川・岸野，1996）.

　他方，双前歯類やカンガルー科の系統樹として大きな功績を示す研究は，2005 年以降に新たな段階として頻繁に登場するようになる. このころ，オーストラリア有袋類の放散と年代，双前歯類・カンガルー類の多様化の全貌が論議を沸かせ（Meredith *et al.*, 2008b; Prideaux and Warburton, 2010; Phillips *et al.*, 2013），その核心の議論は今日も継続している.

116　第3章　化石と分子による歴史

　カンガルー形類の分岐は，順序でいえば，化石の項でも語られたようにニオイネズミカンガルーの分岐が早期であると考えられ，ネズミカンガルー科とカンガルー科の姉妹群として認識される．そして，*Aepyprymnus*, *Bettongia*, *Caloprymnus*, *Potorous* よりなるネズミカンガルー科がその後にカンガルー科と分岐したと推察される（May-Collado *et al.*, 2015）．

　中新世，鮮新世，更新世と続くカンガルー類の大規模な多様化は，オーストラリア大陸での草原の拡大と雨林の根強い分布が，その動因として挙げられる．この時代に出現する *Wallabia* 類は，遺伝学的には *Macropus* 類に包含されるべき近縁性を示すという主張が見られる．これは，DNA ハイブリダイゼーションの時代（Kirsch *et al.*, 1995）から，用いる遺伝子は異なってもその後も頻出する考え方である（Retief *et al.*, 1995；Phillips *et al.*, 2013）．また *Lagorchestes* 類と *Macropus* 類との分岐も，比較的新しいとする Meredith ら（2008b）に対して，より早期に分岐したという説も主張され続けている（Phillips *et al.*, 2013）．

　ところで，化石群も含めたもっとも精緻なカンガルー類の系統解析は，非常に多くの形態学的形質の定量化によって進められた（Prideaux and Warburton, 2010）．現生 *Macropus* 類のみならず，その周辺のカンガルー類の近縁性と放散の実態が，化石群も含めて形態形質から解明されている．先の節で語ったように，*Sthenurus* に代表される Sthenurinae と *Macropus* に代表される Macropodinae の明瞭な違いが，形態学・古生物学で語られ，そこにシマウサギワラビーとステヌルス類の形態学的類似性について一石を投じられる状況が続いていた．先にふれたメガファウナについても，カンガルー類に関しては，体サイズの変化と系統的類縁性との関係について形態学的結論が収束せずに推移してきた．

　これらについて，近年，いくつかの化石カンガルー系統の分子系統学的位置が，ancient ゲノムの解析から明らかになりつつある．メガファウナの典型 *Protemnodon* では，形態学的データ（Prideaux and Warburton, 2010；Prideaux and Tedford, 2012）よりも *Macropus* 類への近縁性を示している（Llamas *et al.*, 2015）．珍しいことではないが，体サイズ適応により，形態学的に系統が正確に推測できなくなる例なのかもしれない．

　同様に，やはり体サイズがかなり大きかったとされる *Simosthenurus* 類で

も古代 DNA の解析が進み，興味深いことに，現生のシマウサギワラビーと同一のクラスターをつくることが明らかとなった．このシマウサギワラビー・シモステヌルスの系統は，分岐の順序で見ると，ネズミカンガルー・フサオネズミカンガルーとドルコプシス属 *Dorcopsis*・ヤブワラビー属 *Thylogale* の系統の間に位置する（Llamas *et al.*, 2015）．先に紹介した Flannery（1983, 1989）の形態学からの示唆は，主要な部分で ancient DNA による推定と整合しているといえる．

　古典的にはステヌルス類を科や亜科のレベルで絶滅群としてきたので，あまり注目されてこなかったシマウサギワラビーが現生することが，まず大きな新知見である．これによってステヌルス亜科の分類が再検討されるべきという論点もあろうが，より一般的に考えると，時代的に新しい化石カンガルー類が現生系統の内側に入ってくるような古代ゲノムのデータが今後も生じると感じられるので，カンガルー類全体の系統関係が今後古代ゲノムによって再整理を迫られてくるものと受け止めることができる．

　継続する大きな論点は，中新世半ばからのカンガルー類，あるいは双前歯類全体の多様化である．他大陸の状況とは時代がずれるものの，これはこの時期の草原の広がり，イネ科植物の繁栄と密接に関連した動物側の適応と多様化であると解釈される（Meredith *et al.*, 2008b；Potter *et al.*, 2012）．草原性種の拡大・発展がいわれる中で，化石有袋類相の詳細な検討から，*Hypsiprymnodon* 属が雨林性で，湿潤環境に適応した可能性があることが指摘されている（Bates *et al.*, 2014）．中新世から鮮新世の間の多様化は必ずしも草原性のみの時代ではなく，時を同じくして，多様な環境への特殊化と放散が進んだことは明白である．

　現生群では，キノボリカンガルー類 *Dendrolagus* が，初期に分岐した原始的な一群ととらえられてきた（Szalay, 1994）．が，分子系統樹の確立とともに，キノボリカンガルーの深い分岐に基づく著しい原始性は否定される傾向が強い．現生のキノボリカンガルー属 *Dendrolagus* のヤブワラビー属 *Thylogale* からの分岐は，遺伝学的にはたとえば1200万年前から1400万年前程度と推定され（Beck, 2008），カンガルー亜科の中でけっして最初期に分岐したものではないといえるだろう．四肢形態に非草原性の共有形質が見られる姉妹群のイワワラビー属 *Petrogale* と単系統的に一体で考えても，層序の

118　第3章　化石と分子による歴史

検証からはせいぜい 1100 万年前程度より後の系統である（Prideaux and Warburton, 2010）.

　確かにキノボリカンガルーで従前原始的とされた形質の多くは，腓骨が残存し，下腿・中足骨領域が伸長していないなど，どう考えても草原性適応から逆戻りして二次的に生み出し得るものではない．これらの形質は明らかに祖先的なものである．しかし，中新世中盤から後期くらいまでの間は，草原性に高度化し，腓骨を退化させ，下腿・中足領域が伸長した系統は生まれていないと考えられる．となれば，キノボリカンガルー・イワワラビーが分岐する 1100 万年程度前まで，樹上性生活が可能な表現型をもつ祖先群が生残していれば，現生のキノボリカンガルー類は容易に生み出すことができる．草原性適応はキノボリカンガルー・イワワラビー系統を分岐した後に生じれば，それで事実に合致する．

　この場合，ステヌルス亜科とカンガルー亜科の中新世前半の共通祖先は，非草原性の祖先形質で固められていなくてはならず，草原性適応は，最低限両亜科に関しては平行進化しなければならないことになる．ただそれは形態進化学のセンスとして，困難な歴史だとは思われない．キノボリカンガルー類の形質は，ネズミカンガルー類や *Lagostrophus* 類やステヌルス類（亜科）を分岐した後に，まだ残されていた祖先形質を残存させれば生み出すことができ，鮮新世以降の諸系統の草原性特化は，最低限の収斂を想定すれば実現できる系統史なのである（Prideaux and Warburton, 2010）.

　中新世後期のカンガルー類の多様化は急激であるためか，これまでのデータでは，分子系統学であれ化石の比較形態学であれ，分岐の順序の精度が高くないことが不安視される．それはキノボリカンガルー・イワワラビーの祖先形質の起源を考える上では，深刻な問題点でもある．しかし，仮に今後，この時代の分岐の順序に関していくらか異なる結論が得られることがあったとしても，キノボリカンガルーを中新世の"どさくさに紛れて"旧形質を保存できた系統だと解釈することは，間違いなく可能であろう．まとめるとすれば，現生のカンガルー亜科内の非草原性系統は，その形質の存在を説明するためだけにとりたてて古い時代の分岐を想定する必要はないと考えることができる．もしもこの水準を超えて真に原始的な形質を残しているとするならば，ニオイネズミカンガルー類くらいに分岐の古い系統で論じられるべき

ことであろう（Burk *et al.*, 1998）.

　他に現生群で注目を集めるのは，フサオネズミカンガルー類 *Bettongia* である．同属は特異な環境に適応していることもあって，集団のほとんどが絶滅を危惧されるに至っているが，実際には属内集団間の遺伝学的系統関係が明白になっていない．鮮新世の多様化の際に環境適応とともに分化したことを示唆する伝統的な考え方（Meredith *et al.*, 2008b）がある一方で，1 種ないしは 5 種のより近縁なグループだという考え方も継続し（Haouchar *et al.*, 2016），同属の保護施策とも関連して今後の研究が期待される状況にある．分子系統学的には，*Macropus* とは類縁性が低いことを指摘されている（May-Collado *et al.*, 2015）．*Bettongia* は，絶滅集団を用いて ancient DNA が読まれている系統で，系統内の変異の大きさが絶滅群を含めて検討されている（McDowell *et al.*, 2015b）.

　同様にカンガルー類のミクロな系統樹では，つねにアカカンガルーの種内変異が論題とされてきた．実際に本種では各ハプロタイプが認識，解析され（Clegg *et al.*, 1998），たとえばオオカミ *Canis lupus* や長鼻類のような，種があまり分化せずに広い分布域を見せる真獣類と類似する集団であることが指摘されている.

（7）ニューギニアの解釈

　オーストララシア有袋類に関して残されている大きな論議に，オーストラリア大陸とニューギニア地域の陸橋の存続時期がある.

　基本のストーリーは，オーストラリア大陸でかなりの程度まで分岐を終えたいくつかの系統群が，形成された陸橋を通じてニューギニアに侵入したことを想定する．両地帯が陸生群によって往来できる状況ならば，双方向的に流入と流出を繰り返したことだろう.

　実際，クスクス類には，ニューギニアでの進化とともに，ニューギニアからオーストラリアへの逆向きの移動が確認される．オーストラリア大陸とニューギニアの接続には，伝統的に固まってきた生物地理学のストーリーがあり（Flannery, 1988; Aplin *et al.*, 1993; Metcalfe *et al.*, 2001），細かい点では諸説があるものの，多分に中新世末から鮮新世にかけての交流が示唆されてきた．他方，専ら地質学的に確立された理論では，陸の接続は中新世までは

120　第3章　化石と分子による歴史

成立しないとされ（van Ufford and Cloos, 2005），中新世末に海水準が大きく下がるまでは両地域間は陸化しないと推測されてきた（Hodell *et al.*, 1986）.

　ところが近年，大量の分子系統学的データにより，有袋類のニューギニアへの侵入がかつての論議より早いとされるようになっている（Westerman *et al.*, 2012; Mitchell *et al.*, 2014）. 鍵となったのは，ニューギニアに分布するバンディクート類，最初期のクスクス類，ダシウルス形類のフクロマウス属 *Murexia* の3群であり，それらの分岐がニューギニア系統の成立年代を示唆すると考えられた. 結果，分岐年代を幅広く見積もったとして，新しくて928万年前から古くて1065万年前という年代が得られている（Mitchell *et al.*, 2014）. セラムバンディクート *Rhynchomeles prattorum* など近現代に絶滅したと考えられている種を含めたペラメレス形類の解析は，年代が若干古めだが，ニューギニア集団とオーストラリア集団の分岐を1100万年前から1500万年前程度と見積もっている（Westerman *et al.*, 2012）. 地質学的データと合わせて，有袋類のニューギニア系統の隔離・誕生はおよそ1100万年前の中新世中期まで遡ると結論づけることができよう.

　他方，鳥類の中で古顎類の分子系統学的解析は，ニューギニアとオーストラリアに分断されたヒクイドリ類 Casuariidae とエミュー *Dromaius novae-hollandiae* の系統の分岐をとても古くおよそ3165万年前と推察し，堅固な証拠とともに提示している（Yonezawa *et al.*, 2017）. このケースは飛翔能力を保持した状態の共通祖先が，陸の接続とは無関係にそれぞれの地域に飛行して到達し，この時点で分岐したと解釈される. 飛翔性の喪失は多系統的に生じたのである. かつては飛べなくなった古顎類が陸橋によってゴンドワナ陸塊の各所に地上を移動して分布を広げたとされていたが，その発想は解消されたといえる. そのため，ニューギニアのオーストラリアに対する隔離と接続の歴史を検証するとき，古顎類の分岐は，飛翔できたことを想定し，通例の陸生脊椎動物のそれとは別の話として独立させるのが妥当だろう.

　単にニューギニア対オーストラリア大陸という点に着目して，両地域の陸生脊椎動物の姉妹群間で遺伝子を比べてみても，生物地理学的障壁に関する有効な結論は必ずしも補強され得ないことが分かる. 地理学的バリアーを乗り越える陸橋は，つねに諸系統に対する選択的フィルターであると考えたい. しかも，選択を生じる要因は事例によって限りなく多様である. 陸橋による

3.3 分かれゆく有袋類　*121*

地理学的接続は，すべての陸生脊椎動物を系統において同等に結びつけるものではない．オーストラリア対ニューギニアの議論は，そのことを如実に物語る．

　多くの種・集団がニューギニアに分布する現生のキノボリカンガルー類については，興味深いことに，鮮新世半ば340万年前くらいまでの化石はおもにオーストラリア本土から見出され，ニューギニアでの化石は更新世の*Dendrolagus* と *Bohra* まで見つからない（Dawson, 2004）．ニューギニアからの既存の化石の遡れる年代は新し過ぎて，生物地理学的ににわかに納得できるものではない．が，先にも本系統の原始形質の起源の解釈で述べたように，キノボリカンガルー・イワワラビー系統は，環境の激変が襲ったオーストラリア大陸本土で中新世中期以後に，ステヌルス亜科まで含む他のカンガルー類の多様化とほぼ同時に，分岐・成立したと考えることが妥当だろう．当然早い段階でニューギニアへの侵入は可能だったと推測される．その後は降水量の多い森林の植生に影響を受けながら，系統全体として分布域を大きく変化させ，最終的にニューギニア中心の分布に落ち着いたということであろう．

　こうして見ると，むしろ有袋類が哺乳類分子系統学の研究史において，真獣類よりも好適な研究対象であったと感じられる点が少なくない．Beck（2008），Mitchell ら（2014），Westerman ら（2016）に見られるように，近年の有袋類マクロ分子系統は，多系統的に生じる分岐の多様性をオーストラリア大陸の第三紀の気候変動，植生環境変遷と一対一で結びつけようという議論が普通である．北アメリカ大陸やユーラシア大陸での同時期の真獣類と比べて，どう見ても系統性が単純なだけに，結論に揺らぎをもたらすデータと要因が少なく，マクロ系統分岐の大規模な検証としては，真獣類よりもむしろ説得力をもっているように受け止められる．長くオーストラリア区の有袋類の放散を"進化の実験室"と喩えてきたが，分子系統学の一般化とともに漠然とした比喩でもあった"進化の実験室"の真の姿が，巨視的な地誌論とともに客観性を帯びてきていることは確かである．

　またオーストラリア大陸とまったく収斂的に，南アメリカ大陸のオポッサム類も中新世に新しい植生環境を活用して多様化した可能性が指摘されている（Jansa *et al.*, 2014）．同系統は高温湿潤の雨林を起源的生息環境としてい

ると考えられる．そして，乾燥帯の広がる中新世後期に初めて乾燥林に適応し，多様化したと推察される．南アメリカ大陸でもオーストラレシアでも，中新世の環境変遷が有袋類の多様化の共通の要因である可能性が高い．有袋類に関しては，地球の裏で同時代にもう一つ機能した"進化の実験室"が，まさに南アメリカ大陸なのである．

似た観点では，狭い系統になるが，*Monodelphis* 類に関しては，実際に分布する森林環境と外部毛色を分子系統樹に乗せて解析することが行われている．南アメリカ・中央アメリカに広く分布する同群はどうやら湿潤気候に適応した祖先群をもち，毛色については，縞や体側の赤毛などは派生的で，単一色の形質が祖先的であると主張されている（Paven *et al.*, 2014）．

同様にオポッサム科の体サイズ適応に関しては，あまり多系統的には変異を生じず，体サイズが系統関係と高く相関することが検証されている（Amador and Giannini, 2016）．

第4章　骨形態と運動器関連形質

　中足骨という骨がある．"足の平"の骨だ．造形師も解剖学者も，中足骨に心揺さぶられることは間違いない．重さ50kg ものからだを支えてしまうヒトの5本×2セットの中足骨も驚きだが，キリンの中足骨に感激しない者は，かたち好きにはいないだろう．高さ5m のかの被造物が抱えもつ中足骨を凝視するとき，あたしが贈りたい最大級の称賛の相手は，創り手のセンスだ．

　初めてカンガルーを骨にしたのは，四半世紀前になろうか．中足部の骨にピンセットの側面が当たるいつもの心地よさは，まもなく悪辣な驚異に姿を変えて，あたしの触覚に襲いかかった．無造作に芝居小屋の楽屋に投げ捨てられている拵えものの髭のように，カンガルーのか細い中足骨は，からだがたどり着いた終局を見せてくれる．もちろん太い外側の足の骨は単純に立派だが，この内側の2本の"髭"は，からだにまとわりつく時間の執拗さを語り尽くしている．

　以来，死体を相手にするピンセットも指先も，ときにキリンを差し置いて，カンガルーに浮気する．南半球の遠い大陸のちょっと滑稽な有袋類がふりまく魅惑のかたちは，地球丸ごとの自然と同じくらいに，大きい．

4.1　頭蓋の真意

（1）小さい脳函の意味

　有袋類の形態学的特徴の一つは，骨格に見て取れる．有袋類の骨学的形質は真獣類のそれと明確に区別できる．ただし，その相違を規定する原理や，

124　第4章　骨形態と運動器関連形質

そもそも生み出されている相違の機能的意味は，実際にはほとんど解明でき
ていない.

　有袋類の骨格で第一に挙げるべきは，真獣類と比較して小さめの脳頭蓋で
ある. 知能という観点からは大きな意味をもつ相違であるが，機能と進化の
内実は不明な点ばかりだ. 機能的意義を問う以前に，有袋類の脳の体積は真
獣類と比べて相対的に頭打ちになる，という客観的事実から出発しよう. つ
まりは，高度な知能の存在を推察させるような巨大な脳の持ち主は有袋類で
は進化しなかったといえる. 一方で，有袋類の頭蓋の特質として，脳容積の
割には矢状稜が高いという特徴がある. これは小さな脳函に対して十分な側
頭筋の起始面積を確保しようとすると，必然的に生じる形質だといえるだろ
う. いきおい，有袋類と真獣類の頭蓋は，基本からしてプロポーションに大
きな相違を生じている.

　有袋類の脳頭蓋が有胎盤類と比較して小さいことに関しては，興味深い
データとそれに基づく推察がなされている（Weisbecker and Goswami,
2010）. 体サイズと基礎代謝率・酸素消費量の関係を有袋類真獣類間比較と
結びつけた理論構築（Dawson and Hulbert, 1970; McNab, 1990; Schmidt-
Nielsen, 1998）があり，そこに脳サイズがどう関連・相関するかという議論
が湧き上がるのである.

　脳容積は，器官としての脳の多大な酸素要求量からしても，無視できない
影響を基礎代謝率から受けていると予測されてきた（Martin, 1981; Arm-
strong, 1983; Hofman, 1983; McNab and Eisenberg, 1989; Isler and van
Schaik, 2009）. つまり，真獣類の大きな脳は当然酸素要求量が大きく，脳機
能を維持するために，真獣類は特異的に酸素消費・基礎代謝率を大きくしな
ければならないという理論が成立してきたのである. 逆にいえば，これは，
基礎代謝率が比較的低い有袋類は，酸素消費の小さい小さな脳で生活し，省
エネルギー的生き方に適応していると見なすことに繋がってきた. 有袋類は
そもそも脳に多くの酸素を割くだけの基礎代謝率戦略を採っていないため,
その祖先的な生理学的生存基盤のままでは脳を肥大化させる途に入り得ない
ことが示唆されるのである. 低い基礎代謝率をもって，有袋類の脳容積が大
きく進化しないことの普遍的原因と考えられてきたとさえいえる.

　しかし，実際に脳サイズを測定したデータを精査すると，様相は必ずしも

上の理論とは合致しない．確かに有袋類と真獣類の間で体サイズと基礎代謝率の関係を比べれば，真獣類の方が酸素消費が多い場合が普通だろう．しかし，体サイズと脳重量の関係を解析すると，有袋類と真獣類では様相が異なっている．有袋類の場合，体サイズと脳重量の相関は，真獣類ほど高くない．有袋類の脳の大きさは同等のサイズの真獣類群に比べて，つねに同じように小さいわけではないのである（Nelson and Stephan, 1982；Croft and Eisenberg, 2006；Ashwell, 2008）．

　基礎代謝率に代わって，有袋類で実際に脳重量と高い相関を示すのは，驚くべきことに離乳日齢である（Weisbecker and Goswami, 2010）．繁殖の章で語ったように，有袋類は新生子を未熟な状態で分娩し，長期間の泌乳にその成長を委ねる．離乳までの日数と脳容積がよく相関するならば，その答えは，つまり，有袋類の脳容積は，必要な成長期間と関連付けられることになる．有袋類の脳のサイズは，それを生涯維持する低い基礎代謝率によって小さく限定されているのではなく，成長に必要な授乳の日数によって決定されていると考えることができるのである．

　これが真理だとすれば，有袋類の脳は必ずしも系統独自の基礎的生理学的戦略によって大型化の途を阻まれていたわけではないことになる．極論に振れば，泌乳日数の長い有袋類が進化すれば，これまでに出現した以上に脳サイズの大きな有袋類が生じる可能性が残されていることになる．

　ここで頭蓋のプロポーションと咀嚼機構の機能的相互関係を見ておきたい．実例はチャイロコミミバンディクート *Isoodon obesulus*（図 4-1）とコアラである（図 4-2，図 4-3）．両種とも，脳頭蓋の拡大に関して，一定の限界が感じられる．すなわち真獣類の頭蓋と概略で比較して，脳頭蓋が相対的に小さいことが明らかである．さらに，脳頭蓋が小さいことはそのまま側頭窩が狭いことを意味し，側頭筋の発達に空間的な制約を受けていると見なすことができるだろう．

　コアラは双前歯類の典型として，下顎に一対の大きな切歯を備え，大雑把にいえば普通の齧歯類と似た咀嚼特性をもつ（図 4-2，図 4-3）．双前歯類が有袋類の中で派生的な系統であるとしても，ちょうど特殊化した系統である齧歯類がその咀嚼基盤を用いて多様化したように，双前歯類も，特異な咀嚼機構を基に多様化することに成功している．双前歯類は，中枢神経が小さい

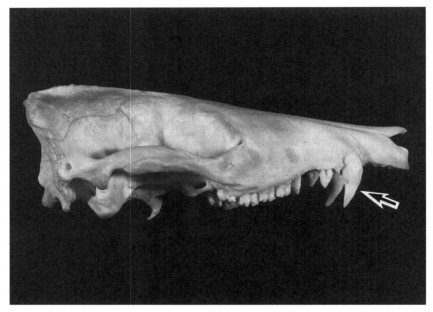

図 4-1 チャイロコミミバンディクート *Isoodon obesulus* の頭骨．右側面．大きな犬歯（矢印）と鋭い臼歯列が見える．雑食昆虫食適応の典型例である．『哺乳類の進化』（遠藤，2002）より転載．（国立科学博物館収蔵標本）

ことに起因する側頭筋の限界を，よく発達した頬骨弓と下顎骨咬筋窩によって補っている．両形質は断面積の大きな咬筋を上顎吻側から下顎後方に斜めに走行させ，巨大な切歯と臼歯に対して適切な咬合運動を起こす．顎関節の水準が咬合面から背側に上がっていることは，咬み合わせの瞬間に吻尾方向に大きな圧力を生じることに成功している．これは，上下の切歯の付き合わせにおいても，また上下の臼歯列を噛み締めたときの破砕力の発揮においても，有効であると推測される．少なくとも双前歯類では，貧弱な脳頭蓋が咀嚼筋の空間配列に全体的に影響し，咬筋優位の咀嚼筋配置が進んだと推測することができる．なおコアラは臼歯に特色があり，歯冠は低いが，咀嚼対象がつねに軟らかい樹上性葉食者としては，これで十分なのかもしれない．一方でこの臼歯は歯根が閉鎖することはなく，生涯を通じて成長することが可能である．

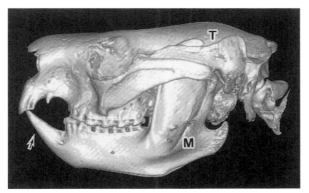

図 4-2 コアラ *Phascolarctos cinereus* の頭蓋．左側面観．CTスキャンによる三次元復構像．双前歯類の特徴として，下顎に一対の大きな切歯（矢印）を備え，その点においては齧歯類に一定に類似した咀嚼機能特性をもつ．臼歯列もよく発達し，コアラの場合は，葉の破砕に適応している．側頭窩（T）はあまり大きくならないが，下顎骨は咬筋窩（M）が深く発達し，咀嚼力の多くを咬筋に依存していることが推測される．

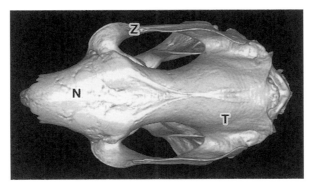

図 4-3 コアラ *Phascolarctos cinereus* の頭蓋．背側面観．CTスキャンによる三次元復構像．吻側から頬骨弓（Z）が側方へ張り出し，咬筋の起始部領域が広く発達していることが分かる．脳頭蓋・側頭窩（T）があまり大きくならず，むしろ顔面頭蓋，とくに鼻腔関連領域（N）が大きいことが見て取れる．

128　第4章　骨形態と運動器関連形質

　ここで有袋類全体を見渡したときに，矮小な脳頭蓋は，側頭筋を捨て，咬筋に依拠する骨学的基盤となったことが予測される．もちろん一義的には必要な咬合力を得ることが本質であって，第一に神経頭蓋の在り方によって咀嚼戦略が動かされるという考え方は必ずしも妥当ではないだろう．しかし，そもそもが大型化し得ない神経頭蓋に対して，咀嚼機能の適応的要求は待ったなしに訪れるはずであり，有袋類全体にとって，動力を側頭筋に依存しない咀嚼筋機構は生じ得たことであろう．

（2）頭蓋発生の特異性

　ところで，有袋類の頭蓋は，真獣類と比較すると，口の周辺すなわち，食道頭蓋，顔面頭蓋の早期の発生を必要とする．なぜならば，真獣類と比較して相対的に分娩が早く，はるかに早い段階で臍帯を捨て，吸乳に移行しなければならないからである．そのため，有袋類の新生子は，口蓋，口腔周辺の成長・骨化が早く，対して誕生時には脳頭蓋の骨化がまったく追いついていないという不均衡を，特徴として見せる．頭蓋をモジュールに分け，表現型の異同を三次元形態学的に検出すると，有袋類対真獣類の両系統間で口周辺の発生タイミングが相違することが，明瞭に確認できる（Shirai and Marroig, 2010；Goswami *et al.*, 2012；Bennett and Goswami, 2013）．

　実際に成体では，多くの種で顔面頭蓋部のプロポーションが大きいと考えられる例が多い．たとえばコアラの例（図4-2，図4-3）でも，脳頭蓋と比較したときの，顔面頭蓋周辺のサイズが相対的に大きいことが指摘でき，成長速度の差異が最終的に成体の頭蓋プロポーションに影響していることが推測される．

　有袋類の生存戦略を示唆するとても重要な知見として，こうした手法で見出される頭蓋の成長・骨化戦略が，真獣類のものとはまったく異なっていることが判明している．有袋類の頭蓋の真獣類に対する相違は明瞭で，系統全体の頭部のまさにアイデンティティと呼べるものである．その内実は，早期の食道頭蓋の成立と吸乳機能の確保，そしてそれとトレードが為されたかのようなゆっくりとした脳頭蓋の成長である．発生時の栄養供給，いわば原資配分の合理性から，脳頭蓋の発生は極力後回しにするという策が成立しているのであろう．

４.１ 頭蓋の真意 *129*

　これは育児嚢内での授乳によって身体の構造的確立の大部分を進める有袋類の宿命ともいえる．同時に，有袋類で指摘される小さい脳頭蓋は，真獣類ほど十分な脳頭蓋の成長・骨化時間が得られなかったことと密接に関連していると考えられる．有袋類の脳頭蓋が真獣類よりも小さいことは，有袋類ゆえの，新生子の成長戦略，そしてそれによって影響を受ける頭蓋の成長と骨化パターンに完全なまでに決定された，系統全体に及ぶ特質なのである．

　機能性の高い頭蓋という意味では，肉食性の系統群の捕殺・咀嚼に関連する形態学的特質が有袋類と真獣類で一致するのではないかという仮説検証が関心を集め，実際に解析が続けられてきた．古典的には線形計測で（Werdelin, 1986），その後は三次元のランドマークを用いて（Wroe and Milne, 2007），多変量解析を経て収斂の検出が行われてきた．

　単純な結論がまとまる主題ではないが，餌動物の解体や骨破壊に用いる咀嚼筋が，頭蓋表現型において，両系統の骨計測形質を収斂させることが指摘されてきた．他方で，有袋類と真獣類の間には，第一に脳頭蓋の大きさで，第二には咀嚼力の基本スペックにおいて差があり，両者は必ずしもきれいな収斂の状況にないという当然の推測もなされてきた．大元では，咀嚼筋配置や歯列配置において強い発生学的制約を経ながら，餌動物捕食に対する収斂を見せるはずだと考えられる．しかし，先にふれたように，両系統での食道頭蓋の発生時期や神経頭蓋のサイズは，早期の出産と授乳の延長によって発生を成し遂げていく有袋類と，あえて発生を減速させているかのような長い妊娠期間を採用する真獣類の間では，基本設計として異なっていて当然である．胎子期から離乳前後までの間に異なる成長戦略が成り立ち，当座それは，捕食・咀嚼に関する機能適応よりも堅固な生体の設計基盤として確立されている．そして，そのことが，同じ肉食性群であっても，両系統間に形状やサイズの根本的相違を生じせしめていることが示唆される．

　また，理由は不詳だが，下顎角が内側へ曲がるのが，有袋類に共有される特徴である．この形質は下顎骨内側の翼突筋窩の面を背側へ向ける効果を示すが，一般に有袋類の場合，翼突筋が，内側に折れたこの下顎骨内側後端の広い曲面に付着している．有袋類では，多少なりとも背側へ向く翼突筋窩が，上顎の内側から走ってくる翼突筋の筋力を受けて咀嚼するために有効な角度を保っていることが示唆されるのである．

さらに，有袋類では，一般に硬口蓋がとくに副径に関して貧弱だといえる．幅の狭い，口腔体積の狭小な口の特徴を骨が決めていると考えることができる（図4-4）．そしてその口蓋には，表面に小さな孔が多数観察される（Starck, 1967；遠藤, 2002）．多数の小孔，すなわち多孔質の骨表面は通常は骨格表面の面積拡大と関連があると考えるべきであるが，有袋類の口蓋に関しては機能的意義は不明のままである．

また，底後頭骨から前蝶形骨および眼窩蝶形骨周辺の発生学的記載が古典的に着目されて，有袋類の特徴的形質として記載されている（Roux, 1947）．その後も，前蝶形骨，眼窩蝶形骨，底後頭骨，鱗状骨，そして耳胞・外耳道にかけては，有袋類各系統間および真獣類との比較のたびに，相同性，系統分類学的基礎，発生学的基盤，古生物学的検証の議論に持ち出されている（Webster and Webster, 1980; Szalay, 1982, 1994; Maier, 1987, 1989; Wible, 1990; Sánchez-Villagra and Wible, 2002）．また，有袋類の頭蓋では，視神経管と上眼窩裂周辺に，有袋類特有の形状の変遷が見られるとされてきた（Starck, 1967）．

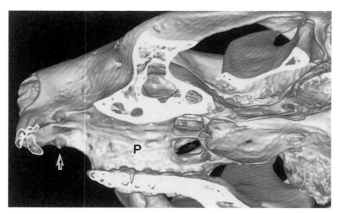

図4-4 コアラ *Phascolarctos cinereus* の頭蓋．CTスキャンによる三次元復構像．硬口蓋（P）を腹側左寄りから見た．臼歯を含め手前側の構造を切削し，口蓋がよく見えるように加工してある．口腔の発達はよくなく，とりわけ口蓋は相対的にあまり面積を広げない．狭小な口蓋は有袋類に共通した特徴である．矢印は上顎に一対のみ萌出する小さな犬歯．

4.2 ポストクラニアル・スケルトン　*131*

　別章でもふれているが，有袋類の歯式は，祖先形質を代表するディデル
フィス類で，I5/4・C1/1・P3/3・M4/4 と決まる．これは真獣類との明瞭な
相違であるが，祖先的化石群を用いて祖先タイプの出現状況が明確に解明さ
れているわけではない．臼歯の形状は多様に進化してはいるが，特に後臼歯
は双波歯と呼ばれ，真獣類を含めて確立されてきた後臼歯咬頭のトリボス
フェニック型に広い意味では近似する（大泰司，1986, 1998；Carroll, 1988；
遠藤，2002）．なお，相同性の観点から，この有袋類の歯式の意味は系統分
類の項でも別途論じてある．

4.2　ポストクラニアル・スケルトン

（1）前恥骨

　有袋類のポストクラニアル・スケルトンの形態学的考察については，古典
以来多くの著作が蓄積されてきた（Coues, 1869；Flower, 1885；Elftman,
1929；Barnett and Napier, 1953；Mann-Fischer, 1953；Jenkins and Weijs, 1979；
Klima, 1987；White, 1990；Pridmore, 1992；Szalay, 1994；Marshall *et al.*, 1995；
Lunde and Schutt, 1999；Argot, 2001, 2002, 2003a, 2003b, 2004a, 2004b；Szalay
and Sargis, 2001；遠藤，2002；de Muizon and Argot, 2003；Horovitz and
Sánchez-Villagra, 2003；Martin and Mackay, 2003；Flores, 2009）．
　生殖器官のストラテジーについては別章で詳述している．繁殖機能にまつ
わる骨形態学としては，育児嚢に強度を与える支柱として，雌の前恥骨，い
わゆる袋骨が大きく発達することが一般的だ（図 4-5）．前恥骨は，雄にお
いても消失することはほとんどなく，雄の場合，育児嚢は無いが，相対的に
小さな前恥骨が存在することが多い．古生物学的には中生代の哺乳類・哺乳
形類を扱う際に，前恥骨は胎生の発達度を推察するための説得力をもつ証拠
となる．
　前恥骨以外に有袋類の骨盤に関しては性的二型が注目されてきた．真獣類
では分娩が要因となり，骨盤，特に恥骨縫合周辺に性的二型が生じやすい．
体サイズや腸骨全長を指標に相対的に検討すると，性的二型が出やすいとい
うものである．一方で，有袋類では新生子のサイズが小さいために，この理

132　第4章　骨形態と運動器関連形質

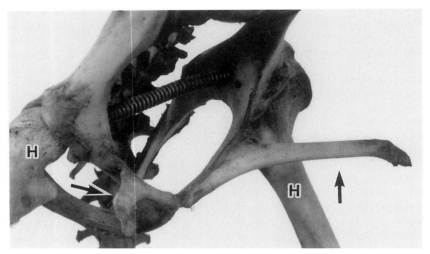

図 4-5　フクロギツネ *Trichosurus vulpecula* の前恥骨（袋骨）（矢印）．左右対になり，前方に向かってV字に伸びる．育児嚢の力学的支持体となっている．Hは左右の大腿骨．右側方少し前方より見た．（東京大学総合研究博物館収蔵標本）

論が崩れているのではないかと予想されてきた．しかし，実際のデータからは必ずしも明瞭な傾向は確認されていない．キタオポッサムの例では，そもそも体サイズに性的二型が見られるものの，恥骨に関連する計測部位には雌雄差がある部位と無い部位があり，有袋類特異の骨盤の性的二型が分かりやすく理論化されているわけではない（Tague, 2003）．

（2）ホッピング特性

　ポストクラニアル・スケルトンに言及したところで，有袋類を象徴するような二足跳躍ロコモーションについて，論議しておきたい．既にふれてきたように，有袋類のロコモーションには，通常の四足の哺乳類として，平地の走行，樹上での登攀，滑空，掘削を高度に実現してきた歴史がある．逆にいうと，有袋類ゆえの特異的な真獣類との相違が，ロコモーションに現れているケースは多くない．

　しかし，数あるロコモーションパターンの中で，有袋類の派生性の代表ともいえる比較的新しいカンガルー系統の跳躍運動，すなわちホッピングは，

移動様式の適応的進化を語る上で特筆に値する．有袋類という系統に偶然付帯した特性と表現してよいだろうが，有袋類の運動器の形態を論じるとき，書き手は幸運にもホッピングの主題を扱うことができるのである．

カンガルー類の跳躍運動を支えるのは，骨学的には長く伸長した下腿と足根以下の機構である（図 4-6）．さらに，この運動は，近位部に大量の骨格筋を集約し，遠位は長く伸びた膠原線維・弾性線維の腱を配置する特徴的な形態によって実現している（Owen, 1868; Windle and Parsons, 1898; Badoux, 1965; Lessertisseur and Saban, 1967; Hopwood, 1974, 1976; Hopwood and Butterfield, 1976, 1990）.

カンガルー類のホッピングはおもには下腿および大腿の筋群から筋力を発生し，足根領域の関節を利用して，後肢を両側性に使って跳躍するものであ

図 4-6 オオカンガルー *Macropus giganteus* の左後肢．CT スキャンによる三次元復構像．外側面観を少し前方より見た．大腿骨（アステリスク）は短く，著しく発達・伸長するのは脛骨（T）である．前腕の相当部位とは異なり，下腿は腓骨（F）を退化させ，走行への特化が明瞭である．踵骨（矢印）を大きく伸ばし，跳躍適応の骨形態学的基盤を成している．M は中足骨領域．

る．足根関節を伸ばし，おもには特殊化した腓腹筋の筋力を活用し，アキレス腱を中心とする下腿から足部にかけての腱に各運動フェーズのエネルギーを繰り返し吸収・放散させることで，きわめて効率よく走行を続けることができる．

　生じた筋力の多くを逃すことなく腱に蓄えつつ再利用することで，条件が適していれば，四足と体幹による通常の走行よりも移動のためのエネルギーを大幅に節約できる走行様式だと考えられる．ゆえに，必ずしもカンガルー類にとどまらずに，陸生脊椎動物のロコモーションパターンの進化という観点から，跳躍ロコモーションの意義は幅広く研究が続けられてきた（Alexander and Vernon, 1975; Cavagna *et al.*, 1977; Alexander *et al.*, 1982; Dimery *et al.*, 1986; Ker *et al.*, 1986; Alexander, 1988）．

　一般に跳躍では，前後方向への重心の維持と調整が難題となる．効果的な跳躍のためには，当然，垂直に高く上がるだけでなく，前方へ斜めに蹴り出さなければならない．その段階で前半身方向へいわゆる前のめりになっては，前進が不可能となる．また逆に後方へ反り返ってしまっても，適切な方向への加速度を得ることはできない．カンガルー類の場合，前後方向の重心維持を処理しているのが，後肢による二足起立と，比較的貧弱な前半身に対する尾部体積の増大による前後の物理学的均衡である．一見すると死重に見えなくもない太過ぎる尾部は，カンガルー類に限っては前半身との間で微妙なバランサーとして機能する．そして，股関節を支点にした巧妙な "やじろべえ" 状態をつくり出すのである．

　しかもこの前後方向への均衡は静的なバランス保持ではなく，連続する跳躍前進の経過として成立している．真獣類でも兎形類や一部齧歯類が跳躍ロコモーションを得意とするが，跳躍前進の連続動作としては，これら真獣類と比べてみても，カンガルー類の完成度はきわめて高い．カンガルーの跳躍コントロールを語るとき，筋腱機能ユニットという概念が使われるのも，その高度さゆえである．

　筋腱機能ユニットという概念は，この跳躍・ホッピング走行の研究の基礎となってきた．カンガルー類のロコモーション適応に対する関心は，カエル類やウサギ類と並んで，跳躍運動における筋腱機能ユニットの概念を確立・研究する動機となってきたことが確かである（Biewener and Baudinette,

1995; Roberts *et al.*, 1997; Biewener, 1998; Kram and Dawson, 1998; Biewener and Roberts, 2000; Daley and Biewener, 2003; Biewener *et al.*, 2004).

カンガルー類の跳躍は，そのエネルギー節約効果が非常に大きいことが明らかとなって，有袋類独自の適応様式としても，また普遍的に合理性を論じることのできる特殊化の一つとしても，注目を集めることとなった（Dawson and Taylor, 1973）．取り上げられるのは，オオカンガルーかアカカンガルーもしくはダマヤブワラビーであることが多い．つまりは大型から中型の *Macropus* 類が，この論題における機能形態学・バイオメカニズムのモデル種である．

ホッピングは，常態としてよく観察される秒速2mから6mの移動において万遍なくエネルギー節約効果を示すとともに，両後肢の接地時間が短縮される高速域ではますますエネルギー効率が高まってくる．初期の研究では，概略として筋出力エネルギーの70%（Biewener and Baudinette, 1995）が，あるいは3分の1（Ker *et al.*, 1986）が保存，節約されるという試算が検討された．より精度を高めた検討として，*Thylogale* で41%のエネルギー節約が認められると推測されている（Griffiths, 1989）．定量的な正確さは今後も課題であろうが，両側性のホッピングが地上ロコモーションとしてはエネルギー効率のとても高い走行方法であることは間違いないだろう．

アカカンガルーの場合，跳躍による最大速度は秒速15mの近傍だろう（Dawson, 1977）．瞬間的にエネルギーの吸収と放散を繰り返すカンガルーのホッピングは，速度が速いときの方が，エネルギーサイクルにおいて無駄な消費が少ないとされる．試算では，秒速12m時にもっともエネルギーが節約できるとされている（Baudinette *et al.*, 1992）．逆に問うと，なぜカンガルー類はエネルギー節約のためにつねに高速走行をしないのかという論点が生じる．実際，大型の *Macropus* は多くの時間，秒速12mよりも遅いスピードで，効率が悪いはずのホッピングを行っているのである．

この筋腱ユニットによるエネルギーの伝達効率とは，どのようなものなのだろうか．

哺乳類の高度な跳躍の例として知られるのは，霊長類のガラゴ類である．アフリカに産するこの原猿類は，四肢全体に他の霊長類とはまったく異なる機能形態学的適応を遂げている（Baba, 1988）．この機構により，筋運動の

136 第4章 骨形態と運動器関連形質

エネルギーの減衰を抑制し，実に産出エネルギーの65%以上を足関節と膝関節に再配分，伝達することが推測されている（Aerts, 1998）.

カンガルー類でもこのシステムがバイオメカニズム的に精査され，ダマヤブワラビーを題材に，ホッピングにおける各関節の用い方とその筋力・エネルギー伝達について検討がなされてきた（McGowan *et al.*, 2005）. この点に関して，ダマヤブワラビーは典型的でもあり，また一般論として認識することができよう. もっとも重要な結論は，足関節（足根腿関節）が発揮しているように見える力の大部分が，起源としては股関節と膝関節によって産出されているということである. 筋力の伝達は足関節の伸筋が等尺的に行っていると考えられ，跳躍の多くの筋力を近位部の筋肉が産生していることが明らかである. これは，後肢の運動を股関節を中心とした円運動ととらえたときの，後肢全体の慣性モーメントの減少にも寄与する. もちろん真獣類の有蹄獣が起こす通常の走行においても筋肉質量の四肢近位への集中は重要であるが，カンガルー類の筋腱ユニットによる走行エネルギーの節約は，近位の筋肉の出力を遠位の関節による跳躍所要エネルギーに置換することで，数多の有蹄類よりもエネルギー効率の高い移動様式を実現している.

哺乳類のみならず，脊椎動物史上もっとも効率の良いロコモーション様式の一つを有袋類が備えていることは，興味深い事実である. 祖先的な陸上歩行の四肢から後肢の二足ホッピングに入るのはかなりの程度の特殊化であり，おそらくは容易に成し遂げられる進化ではなかろう. 実際，跳躍は確かに多系統的に生じた経緯はある. しかし，優れた跳躍パターン，生存において意義の大きい高機能の跳躍は，なかなか獲得されないと推測される. 高性能の真獣類が闊歩するようなフィールドでのホッピングの実例が限られることからも，競争の激しい環境では，必ずしも優位性を保って進化するものではないだろう. しかし，有袋類の適応史を飾る一つの帰結として，カンガルー類のホッピングは今後も機能形態学的に注目を浴び続けるに違いない.

なお，前章で扱った四足歩行性の初期の化石群カンガルー類については，ロコモーションの実態がいまだに謎に満ちているため，ここでは論議から除外することにした. 次項はそれに対する補足の意味を含んで論じる.

（3）二足と四足の使い分け

　カンガルー類で高度に発達する跳躍・ホッピングであるが，ホッピングモードは言葉遣いとして二足歩行と呼ぶことが妥当である．しかし，よく観察されるように，低速での移動には四足歩行を用い，ある高速段階から二足のホッピングに移行することが，*Macropus* などの典型的なカンガルー類で観察される（Windsor and Dagg, 1971）．

　幅広く考えた場合，カンガルー類の二足ホッピングは，完全な二足のみで移動している種は存在しないということができ，貧弱な前肢による四足歩行を歩行運動のいずれかの段階で必ず使っている．それぞれの系統や種によって，どういうときに四足でどういう場合に二足を使うかという境界線はケースバイケースである．一般的には高速時が二足ホッピングで，それ以外の状況で四足を使うという変換になるが，考え方としては二足ホッピングはきわめて有利な高速走行であると同時に，単調な連続運動を前提とするため，細かい歩行動作を必要とされるフェーズでは採用することができないと理解される．

　有袋類全体から双前歯類あたりまで見渡したとき，ロコモーションは二足か四足のどちらが優位かということに着目すると，カンガルー類，系統的に正確にいえば，カンガルー形類（亜目または上科）Macropodiformes に入ってから，二足ホッピングが大々的に見られるようになったといえる（Pridmore, 1992; Shapiro and Young, 2010; Giljov *et al.*, 2015）．現生群で，分岐的にもっとも深い系統史をもつ二足歩行者は，フサオネズミカンガルー類 *Bettongia* であろう（Webster and Dawson, 2003）．派生群と比べればまだ走行の高度化は進んでいないが，フサオネズミカンガルー属は，少なくともネズミカンガルー科の系統においても二足歩行が高度に確立されている例として注目される．

　一方で，より *Macropus* に系統が近いと考えられるキノボリカンガルー類 *Dendrolagus* は，四足歩行を通常の移動様式として頻繁に使う．キノボリカンガルー類もホッピングは可能であるが，実際には典型的な二足跳躍は頻度的にも継続時間的にもあまり観察されない．既に語ったように，近縁群との分岐関係を考えたとき，キノボリカンガルー類の四足歩行優位は，中新世レ

138 第4章 骨形態と運動器関連形質

ベルの共通祖先から残存したものだといえる．キノボリカンガルー類に関しては，カンガルー亜科水準を超えるような深い分岐を想定する必要はなく，系統全体が極端に古いものだと考えるべきものでもないのである（Flannery *et al.,* 1996; Kear *et al.,* 2008; Prideaux and Warburton, 2010）．この議論はキノボリカンガルーにロコモーションが類似するイワワラビー類 *Petrogale* に関してもそのまま当てはめて考えることができる．一方で，後発派生的な *Macropus* は，さらに高度な草原性・大型化の途を歩み，最高度のホッピング適応を獲得するに至ったのであろう．同様に草原性適応は少なくともステヌルス亜科で平行進化的に生じていると考えることができる．ステヌルス類では，更新世の極度に大型化した系統では，逆にホッピングが困難であった可能性もある（Janis *et al.,* 2014）．

　二足歩行性は，いわゆる利き手を生ぜしめたという論議がある（Giljov *et al.,* 2015）．たとえば前肢の左右の使用頻度の差異などを検出し，そこに一側性が検出できることを利き手として定義すると，高度な二足ホッピング者が祖先的四足歩行者に対して，明らかな利き手を備えているという結論に至ることができる．ネズミカンガルー類で既に生じている利き手が，キノボリカンガルー類において極端に弱まること，そして *Macropus* で再度強度な利き手が確立されることなど，まさに利き手は二足歩行とともに進化したことが明らかである．二足ホッピングと利き手に関して，中新世段階の共通祖先がどの程度の状態を見せていたかは，簡単には結論できない．しかし，中新世からの現生系統に至る分岐の後，おそらくはキノボリカンガルー類は共通祖先を大きく外れることのない四足優位の段階を継続したのであろう．他方で，ネズミカンガルー科と *Macropus* のような派生的カンガルー類は多系統収斂的に，二足ホッピングと利き手を備える方向に進化したものと推察される．真獣類，とくに霊長類やヒト科の進化と比較すると，利き手の進化自体は多系統的に生じるものと理解され，それがカンガルー類や高等霊長類においては二足歩行の獲得と同時に高度化したことが推測されるのである（Giljov *et al.,* 2015）．高度な二足ホッピングの進化は後肢筋骨格系の大規模な退化・単純化を必要とすることから，当然，二足・利き手有りから四足・利き手無しへの逆戻りは起こり得ないと考えるのが妥当である．

　すぐ後でも詳述するが，カンガルー類は二足性の跳躍走行により，非走行

時に使える前肢端の把握メカニズムを残すことに成功している．カンガルーに匹敵する走行性能を通常の四肢走行で獲得するとするなら，前肢を蹄行性による高度な走行肢端に特殊化させなければならないだろう（遠藤，2002）．二足跳躍走行の利点として，あまり強調されたことはないが，前肢端を走行適応から解放し，マニピュレーターとして進化させることができるのである．

　ホッピングがなぜカンガルー類でのみこれほどまでに特殊化・完成に至ったかが，有袋類のロコモーション進化の最大の謎といえるかもしれない．別にふれるように，たとえば有袋類の胃の特殊化や色覚の再進化などは，有袋類が真獣類と袂を分かってからの，閉鎖生物相における興味深い派生的高度化のイベントであることを，古生物学的経緯や分子系統学的背景をもとにして証明することができる．が，それに比べると，脊椎動物の他の系統，とくに真獣類側の系統が大々的には採用しなかった跳躍・ホッピングをもって草原性・平地性のロコモーションとして打ち出した有袋類特有の進化学的要因は，難解なまま残されている．

（4）肢端の意匠

　有袋類の四肢端には，興味深い形態学的適応が観察され，その祖先・派生関係は長く論議が続けられてきた（Bansley, 1903 ; Wood-Jones, 1923-1925 ; Brown and Yalden, 1973 ; Szalay, 1994）．いくつかの異論はあるものの，ディデルフィス類からミクロビオテリウム類にかけてを祖先群とする派生関係が想定され，提示されてきた（Szalay, 1994）．

　全体として祖先的と考えられるオポッサム類および周辺のいくつかの系統では，5 指・5 趾が揃った，原始的とされる形態を見ることができる．オポッサム類では，真獣類や単孔類との比較に基づいて，下腿，足根，中足部に関する筋骨格系の機能形態学的論議が蓄積し，有袋類の四肢・肢端の基本的理論として考察されてきた（Haines, 1958 ; Lewis, 1962a, 1962b, 1963, 1964a, 1964b, 1964c ; Jenkins, 1971, 1973, Jenkins and Weijs, 1979）．

　他方で，派生した肢端タイプは機能的多様性に富む．有袋類の場合，前肢端よりも後肢端の方が一般に形態学的多様性の幅が広く，研究も後肢端で念入りに行われてきた．また，興味深いことに，派生・特殊化した四肢端は，運動メカニズムを考察すると，真獣類とは共通しない機能形態学的基盤に基

づいて進化していることが多い．

　オポッサム類の後肢端でいうと，やはり第一趾の使われ方が多様性の最初の鍵といえる．*Didelphis* や *Philander* は第一中足骨が他の 4 趾から離れ，*Philander* のように第一趾に鋭い爪をもたないものも含めて，第一趾に他の趾に対して独立性の高い運動機能を担保した構造が生じる．これは後述する，有袋類の機能性の高い第一趾対向性の論議に繋がる．

　オポッサム類にはミズオポッサム *Chironectes minimus* が帰属する（図 4-7）．ミズオポッサムは，有袋類でもっとも高度に，事実上唯一水生適応を遂げた種だということができる．後肢端では，第一中足骨，第一趾骨群に機能的独立性が低く，5 本の趾を一体化させて用いている．そして，中足骨を著しく伸長させて，中足骨・趾骨相互間に皮膚を広げ，能力の高い水掻きをつくっている．遠位以外にも大腿骨の短縮が明らかであり，水中での後肢による水の抵抗を減少させている．また，四肢骨格筋に関していえば，大円筋や中殿筋が発達する．上腕の内転や股関節の伸展など，水生ロコモーションを支える運動機能が高まっていることを示唆し，二次的水生適応の収斂的特徴を備えているといえる（Stein, 1981）．

　しかし，多系統的にいくつもの水生適応群，種を生み出した真獣類と比較して，有袋類が水生ロコモーション適応に移行した形跡が乏しいことは確か

図 4-7　ミズオポッサム *Chironectes minimus*．有袋類の中ではもっとも水生傾向が強いといえる．後肢のみ水掻きを備え，中足骨が著しく伸長している．

で，その理由は不明なままだ．別途語る高基礎代謝率戦略が真獣類ほど高度に徹底されていないことが要因かもしれないが，水生適応を起こせば，ミズオポッサム程度の水準であればロコモーション機能の獲得が実現することが示唆される．

ケノレステス類は，骨格全般に祖先的な形態を残す系統だと考えられている．実際，後肢では，距骨と腓骨の関節面が狭い，脛骨との内側の関節面が長いなどの原始的形質を見せ，オポッサム類の派生的なグループとは大きく異なっている．一方で，第二から第五の中足骨は伸長を遂げている（Szalay, 1994）．

有袋類には，第一趾にある程度高度な対向性を備える系統が多系統的に存在する．キタオポッサムは，樹上で枝をつかむための機能性の高い第一趾対向性を備えているといえる．双前歯類のチビフクロモモンガにも，系統的に独自に生じた機能の高い第一趾対向機構が備わる．こちらは第一趾以外の4本の趾に鉤爪を備えているため，滑空からの着地時に爪を枝や幹に引っ掛けて，第一趾でその枝や幹を把握することができる．滑空姿勢から巧みに樹上に降りるための機構になっていると考えられる．一般的に考えて，滑空は確実に肢端把握機能を伴って進化するロコモーションであり，滑空性双前歯類もその範疇にある．

有袋類の第一趾対向性では，真獣類と比較して，足根骨から第一中足骨を極端に内側に関節させる場合が多い．多系統的な収斂が著しく表現型に現れていると推測されるため，当座帰属系統を棚上げにして論ずるが，*Petaurus*, *Burramys*, *Dromiciops*, *Dactylopsila*, *Trichosurus*, *Phalanger*, *Tarsipes* などは，第一中足骨が極端な角度で内側に関節・伸長する例である（Szalay, 1994）．フクロモモンガ，フクロムササビなどの高度な樹上性適応群や滑空群で特にこの傾向は強く，四肢骨格筋や飛膜の構造とともに検討がなされてきた（図 4-8；Johnson-Murray, 1987；Endo *et al.*, 1998）．

一方で化石群を含めた広い意味でのウォンバット類でも，第一趾の内側への突出，あるいは派生的な退化が見られる．このグループは，高度な走行性を要求されないことと，体重が大きくなることもあって，中足骨の伸長は弱い．しかし，外側中足骨および外側趾骨の著しい発達と奇妙な第一趾の退行傾向が顕著である．現生の *Vombatus* のほか，漸新世，中新世の *Ngapakal-*

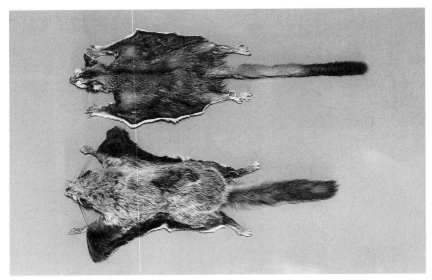

図 4-8 滑空性の収斂を剥製で見る．上は有袋類フクロモモンガ Petaurus breviceps. 下は真獣類ニホンモモンガ Pteromys momonga. 分岐後 1 億年以上を経ているが，滑空適応は類似した外観を生み出している．収斂は確かだが，飛膜支持の詳細なメカニズムは大きく異なる．『哺乳類の進化』（遠藤，2002）より転載．（国立科学博物館収蔵標本）

dia，更新世に大型化する Diprotodon などにおいてよく見られる特徴である（Munson, 1992 ; Szalay, 1994）．

　近縁のコアラ類については，第一趾の内側への突出を形態学的基盤として活用し，肢端部に修飾を加えながら，樹上性ロコモーションを獲得していったことが明瞭になる．前肢では，橈尺骨が揃って発達し回内・回外機能を備えるとともに（図 4-9），肢端部では内側の 2 指と外側の 3 指が対向する（図 4-10，図 4-11）．第一指の可動範囲が理想的に広がらなくとも，別のシステムとして 2 本指対 3 本指の対向性をつくり上げたといえる．内側指と外側指はデフォルトとして中手骨を起点に向かい合い，指骨は枝や幹の把握に適した空間配置を成している．末節骨には揃って鋭い鉤爪が備わっている．肘や肩からの回内・回外を得意とするとともに，手掌面を自在に把握対象物に近づけることが可能だ．

　コアラは後肢においても脛骨と腓骨が並んで発達し，足底の空間的位置に

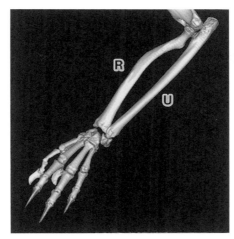

図 4-9 コアラ *Phascolarctos cinereus* の左前肢．肘から遠位部を背外側より見た．CT スキャンによる三次元復構像．橈骨 (R) と尺骨 (U) が並んで発達し，肘関節の回内運動に基づく肢端把握機能に長けていることが見て取れる．

関する自由度が高い（図 4-12）．中足骨は伸長せず，内側に伸びる第一趾の形状が特異的である（図 4-13，図 4-14）．第一趾は唯一爪を欠き，皮膚で覆われて，他の指や足底に対する対向性を備えている．双前歯類の一般論に漏れず，第二・第三趾は中足骨を含めて細く，貧弱である．体重支持，把握や歩行の主役は外側の第四・第五趾であり，対向する第一趾が把握に特化している．双前歯類が起こす後肢端の特殊化でもあり，また双前歯類がしばしば見せる傾向でもある．

　ダシウルス形類は，大型化したタスマニアデビルを除くと，普通は体重 2 kg 以下で，多くの種は数百 g にとどまり，抗体重適応の要求度は低い．前肢端は 5 指を揃えるものが多いが，一般に後肢端では第一趾の退化と中足骨領域の伸長が明白である．オオネズミクイやタスマニアデビルには退化気味の第一中足骨と趾骨が残るが，*Antechinus* や *Antechinomys* では退化が著しく，またこれらの系統は中足骨を伸長させて，小型ながら地上走行性能を向上させている．こうした系統は多くの場合，体重数 kg から 10 kg 程度，大きくでも 30 kg くらいであるため，抗重量適応が肢端骨格の形状を一義的に決める領域にはない．肉食生態を実現できる理想的な四肢端形状として，第

144　第4章　骨形態と運動器関連形質

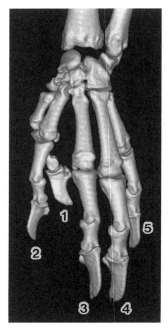 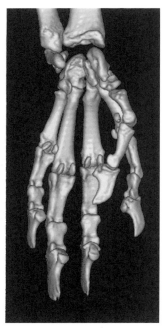

図 4-10（左）　コアラ *Phascolarctos cinereus* の左前肢端．背側面．CT スキャンによる三次元復構像．内側の 2 指（1, 2）と外側の 3 指（3, 4, 5）が向かい合い，第一指の可動範囲は必ずしも広くないが，2 対 3 の対向性を備えている．内側指と外側指は中手骨の水準から軽く向かい合い，当初から指骨が向かい合う空間配置をとっている．5 指の末節骨には揃って鋭い鉤爪が装填される．

図 4-11（右）　コアラ *Phascolarctos cinereus* の左前肢端．掌側面．CT スキャンによる三次元復構像．内側の 2 指と外側の 3 指が向かい合っている．把握対象物の多様な形状に対して柔軟に対応することは難しいが，樹上において幹や枝を把握することには十分に貢献する．

一趾の欠失と長い中足骨という機能システムを採ったものと推測される（Szalay, 1994）．絶滅種フクロオオカミは一定に体重があるためか，アンテキヌス類ほど細長い中足骨ではないが，走行特性に適応し，かつ捕食対象の把持が可能な肢端部を備えている．脇道だが，このフクロオオカミの和名や英名は，収斂を示す語としては適切ではないと思われる．サイズ的にも行動生態からも真獣類のオオカミ *Canis lupus* を思わせる適応様式ではなく，いわゆるジャッカル類程度の中型のイヌ属 *Canis* あたりが比較相手としては相

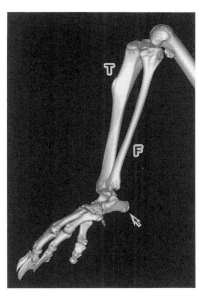

図 4-12 コアラ *Phascolarctos cinereus* の左後肢．外側面．CT スキャンによる三次元復構像．脛骨（T）と腓骨（F）がよく発達し，後肢端部の多様な操作性を推測させる下腿構造である．踵骨（矢印）も大きく発達している．

応しいだろう．

アンテキヌス類の中足骨の伸長を派生状態ととらえると，フクロアリクイの肢端部を分かりやすく理解することができる（Tate, 1947）．幅の狭い中足部に，掘削能力を兼ね備えた若干太めの趾骨群を備えて，アリ食に特化したのがフクロアリクイであろう．

フクロモグラは系統の分岐年代も深いと考えられるが，肢端部の特化も著しく，主たる掘削装置を構成する前肢端は大きく内外側に広がり，指骨は多分に痕跡的である．一方，第三・第四指が発達し，大きな平爪を備えて土を掘る．他方で，後肢端は平らであまり大きくなく，第二から第四指に平爪をもっている．体幹部では，頸椎の癒合も指摘される．本種は，真獣類のモグラ類やキンモグラ類の収斂相手として，しばしば教育の場に登場する．確かに興味深い掘削性収斂の例ではあるが，掘削ロコモーション機構の機能形態学的特質としては，前肢帯や骨盤，後肢も含めて，三者は三様にまったく異

146　第4章　骨形態と運動器関連形質

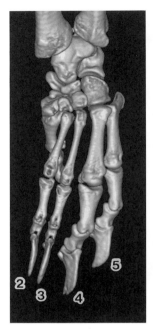
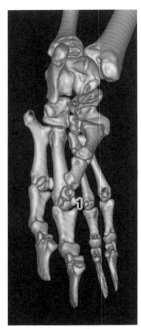

図 4-13（左）　コアラ *Phascolarctos cinereus* の左後肢端．背側面．CT スキャンによる三次元復構像．中足骨はあまり伸長しない．第二から第五趾の末節骨に大きな鉤爪が発達する．第二・第三趾（2, 3）は中足骨を含めて貧弱で，外側の第四・第五（4, 5）趾が太く発達する．

図 4-14（右）　コアラ *Phascolarctos cinereus* の左後肢端．底側面．CT スキャンによる三次元復構像．第一趾（1）がよく見える．第一趾末節骨は小さくて奇妙な形状であり，鉤爪を欠く．実際には爪の無い皮膚で覆われた太い肢端部を備え，樹上での枝の把握に高度に適応している．

なっていると見なすのが妥当であろう（Flower, 1885; Carlsson, 1904; Thompson and Hillier, 1905; Lessertisseur and Saban, 1967）．

（5）行き着いた後肢端

　有袋類の後肢端の特殊化が極まったものとして，ペラメレス形類と広義のカンガルー類を挙げることができる（図 4-15，図 4-16）．これらの群では一般に第一趾が退化・消失する傾向が強く，第二・第三趾が極小化して癒合する場合が見られる．系統的にはバンディクート類とカンガルー類双方で知ら

4.2 ポストクラニアル・スケルトン　　147

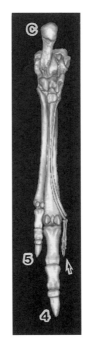

図 4-15(左)　オオカンガルー *Macropus giganteus* の左後肢端．背側面観．CT スキャンによる三次元復構像．第四趾 (4) が極端に発達し，体重支持をほぼ第四趾骨のみに依存していることが分かる．中足骨 (M) が大きく伸長し，第四趾の趾骨は太いが長さは短い．5 は第五趾．矢印は退化傾向の著しい第二・第三趾．

図 4-16(右)　オオカンガルー *Macropus giganteus* の左後肢端．底側面観．CT スキャンによる三次元復構像．第四趾以外の，第二・第三（矢印），第五 (5) 趾骨群の状況がよく分かる．第一趾は退化消失している．第二・第三趾は貧弱ではあるが，細い中足骨とともに残存している．実際にはグルーミングに使われ，体重支持や歩行には関与しないとされる．第五趾は外側に備わり，小さいながらも体重支持と走行に一定の機能を果たしていると考えられる．C は踵骨．

れるため，2 趾の癒合については，古生物学的にどの共通祖先段階で生じたものか，古い形質なのか収斂多系統的なメカニズムなのか，解明の難しい問題として残されている．ただし，体サイズ的に小型種ばかりのペラメレス形類には体重による制約がほとんどないためか，残存した中足骨の伸長は，比率的にはペラメレス形類の方がカンガルー類よりも著しいとされる．ペラメレス形類の中では，トゲバンディクート類 *Echymipera* が注目されてきた

148　第4章　骨形態と運動器関連形質

(Szalay, 1994). このグループは，まだ中足骨部の伸長があまり大きくない
上，第四中足骨と遠位足根骨との関節形態がおそらくは祖先的で，ペラメレ
ス形類全体における初期の表現型を代表する可能性があると考えられている．
　いずれにしてもこれらの系統では，究極の跳躍走行の様態として，ほとん
ど第四趾のみで体重を支持し，地面を蹴るという動作が実行される（図4-
15, 図4-16). この特殊化が起きた経緯として，樹上性要素を棚上げにしつ
つフクロギツネのようなあまり特殊化していないと考えられる祖先を想定し，
Hypsiprymnodon のような第二，第三，第五趾を比較的大きめに残している
ものを移行型として，*Sthenurus, Macropus, Bettongia* といった主だった
系統に分かれつつ，派生的な形態を完成させたと想定することが可能である
(Szalay, 1994).
　こうした議論においてもキノボリカンガルー *Dendrolagus* を多分に祖先
的な系統ととらえる考え方が強かったが（Szalay, 1994), 2000年以降はそ
れを認めず，キノボリカンガルーの樹上性適応を，中新世後半レベルの共通
祖先から引き継いだ形質であると考えることが普通だ（Prideaux and War-
burton, 2010).
　また，フサオネズミカンガルー *Bettongia* についても，かつては祖先的系
統と考えられてきたが，第二・第三趾の著しい退化など，*Macropus* 類と比
較して特殊化が進んだことを想定できる形質も確認できる．ただし既にふれ
たように分子系統学的には，フサオネズミカンガルー類は，*Macropus* とは
一定に離れたクレードを構成し，*Potorous* に近縁の派生群であるという解
釈が成り立っている（May-Collado *et al.*, 2015).
　ホッピングが注目される陰で忘れられがちなのは，カンガルー類の前肢端
である（図4-17, 図4-18, 図4-19). 別途ふれるように，カンガルー類は
二足ホッピングをロコモーションの基盤に据えた興味深い系統である．ホッ
ピングは走行性能だけをとれば，最高速度も加速力も消費エネルギーにおい
てもきわめて合理的で高度なメカニズムだということができる．しかし，二
足ホッピングの何より大きなアドバンテージは，前肢を走行機能から解放で
きるという点にある．
　カンガルー類の前肢は，霊長類のような高精度のものではないとしても，
把握能力を残存させることに成功している．鎖骨を残し，肩関節に自由度を

4.2 ポストクラニアル・スケルトン　　149

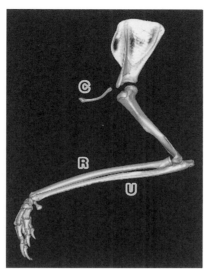

図 4-17 オオカンガルー *Macropus giganteus* の左前肢. 外側面観. CT スキャンによる三次元復構像. 肩甲骨, 上腕骨に比べて, 伸長した橈骨 (R)・尺骨 (U) による前腕部がよく目立つ. 跳躍による走行適応群であるが, 走行メカニズムを後肢による跳躍に依存するため, 前肢は真獣類の有蹄獣のような走行に向けた特殊化を示しているとはいえない. C は明瞭に存在する鎖骨.

与え, 伸長した橈骨・尺骨で回内・回外機能のある前腕部を構成する (図 4-17). これは明らかに前肢端のマニピュレーションに対応した可動性の高い手掌部をもっていることを意味する. 実際, 爪のある5本の指を残し, あまり長くない中手骨とともに, 把握機能を備えている (図 4-18, 図 4-19). 高度な対向指は見せないが, 少なくともたとえば齧歯類が餌の保持に使う程度の把握性は実際に示している. *Procoptodon* のような大型化した化石群まで含めて考えると, 体サイズ的には数十 kg から数百 kg のサイズをもち, それがホッピングにより時速 50 km の連続走行を可能としているとすれば, 十分な草原性の走行適応であり, なおかつそうした群が5本の指からなる一定の把握機能をもつ前肢端を兼ね備えることができているというのは, 哺乳類の進化史において特筆される形態学的戦略である. 開けた土地の走行適応と精巧な肢端把握能力は両立しないというのが哺乳類・陸生脊椎動物の一般論であるが, カンガルーの二足ホッピングと前肢端は, その両立に向けられ

150　第 4 章　骨形態と運動器関連形質

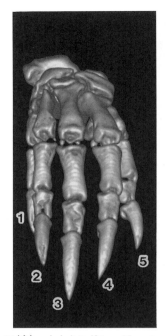 

図 4-18（左）　オオカンガルー *Macropus giganteus* の左前肢端．背側面観．CT スキャンによる三次元復構像．第一から第五指（1-5）を残し，あまり長くない中手骨とともに，把握機能を残しているといえる．肢端部末節骨は第一から第五指まで爪を備える．
図 4-19（右）　オオカンガルー *Macropus giganteus* の左前肢端．掌側面観．CT スキャンによる三次元復構像．把握の精度は低いだろうが，走行適応から解放された前肢端は非走行時に別の機能を果たすことができる．橈骨（R）・尺骨（U）の断面が見える．

た別の克服策を提示しているといえるだろう．

　キノボリカンガルー類の四肢について補足しておこう．先の章で語ったように，本系統は原始的な状態で樹上性群として長く生残したという論議から，分子系統学の貢献を経て，次第に極端な原始性の持ち主として理解すべきではないとする向きが強くなっている．樹上性適応の獲得が系統史のいつのことなのかは，化石証拠の欠損から明確には語ることができない．現生種の表現型についていえば，把握能力のかなり高い前肢端を備え，二足跳躍は平地走行のためではなく，あくまでも樹上歩行・登攀に使われている．とくに後肢（図 4-20，図 4-21，図 4-22）では *Macropus* の大型種に見られるような，

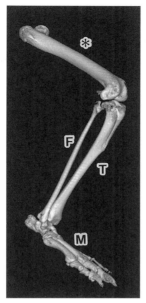

図 4-20 セスジキノボリカンガルー *Dendrolagus goodfellowi* の右後肢．外側面．CT スキャンによる三次元復構像．大腿骨（アステリスク），脛骨（T）と腓骨（F）が見える．*Macropus* の大型種（図 4-6）と比べて，下腿骨と中足骨が明らかに短い．また腓骨が遠位まで退化せずに形状を保っている．（協力：神奈川県立生命の星・地球博物館，樽 創博士，鈴木 聡博士）

下腿や中足骨の伸長は見られない．また大型 *Macropus* と異なり，腓骨が退化せずに形状をとどめている．もちろん二趾性は揺るぎないが，平地での高速ホッピングの機能性は *Macropus* に比べて格段に低いことが明白である．現生種の形態学的データのみから，この四肢を原始的か派生的か論じるのは難しい．しかし，前肢の把握性を高め，ごく短距離を一フェーズあたり低速で移動する樹上性ロコモーションを実現・支持する形態である．

　カンガルー類の分岐と肢端部をはじめとした適応の議論の前提には，実際たくさんの化石群の記載と比較形態学的解析が活用されてきた（Flannery, 1982, 1984, 1987, 1989; Flannery and Archer, 1987a, 1987b）．その中でも，退縮・癒合する第二・第三趾は，大きさも形状も微妙に変異に富んでいるといえるが，現生種に一貫して見られる使われ方はグルーミングである（図 4-

152　第4章　骨形態と運動器関連形質

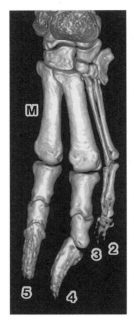 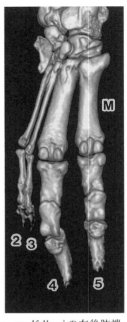

図4-21(左)　セスジキノボリカンガルー *Dendrolagus goodfellowi* の右後肢端．背側面．CTスキャンによる三次元復構像．第四・第五趾（4, 5）がおもな接地・体重支持装置である．第二・第三趾（2, 3）は退化・癒合し，二趾性の状態を示す．草原性のカンガルー（図4-15, 図4-16）と比べて中足骨領域（M）は明らかに短い．第二から第五趾の末節骨に鉤爪が見られる．（協力：神奈川県立生命の星・地球博物館，樽 創博士，鈴木 聡博士）

図4-22(右)　セスジキノボリカンガルー *Dendrolagus goodfellowi* の右後肢端．底側面．CTスキャンによる三次元復構像．中足骨領域（M）が短い．第二から第五趾（2-5）が並ぶ．（協力：神奈川県立生命の星・地球博物館，樽 創博士，鈴木 聡博士）

15，図4-16，図4-21，図4-22）．奇妙なこの2趾の形態学的特徴をグルーミングの道具としてのみ説明するのは違和感が少なくないが，現生群による行動観察から導くことのできる説得力をもつ解釈は，それ以外に成り立っていない．

　いずれにせよ，現生群の分岐関係は分子系統学のデータが客観的に示している（May-Collado *et al.*, 2015）．分子系統学的に興味深いのは，形態学的に移行型とされ，多様化の軸とも認められた *Hypsiprymnodon* の分岐が，カンガルー類の最初期の分岐イベントとして見出されることである．形態学的

に祖先派生関係を追求するのは困難が伴う．が，分子系統学によるこの結論は，カンガルー類の後肢端の表現型の進化を考えるときに，意義深い示唆をもたらしていることは間違いない．他方で，祖先形だと主張された経緯のある *Dendrolagus* や *Bettongia* は，分岐の深さや多様化の歴史においては，むしろ時代の浅いグループだと結論できる（May-Collado *et al.*, 2015）．

　本書では筋学に大きな紙面を割かない．しかし，カンガルー類を筆頭にロコモーション適応を決める四肢，とくに後肢の筋学は，多くの記載と討議を残してきた（Owen, 1868；Cunningham, 1878；Young, 1881-1882；MacCormick, 1886-1887a, 1886-1887b；Parsons, 1896；Windle and Parsons, 1898；Thompson and Hillier, 1905；Elftman, 1929；Boardman, 1941；Jones, 1949；Badoux, 1965；Langenberg and Jüschke, 1970；Bauschulte, 1972；Jüschke, 1972；Hopwood, 1974, 1976；Hopwood and Butterfield, 1976）．併せて考察されることを期待しよう．

第5章 消化器の機能形態

　機能形態学を院生に教えようとすると，あたしの研究室でも，学生の性別によって経過に差異が明瞭に生じる．学生の男女差に基づく，覆しがたい好奇心の性質の違いだろう．個別の例は棚上げにして，一般論で類型化しよう．

　男の子というのは，生まれつき動く機械に異様に深い関心をもつ．乗り物図鑑なるものを手に喜ぶ幼稚園児は，どうしても男の子の方が多いようであるし，その手の図鑑には必ずといっていいほど，自動車や鉄道車両の機構を断面で見せる図が載っているものだ．その空気を20年も飽きずに楽しみ続けてきた男の子は，形が機能を反映することを，理をもって自分に説明しようとせずに，センスで受け止めていることが多い．零式艦上戦闘機は格好いいとともに，性能のいい戦闘機だということを，多くの男の子は肌の温度感覚に近いもので理解することができている．カンガルーのホッピングをやれといえば，脛の腓腹筋からアキレス腱への連なりを，「カッコいい」といいながらいつまでも眺めているのが，男の子だ．

　対して，女の子はどこまでも論理的に真面目だ．肘関節がこう動く理由は，腕を動かす筋肉が○○N（ニュートン）の力を出して，質量××kgの前腕から先をこういう角度で引っ張るからだという，至極科学的な文脈でしか受け止めることをしない．カンガルーを解剖させれば，カッコいいと喜んでばかりいて何も研究しない子供じみた男の子を尻目に，最初から筋肉の重量と腱の角度を計測し始める．それはまさに，男の子がなかなかつかもうとしない，必須の科学的データである．

　結果，女の学生は，すぐにデータを集め，すぐに理論化を進め，すぐに論文を書き，すぐに就職をつかんでいく．男の子がカッコいいといっている間に，女の子は成果を上げ，生活基盤をつくっていくのだ．

では，機能形態学で女の学生ばかりが大きく成長していくかというと，必ずしもそうではない．なぜならば，人生はそもそも辛いものだからである．

必ず，研究は壁にぶつかる．人間関係も同様に難しいだろう．私生活も困難に見舞われる．そんなとき，当の人間を助け，元気づけるのは，往々にして○○Nの筋肉がどうのこうのなどという科学性客観性論理性ではない．学者人間を強く導くのは，研究対象をこよなく面白いと思う，“不真面目”さゆえの子供じみた好奇心に他ならない．「カッコいい」という子供っぽい熱狂をいつまでも携えている人間の方が，品行方正な真面目さのみの人間よりも，ほとんどの場面で強いのだ．

5.1 代謝と摂餌生態

（1）特異な基礎代謝率戦略

哺乳類の進化史における最大のアイデンティティの一つを，拙著で高基礎代謝率戦略だと述べた（遠藤，2002）．この考え方は哺乳類の動物学的認識として十分に支持され，確立されているものであるが，他方で，有袋類を理解する視点から高基礎代謝率戦略の普遍性が吟味される機会は，とても少なかったと思われる．そこで，有袋類の基礎代謝率のデータをまずは比較検討してみたいと思う．

基礎代謝率の指標として酸素消費率を取り上げ，有袋類と真獣類で比較してみた（表5-1；Altman and Dittmer, 1964; Schmidt-Nielsen, 1998; Hume, 1999; 遠藤，2002）．真獣類で見られるのと同様に，酸素消費率は体重ときれいに相関する（遠藤，2002）．質量あるいは体重は三乗で増加し，他方体温維持における外界との境界面となる体表面積は自乗で増大するからという事実と，それに基づく直感により認められてきた，恒温動物における理論である．

しかし，有袋類と真獣類をよく比較すると，似てはいるが，有袋類側は全体に数値が半分程度に低い．多くのデータを比較した結果として，両者間には以下のような相関式の相違が見られるとされている（Hemmingsen, 1960; Altman and Dittmer, 1964; Dawson and Hulbert, 1970; McNab, 1990;

表 5-1 有袋類と真獣類の酸素消費率.

種	①	②
有袋類		
オポッサム類		
Marmosa robinsoni	122	0.800
Monodelphis domestica	104	0.608
Metachirus nudicaudatus	336	0.610
Philander opposum	751	0.450
Didelphis marsupialis	1329	0.460
Didelphis virginiana	2403	0.380
ダシウルス形類		
Planigale ingrami	7	2.130
Planigale maculata	11	1.135
Sminthopsis crassicaudata	14	1.330
Antechinus stuartii	28	1.278
Phascogale tapoatafa	157	0.810
Dasyuroides byrnei	102	0.760
Dasyurus hallucatus	584	0.510
Dasyurus viverrinus	910	0.450
Sarcophilus harrisii	5050	0.280
Myrmecobius fasciatus	400	0.356
ペラメレス形類		
Perameles nasuta	667	0.479
Isoodon macrourus	1185	0.414
Macrotis lagotis	1266	0.353
ブーラミス類		
Acrobates pygmaeus	14	1.067
フクロモモンガ類		
Pseudocheirus peregrinus	890	0.534
Petaurus breviceps	1000	0.417
フクロミツスイ類		
Tarsipes rostratus	10	2.900
クスクス類		
Trichosurus vulpecula	1982	0.315
Spilocuscus maculatus	4250	0.240
コアラ類		
Phascolarctos cinereus	4700	0.217

ウォンバット類
Lasiorhinus latifrons	29920	0.110

カンガルー形類
Potorous tridactylus	1035	0.455
Bettongia penicillata	1070	0.460
Setonix brachyurus	2940	0.304
Macropus parma	3750	0.367
Macropus eugenii	4878	0.283
Dendrolagus matschiei	6960	0.205
Macropus rufus	28745	0.184
Macropus robustus	30000	0.178

真獣類
Sorex cinereus	4.0	9.00
Tadarida brasiliensis	10.4	2.02
Mus musculus	35.7	1.59
Tamias striatus	107	1.25
Geomys bursarius	278	0.90
Felis catus	2500	0.68
Canis familiaris	11700	0.33
Ovis aries	42700	0.22
Homo sapiens	70000	0.21
Equus caballus	650000	0.11
Elephas maximus	3833000	0.07

① 体重 (g).
② 単位時間・体重あたりの酸素消費率 (liter/kg^{-1}h^{-1}).
Altman と Dittmer (1964), Schmidt-Nielsen (1998),
Hume (1999) より改変.
測定条件による差が見られ, この表は目安と考えたい.
真獣類については, 遠藤 (2002) に掲載し, 詳しく論議して
いる.

Schmidt-Nielsen, 1998; Gillooly *et al.*, 2001). すなわち, 基礎代謝率 (酸素消費率) を V_{O2}, 体重を Mb として,

$$有袋類：V_{O2}（liter\ h^{-1}）=0.409Mb^{0.75}$$
$$真獣類：V_{O2}（liter\ h^{-1}）=0.676Mb^{0.75}$$

という異なる関係が成り立つのである.

　有袋類も真獣類も, ともに恒温性を獲得し十分に高度化した哺乳類でありながら, 基礎代謝の設定に明瞭な系統間差が生じることは興味深い. この点に関しては多くの真獣類が体温を 40-43℃ で一定に維持しているのに対し,

有袋類は38℃程度にとどまっていることが，この酸素消費率の差に表れているという見方が有力である（Dawson and Hulbert, 1970；Schmidt-Nielsen, 1998）．3-5℃という具体的体温差にどのような意味があるのかは一概にはいえない．が，有袋類の方が哺乳類としては多少省資源の基盤的設計をもっていると考えることはできる．しかし，この温度差が，有袋類の基礎代謝率戦略の上で大きなデメリットになっているという印象は，多くの読者は受けないであろう．

　いずれにしても，これが有袋類のスペックの本質である．この後本章は有袋類の消化器官の進化を扱うが，大前提は，以上のような，真獣類よりも若干緩い条件の高基礎代謝率戦略を満たすための栄養摂取が，有袋類の帰着点であることを確認しておこう．

　なお，当然予測されるように，有袋類でも真獣類同様に，温帯域を中心に体のサイズや形状と生息温度環境との関係として，ベルクマンのルールやアレンのルールに従うと思われる例が一般に見られる（Yom-Tov and Nix, 1986；Briscoe et al., 2015）．この関係は，典型的には大型カンガルーのいくつかの種やフクロギツネ，コアラで成立する．また予想されるように，アメリカ有袋類で確認されているが，熱帯地方では緯度・気温との相関は明瞭でなくなる（Olifiers et al., 2004）．

　少し脇道へ逸れてみたい．きわめて興味深いことに，コアラにおいて樹上生活を活用し，体温上昇を防ぐ行動として，樹木の幹や枝に体幹部を沿わせて休止するという生態が見られる（Briscoe et al., 2014）．余分な熱を体幹から樹木に逃がすことで，コアラは体温を低下させることに成功しているのである．コアラは乾燥地に分布し，体温制御のために水を消費しがたいという状況に追い込まれる．こうした種にとって，樹木を体熱の逃がし場所にするという生態はかなり有効な暑熱適応であることが推察される．

　この行動で思い至るのは，爬虫類の外界依存的な体温調節である．爬虫類は，昼間ならば日光の下か日蔭かのどちらかに居ることを，体温を上下させることを目的に二者択一で選択している．外温動物・変温動物にとって，日射が体温調節のほぼ唯一の手段になっているのである．同様に，恒温動物であっても基礎代謝率設計に余裕をもたない有袋類が，身近な外界の事象を行動学的に活用して恒常性維持を図ることは，真獣類以上に重要性を帯びてい

5.1 代謝と摂餌生態 *159*

ることだろう．省餌資源的に体温上昇を防ぐ細かい行動生態は，有袋類の場合，真獣類以上に重要な意味をもっているに違いない．

（2）食性とロコモーションの類型

哺乳類の進化史上の繁栄には，いくつもの要因がある（遠藤，2002）．大きな基礎代謝率や高度な中枢神経，多様化に成功するロコモーション機構など，枚挙にいとまがない．もちろん有袋類も例外ではない．本章では，有袋類の消化器官の多様化を，進化史学的視点で語っておきたいと思う．

消化器官の進化を語るには，食性を基軸にした多様化の様相を概観する必要があろう．この試みは，多くの先人の書でも為されてきた（Eisenberg，1981；Lee and Cockburn，1985；Stevens and Hume，1995；Hume，1999）．表 5-2 に食性と生態で，現生有袋類の属を分けてみた．

有袋類は真獣類に比べて，この切り口においては一回りも二回りも多様性に乏しいという印象は受ける．しかし，結果として現生種数が真獣類のおよそ 20 分の 1 であることを考えると，真獣類に対する収斂の中身は，質的になかなかに多彩だともいえる．

消化器官の進化を語るとき，祖先型，非特殊化状態，デフォルトの適応をどこに求めるかというのはよく生じる話題だが，動物性タンパク質食者を祖先型にすることに異論はあるまい．餌資源を植物に頼ることができるかどうかは，進化史的にはつねに大きな派生への境界線である．動物体のタンパク質であれば，咀嚼や消化管運動による物理的破砕も，消化液による化学的分解も，さらには最終的には吸収についても，容易な相手であることは間違いない．対して植物は，食べられては子孫が存続できないがゆえに，化学分解の難しい細胞壁，破壊の難しい大きさ・形状・硬さ，有毒物質の蓄積など，食べる側から見れば克服の難しい防御手段を並べてくる．植物を餌資源として動物側が利用するのはつねに困難であり，植物食性の機能形質は自ずから派生的・特殊化的なものとなる．有袋類においてもそのことはまったく同様である．

表 5-2 からすぐ分かることがある．それは，現生有袋類の特質として，大きな獲物を捕食して，摂取栄養を動物体のタンパク質に依存しようというグループが発展していないという点だ．別の章で語ったが，これに相当する

160   第5章　消化器の機能形態

表5-2　有袋類各属のロコモーションと食性.

ロコモーション	食性	帰属する属
terrestrial	carnivore	*Sarcophilus Thylacinus*
terrestrial	insectivore, omnivore	*Antechinus Caenolestes Chaeropus Dasycercus*
		Dasykatula Dasyuroides Dasyurus Echymipera Isoodon
		Lestodelphys Lestoros Lutreolina Macrotis Metachirus
		Microperoryctes Monodelphis Murexia Myoictis
		Neophascogale Ningaui Parantechinus Perameles
		Peroryctes Phascogale Phascolosorex Planigale
		Pseudantechinus Rhyncholestes Rhynchomeles
		Satanellus Sminthopsis
terrestrial	myrnecophage	*Myrmecobius*
terrestrial	omnivore, frugivore	*Hypsiprymnodon*
terrestrial	frugivore, granivore	*Burramys*
terrestrial	omnivore, fungivore	*Aepyprymnus Bettongia Potorous*
terrestrial	herbivore, browser	*Dorcopsis Dorcopsulus Lagstrophus Petrogale*
		Setonix Thylogale Wallabia Wyulda
terrestrial	herbivore, grazer	*Lagorchestes Macropus Peradorcas Onychogalea*
arboreal	insectivore, omnivore	*Dactylopsila Distoechurus Marmosa*
arboreal	omnivore, frugivore	*Caluromys Caluromysiops Glironia*
arboreal	nectarivore	*Acrobates Cercarteus Tarsipes*
arboreal	gumivore	*Gymnobelideus Petaurus*
arboreal	herbivore, browser	*Petauroides Phalanger Phascolarctos*
		Pseudocheirus Trichosurus
scansorial	insectivore, omnivore	*Didelphis Dromiciops Philander*
scansorial	herbivore, browser	*Dendrolagus*
semifossorial	herbivore, browser	*Lesiorhinus Vombatus*
fossorial	insectivore, omnivore	*Notoryctees*
semiaquatic	insectivore, omnivore	*Chironectes*

Eisenberg（1981），Lee と Cockburn（1985），Hume（1999）より改変.

ニッチを占め食性適応を実現したのは，おもに第三紀の南アメリカ大陸で発展した絶滅系統が中心である．残念ながら有袋類では化石群にしか見られない適応戦略となるので，有袋類を題材に本格的な肉食者にふれる機会をもたないことになる．比較と参考として，真獣類における肉食者の多様化は著しいため，真獣類における基本的な考え方について成書（遠藤，2002）をご覧いただきたく思う．

5.2 栄養摂取の機能形態

（1）肉食者の歯列適応

　祖先的・非特殊と考えられる肉食者であるが，真獣類同様，最初期には昆虫食性から雑食性の生態と機能形態を備えたことが有袋類においても推察される．根源的には，真獣類同様，トリボスフェニック型後臼歯の確立が，有袋類においても食性適応的成功を約束している．有袋類の場合，後臼歯の咬合面の祖先的形状は双波歯と呼ばれる．幅広い意味でトリボスフェニック型の一派生タイプと考えることができよう．

　トリボスフェニック型後臼歯の完成と広まりはとても古く，あえていえば，三錐歯類，相称歯類，真獣類そして有袋類に影響が伝わっているといえる．トリボスフェニック型後臼歯の地球規模での放散は，ジュラ紀から白亜紀に起きていると推測される（Cifelli, 1999）．トリボスフェニック型後臼歯は独立して2つの系統に生じたとされ，おそらくはゴンドワナとローラシアの両陸塊に起源を求めることができる．一つが単孔類に受け継がれ，他方が有袋類と真獣類に連なるという理論が示された経緯がある（Rauhut *et al.*, 2002; Luo *et al.*, 2003）．そして有袋類において，双波歯型の後臼歯が確立された．

　今日見られる有袋類のうち，たとえば，新大陸のディデルフィス類，ケノレステス類，オーストラリア大陸のダシウルス形類，ペラメレス形類などに属す多くの系統が，この非特殊化・昆虫食雑食性適応群である（Dickman and Vieira, 2006）．これらの現生非特殊化昆虫食群は，双波歯もしくはそれに近似される臼歯列を用いて，昆虫や小型無脊椎動物の捕食と破壊・消化を行っている群である（図4-1参照）．祖先的有袋類の双波歯はキチン質の外骨格や，繊維性の果実などの破砕に対して，きわめて有効に機能する．古い祖先から持ち合わせているであろう双波歯型後臼歯による餌資源の破砕は，現生有袋類においても受け継がれている．昆虫食雑食適応で基幹的に見られる双波歯と咀嚼筋の組み合わせが，真獣類のトリボスフェニック型後臼歯と同等に，有袋類における基盤的咀嚼戦略として確立され，もちろん歯牙のみならず，頭蓋全体の機能形態を確定する要因となっている（Archer, 1976a, 1976b, 1979, 1981; 大泰司, 1986; Moore and Sanson, 1995）．

162 第5章 消化器の機能形態

　もちろんこれらは，真獣類でいえば，たとえば真無盲腸類，翼手類，ツパイ類などの，昆虫食から雑食に適応した非特殊化グループと機能形態学的には同一視することが可能である．これらの非特殊化真獣類で把握されてきたのと同様に，有袋類においても昆虫食者の餌動物の破砕はとても円滑巧みに行われる．興味深いのは *Dasyuroides* を用いたミールワームの破砕消化実験で，虫体が規則正しく8つの部分に切断され，等サイズの外骨格が糞中に排泄されることが記録されている（Moore and Sanson, 1995）．この例に見られるように，非特殊化状態と呼ぶことのできるものたちとはいえ，捕捉から破砕，消化まで，既に完成された高度な栄養摂取システムの上に有袋類が成り立っていることは確かである．

　これらのグループでは，興味深いことに，ペラメレス形類の臼歯が，近縁群に比べて派生的だとされることがある（Carroll, 1988）．ハイポコーンの発達，メタコーンの舌側への変位などとともに，歯冠の発達が挙げられる．ペラメレス形類が植物食への依存を開始していることと関連が深いのかもしれない．

　先にふれたように，絶滅群における本格的な捕食性肉食者として，南アメリカ大陸にボルヒエナ形類が発展していた．南アメリカ大陸の進化の"実験室"としての歴史が，これらを含む多彩な有袋類を育んだといえる（Marshall, 1977a, 1978, 1979, 1980, 1982a, 1982b, 1982c; Szalay, 1982）．ボルヒエナ形類は，鮮新世にかけて多様化し，武装した高度な肉食者となった．真獣類の食肉目や肉歯目に対応する収斂を示す例として挙げられることが多い．

　高度な特殊化として象徴的に語られるのが，鮮新世のティラコスミルス *Thylacosmilus* である．同群は，真獣類ネコ科のレンジに匹敵するサイズに大型化し，剣状の犬歯を備えていた．当時の南アメリカ大陸の動物相を考えたとき，これほどまで強力な捕食者は"オーバースペック"ではないかという印象をもたせるグループである．若干時代は異なり，また頭骨と下顎の形状も各部位で異なっているが，海を隔てた北アメリカ大陸で進化する更新世のネコ科スミロドン *Smilodon* や，漸新世のニムラブス科ホプロフォネウス *Hoplophoneus* など，剣状の犬歯を発達させた一部の食肉目と酷似し，きれいな収斂の例となる．一見巨大に過ぎる犬歯は，獲動物の気道を絞めて捕殺するには最良の武器であり，開口角度は大きく，巨大な犬歯を有効に使うこ

とができたと推察される.

　論議の対象としている大系統の登場順序を乱すことになるが，ここで双前歯類のティラコレオ科を扱っておこう．本群は，漸新世から中新世にオーストラリア大陸で発展したと考えられ，リバースレイの鮮新世の地層からは，形態学的変異を示すいくつかの化石が知られ，多様化の跡が窺える（Louys and Price, 2015）.

　ティラコレオはきわめて特異な適応戦略をもった一群である，双前歯類でありながら，臼歯が肉食獣の犬歯様に変形している（Woods, 1956; Finch and Freedman, 1982）．犬歯様と書いたが，実際に犬歯様に発達した歯は，上顎第三前臼歯と下顎第一後臼歯の組み合わせから成る．当然その機能を考えれば，餌動物体の切断に貢献したと推測される（Sanson, 1991）．本系統では，本家本元のはずの犬歯は上顎に一対を残すのみで，他の臼歯列も一般に退化傾向にある．哺乳類全体を通じても類似する進化の実例を見ることのできない咀嚼様式になるが，双前歯類の系統中での肉食性適応として二次的に派生したことは疑いない.

　全哺乳類史を通じてもかなり例外的な臼歯の機能転換，進化学的使いまわしの例となるが，系統自体は同時代のオーストラリア大陸における高度な肉食者の位置を占めていたことは確かだ．走行適応や捕殺運動をはじめとして，捕食能力がトータルでどの程度発揮できたかはまだ不明である．現生群に対比できる咀嚼装置が見られないため，双前歯類の中の謎の多い食性適応様式といえる（Wells *et al.*, 1982）.

　代表的な属ティラコレオ *Thylacoleo* は，更新世のオーストラリアに分布していた（Archer and Dawson, 1982）．植物食からせいぜい雑食程度にとどまる双前歯類の系統内で，本格的捕食者が出現したという物語を違和感なく受け止めることは，進化形態学のセンスとして難しい．だが，俗に有袋類のライオンとかフクロライオンとまで評されるように，明らかに肉食者の形態をとり，体サイズも際立って大型化し，生態学的な詳細は分からないながらも，高度な捕食者の適応様態と認めることができる（Wells *et al.*, 1982; Case, 1985）．樹上性適応の範疇にもあると考えられ，現在のネコ科のヒョウ *Panthera pardus* と類似した生態をとっていただろうという推測もある（Wells *et al.*, 1982）.

164 第5章 消化器の機能形態

（2）基盤的肉食者の消化管

　ここからしばらく，消化管の進化を論議したい．必然的に現生群での論議
が主体となる．

　真獣類の祖先的食虫性適応と類似して，有袋類の基盤的食虫食者の消化管
は，もっとも単純ともいえる形態を示す．これら諸群が備える消化管は，管
状の食道，食塊の貯留と胃酸・胃液による初期消化を担うだけの胃，酵素消
化を進める主役として相対的に長めの小腸，そしてあまり長さをもたない大
腸と連なり，変哲のないきわめて単純なシステムである．

　とくに前部消化管の長さと形状は多くの食虫性適応群で，酷似・共通する．
そこで，形態進化上の変化として注目されるのは，第一に後部消化管になる．
肉眼解剖学的変異を考慮しながら，大腸形態の祖先・派生関係を考慮して，
Marmosa, Chironectes, Philander, そして *Caenolestes* を，もっとも基本的
な形態として扱うことが多い（Schultz, 1976；Barnes, 1977）．系統の地質学
的古さを競う論題ではないが，こうした形質を備えた系統は，実際にアメリ
カ有袋類が占めている．小腸は長く，*Caenolestes* では全消化管長のおよそ
87％に達する．大腸は，小ぶりの盲腸を明瞭に残し，単純な結腸と，接続部
としての意味しかもち得ないようなシンプルな直腸を備えているというのが，
特徴といえば特徴である．大腸全体も長さ的には消化管全長の10％以下に
とどまることが多く，盲腸は確実に存在するが，*Caenolestes* では長さわず
か数mmである（Osgood, 1921）．ちょうど真獣類の"旧食虫類"に盲腸の
有無から系統性を問う古典的論点が成立していたように，肉眼的に識別でき
る盲腸の存在は，有袋類においても祖先形質を想定させるものである．

　胃については，南アメリカ大陸の基盤的有袋類において，祖先型は完成さ
れている．すなわち，いわゆる単胃のマクロ形態に，胃底腺，噴門腺，幽門
腺，ときに腺の発達の悪い憩室を構成するというものである（Richardson *et
al.,* 1986；Hume, 1999）．胃腺の類型化とそれに基づく単胃の領域区分は，真
獣類や爬虫類と同様に有袋類でも胃の機能的進化を語る情報となる（Hume,
1999）．

　アメリカ有袋類における盲腸の存在とは対照的に，オーストラリアの食虫
性有袋類の多くの群が，盲腸を視認できないまでに退化させている．一般に，

ダシウルス型類，フクロアリクイ類，フクロオオカミ類，フクロモグラ類は盲腸を欠くとされる（Mitchell, 1905；Osgood, 1921）．典型例は *Sminthopsis* や *Antechinomys* である（Schultz, 1976）．また系統的にも適応的にも特殊化しているが，フクロアリクイやフクロモグラが *Sminthopsis* や *Antechino-mys* と類似した消化管の形態を示す．径が細く蛇行気味で比較的長い小腸の後方に，明確な境界部を示さずに結腸が連続する．

派生的傾向として単純化が見えるのは，*Dasyurus*, *Dasyuroides*, *Phasco-gale*, *Tarsipes* などである．これらのグループの腸管には，肉眼解剖学的に憩室あるいは袋状の領域がほとんど見られない．幽門から肛門の全域にかけて，食塊の貯留機能を果たす部位が発達しないと推察される．実際，高度に派生した真獣類の食肉目にこのような単純化が見られることから，機能的には肉食・昆虫食の帰結として，もっとも単純な腸管が進化するものとみなすことができよう（Hume, 1999）．

他方，*Petaurus*, *Burramys*, *Acrobates*, *Dactylopsila* のように，比較的大きな盲腸を発達させる小型雑食性種がオーストラリア有袋類には進化している．雑食者の盲腸の発達の程度に明確な要因を見出すことは難しい．しかし，有袋類でも大雑把に見て，植物資源への依存度の少しでも高い群に，盲腸の残存と発達が見られると考えることは間違ってはいないだろう（Schultz, 1976；Smith, 1982a）．これらについては，後程，後部消化管を用いた植物食性適応の論議の際に再度ふれることにする．

ちなみに南アメリカ大陸に分布するほぼすべての有袋類が盲腸を残しているが，唯一の例外がミクロビオテリウム類チロエオポッサムである．しかし，先述したように同種が系統的にオーストラリア有袋類に含まれることを考慮すれば，例外扱いの必要はなく，辻褄が合っているといえる．

（3）雑食者の消化器と適応的生態

この先は完全な肉食性から少しずつ離れ，植物食傾向をもつものを扱っていきたい．*Didelphis* は植物資源を普通に利用しているとはいえ，現生系統としてはもっとも古い祖先的なグループととらえることができる．そして実際には，*Didelphis* の消化管は，前節の *Marmosa* のような，盲腸をもつ雑食者とまったく同じ形態を示す．そこで，盲腸を備えた雑食者として前節に

166   第5章 消化器の機能形態

　既に名前が登場している *Petaurus* から，話を始めることにしよう.

　Petaurus 等の植物資源を一定に頼る有袋類に顕著なのは，季節による餌資源の変動である. 前提としてこうしたグループは季節変動の明瞭な温帯域に分布を広げているといえる. 時季によりまったく異なる植物資源，あるいは昆虫などの動物資源を適宜活用して，一年間を生き延びている. たとえば，ニューサウスウェールズのフクロモモンガでは，6月から7月を *Banksia* の蜜にほぼ完全に依存する. そして9月から翌年2月までは，ユーカリの花を食べる. そして両者の端境期に，アカシアの樹液や昆虫を餌として求める. 一年をまったく異なる3パターンの食性に切り替えて暮らすのである（Howard, 1989）. このような雑食者の餌資源の季節対応は，有袋類でも種や地域に応じて多様に観察されている（Smith, 1982b; Goldingay, 1986, 1990; Smith and Broome, 1992）.

　有袋類のトータルの種数は真獣類よりはるかに少ない. このことは有袋類を含む生物相が，植物まで含めても多様性においては他地域より一歩豊かさに欠けることを暗示している. 実際，多くの雑食性有袋類が，似た餌資源で競合し，あるいは餌資源を分配し合っているといえる. オーストラリアの小型雑食性有袋類の花粉・花蜜食はその典型例で，*Eucalyptus*, *Banksia*, *Callistemon* が，*Antechinus*, *Cercartetus*, *Acrobates*, *Petaurus*, *Tarsipes* 等の間で，いわば多系統的に利用される餌資源として浮かび上がる（Turner, 1982; Richardson *et al.*, 1986; Stevens and Hume, 1995）.

　狭い意味での肉食と異なり，雑食性はこうした餌資源の季節的乗り換えを得意とするが，もちろんそのためには消化管の側に，ある程度の幅広い機能的適応が成立していることを必要とする. ただしここまでに語ったように，マクロ形態学的には，これらの雑食者には特殊化の程度は低い. そこに着目して，雑食者，とくに花蜜食者フクロミツスイを含めた有袋類の消化管ペプタイドの分布・分泌を論議した興味深い研究が残されている（Yamada *et al.*, 1989; Takagi *et al.*, 1990）. また消化管よりもむしろ摂餌機構に形態学的特殊化が観察されやすく，フクロミツスイの場合，特異な強度と運動性を備えた舌を用いて，わずか数分間で体重の10-20%に達する花粉を採食することが分かっている.

　フクロミツスイでは，花粉と花蜜の摂餌に適応して，歯列を特殊化させて

いる．上顎犬歯と下顎切歯のみが大きく発達し，それ以外の歯，とくに臼歯
列はサイズ的に退化傾向にある．実際にこの歯列でどの程度の咀嚼・採餌・
消化ができるのかはまだ分からないことばかりであるが，臼歯を頻繁に用い
る必要のない食餌生態であることは確かだ．哺乳類全体を見渡しても，咀嚼
様式の高度な特殊化として注目されよう（Russell, 1986；Carroll, 1988；
Rosenberg and Richardson, 1995）．

　消化管の機能分化の実態は不明だが，フクロミツスイは，花粉をどうやら
小腸領域で消化するらしい（Richardson *et al.*, 1986）．季節的には限局され
るものの，花粉はタンパク質に富んだ魅力的な餌資源であり，フクロミツス
イはそれをかなりの程度まで占有的に摂餌・利用できるというアドバンテー
ジを確保しているといえる．この消化機構を基盤に，フクロミツスイは巧み
で特殊な行動生態をとって一つのニッチを占めることに成功している（Rus-
sell, 1986）．

　花粉花蜜食者の季節性の克服としては，ハナナガバンディクートの消化試
験を通じて，小型雑食性有袋類が，夏の昆虫食と冬の植物食を使い分け，両
資源から高い効率で巧みに養分を吸収し得ることが証明されている（Moyle
et al., 1995）．またフクロモモンガでは花蜜食における窒素源の栄養生理学的
動態に関する検討が行われている（Smith and Green, 1987）．フクロミツス
イでは，栄養源の季節的使い分けが成功し，多少の波はあるものの結果的に
ほぼ完全な周年繁殖が実現されていて，餌資源の季節性が繁殖に大きな影響
を及ぼさないまでに至っている（Wooler *et al.*, 1981）．

5.3　植物資源への挑戦

（1）後部消化管による植物食性適応

　真獣類あるいは大家畜で盲結腸優位のウマと反芻獣のウシが対比されるの
と似て，有袋類が植物資源を利用するときの消化管の機能的適応は，後部消
化管を発達させるタイプと胃を特殊化させるタイプに二分される．両様式が
成立した歴史的経緯はともかく，消化器官としての洗練度から見ると，有袋
類の場合，胃の特殊化策の方が高度であると感じられる．またそのことは真

168　第5章　消化器の機能形態

獣類において反芻胃が高機能性の頂点にあるという解釈が成り立つこととよく似ている．そこで本節では，前者の後部消化管の高度化から扱いたいと思う．

　後部消化管優位のグループとして，大きく3つに分けて機能的進化段階を語りたいと思う．一つ目は，前節の肉食・雑食者と形態学的に境界線の明瞭にならないものたちである．具体的には，*Trichosurus*, *Pseudocheirus*, *Petauroides* 等，双前歯類の雑食から植物食に相当する小型から中型の種である．ちょうど俗に英名あるいは日常語でポッサム possum とされるもののいくつかが該当する．そして二つ目はウォンバット類，三つ目がコアラの戦略である．

　一番手に挙げるいわゆるポッサムの消化管は形態学的に多分に単純であり，先述の *Petaurus*, *Burramys*, *Acrobates*, *Dactylopsila*, *Phalanger* 等に見られる肉食・昆虫食・雑食適応から遠く隔たってはいない．すなわち，盲腸が一定に発達するものたちである．このグループは，たとえば部位別に粘膜面の表面積で定量化すると，盲腸部だけで全腸管の20%から40%を超えるといえる（Hume, 1999）．しかし，かといって消化管のそれ以外の部分は特殊化するには至っていない．胃は単純な構造であるし，小腸もさほど長くない．大腸はといえば，盲腸は例外として，結腸と直腸は祖先的昆虫食雑食性適応と比べて大きく変化しているという傾向はないものたちである．

　このタイプは，食塊の植物体に対して盲腸の腸内フローラによる分解と吸収を進めることを，消化システムの主体に置いている．盲腸のフローラの中心は嫌気性細菌であり，セルロース・ヘミセルロースからなる餌植物の細胞壁を消化する働きを有する．また窒素代謝についても，尿素を細菌叢の菌体に再合成させることで，無駄なくリサイクルするシステムをつくり上げている（Stevens and Hume, 1995 ; Hume, 1999）．*Petauroides*, *Trichosurus*, *Pseudocheirus* 等を用いて，盲腸における揮発性脂肪酸の産生や窒素代謝について定量的・実験的に測定，論議されている（Wellard and Hume, 1981 ; Chilcott and Hume, 1984 ; Foley and Hume, 1987 ; Foley *et al.*, 1989）．これらの比較的体サイズの小さい後部消化管発酵群の植物性資源に対する消化吸収能力は非常に高いと評価でき，考え方としては真獣類の兎目や植物食の傾向の高い齧歯類と比肩し得るものである．

ポッサムの盲腸で構成される発酵槽の機能形態についてであるが，さらに詳しいことは後述のコアラやカンガルーとともに考えることにしよう．ここでは，まずは，昆虫食者・雑食者と大差ない消化管で，より植物資源に依存する双前歯類が進化していることを理解しておきたい．

（2）盲腸と結腸の発酵槽化

ウォンバット類の適応は，先述の雑食者に比べると，一段階際立っている．非常に長い小腸と太く体積の大きい結腸を主体とした，腸管での消化吸収，すなわち発酵を進める適応である．興味深いことに，このグループは盲腸を発達させない．体サイズからすれば痕跡的といえる盲腸である（Lönnberg, 1902；Mitchell, 1916）．対して，消化の主役は結腸，とくに近位結腸だ．

ウォンバット類の消化管機能については Barboza と Hume（1992a, 1992b）による，その後の追随を許さない精緻な研究成果が残されている．消化可能な消化管内容物は押し並べて結腸において発酵・吸収を受けることが証明されている．つねに重量でほぼ過半を占めるセルロース・ヘミセルロースを効果的に発酵分解し，揮発性脂肪酸としておもに結腸壁から吸収する（Dierenfeld, 1984；Barboza and Hume, 1992a, 1992b）．揮発性脂肪酸の主体は，酢酸，酪酸，プロピオン酸である（Barboza and Hume, 1992a, 1992b；Hume, 1995）．

発酵そして吸収の機能はほとんどが近位結腸に委ねられているといってよい（Hume, 1999）．近位結腸からの揮発性脂肪酸によるエネルギー獲得はウォンバット類の摂取エネルギーの3割を常時超えていると考えられる．これらは，真獣類に喩えると，たとえばウマ科や，あるいは結腸を発達させている単胃の雑食者であるイノシシ科に似た栄養生理学的スペックを備えていると見なすことができる（Barboza and Hume, 1992b；Barboza, 1993；Stevens and Hume, 1995）．

ウォンバット類の消化管には，無視できない形態学的種間差が観察される．一般的に取り上げられやすいのはヒメウォンバット Vombatus ursinus で，上述したように結腸優位の適応を遂げている．他方，ミナミケバナウォンバットは，最大の消化吸収装置が結腸であることは確かだが，ヒメウォンバットと比較すると小腸の発達がよいことが指摘されている（Barboza and

Hume, 1992a).

　植物食者の消化機能を語るのに消化管内の発酵細菌群と原虫類の詳細な記述が必要なのはいうまでもないが，この点については有袋類においては研究の遅れが認められる．基本に置くべきウォンバット類においても，腸内フローラの全体像は解明にはほど遠い．ともあれ，近位結腸において，胃や後部結腸と比べて大量の細菌類が培養されていることは間違いなく，セルロースを含む炭水化物の代謝においても主役となっている（Hume, 1999）．

　細菌類による食塊の分解により，揮発性脂肪酸が生じる．分裂増殖するフローラは，食塊に含まれる細胞壁より消化しやすい形で糖類を保持する．宿主であるウォンバットは，最終的に揮発性脂肪酸を獲得できればエネルギー源に事欠かないことになるので，食塊を近位結腸の菌叢に供給し続ける．明らかに平行進化だと判断できるが，有袋類は，真獣類の草食獣と比較して遜色ない共生フローラによる発酵システムを独自の系統で確立したことになる．腸内フローラに関してはコアラによる研究があるので，コアラの項で改めて後述しよう．

　さて，植物食適応において，すぐに高度化を開始するのが窒素代謝である．反芻獣では詳しく述べられているが（遠藤，2001, 2002），消化管内微生物の発酵を活用して消化する植物食・草食者は，一般的に窒素資源の有効利用に長けている．ウォンバット類から語られ始める有袋類の植物食への特殊化も，窒素の有効利用がポイントとなる．

　ウォンバット類は，消化管内で培養している細菌の菌体を消化，吸収している．尿素を老廃物として尿中に分泌せずに，唾液腺を介して消化管内に還流，フローラに供給し，菌体タンパク質として合成させ，それを再度消化対象とする．ウォンバットを基盤的状態と認識すると，以後の派生的植物資源利用者は，単純な肉食者および一部の雑食者に比べて，窒素源については大きなアドバンテージを得ていると考えられるだろう．有袋類においてウォンバット類から議論できる窒素源の再利用機構は，真獣類側での反芻獣（遠藤，2001）と比肩できるだけの高機能システムとして進化を遂げている．

（3）コアラの盲結腸の特殊化

　先述した通り，コアラ類はウォンバット類に相対的に近縁である．分岐年

代の深さという数字の問題よりも，オーストラリア有袋類の放散の実態を考えれば，ウォンバットの樹上性適応版をコアラ類だと捉える概念が重要だろう．

　しかし，実際には両者の消化管の形態はかなり異なる特徴を示す．コアラは極端に大きな盲腸を備えている（図5-1；Owen, 1868; Mackenzie, 1918）．成体で，長さはおよそ1.3 m，消化管全長の23％，全体積の35％を占めるとされる（Snipes *et al*., 1993）．哺乳類全体で見ても相対的に異様に大きく発達した盲腸である．ウォンバット類に見られる盲腸の退化はそれなりの派生形質であろうから，どちらが原始的という議論は無用であるが，コアラの巨大な盲腸が特殊化の一つの帰結であることは異論を要さないであろう．

　また，盲腸の巨大さ以外にも，結腸の前部と後部で発達の程度が肉眼解剖学的に大きく異なることが指摘される．近位結腸は，盲腸と大差ない内径をもつ巨大な発酵タンクである（図5-1）が，長さで結腸全体の3分の2を超

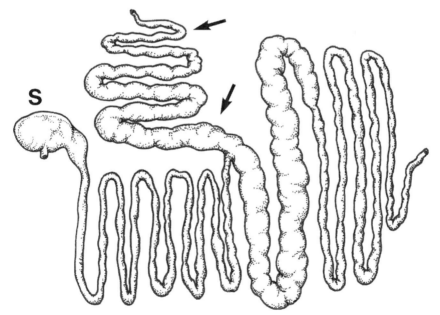

図 5-1　コアラ *Phascolarctos cinereus* の消化管．盲腸（矢印）が異様に長く，また太く発達する．前部消化管は単純である．Sはシンプルな形状の胃．（描画：喜多村　武）

172   第5章 消化器の機能形態

える遠位結腸は細く，単純な管構造程度に見える．コアラは類まれな盲腸発酵型の特殊化を遂げたとともに，近位結腸を有力な発酵槽として用いていることになる．一方残念ながら，コアラの腸内フローラの検討は，ウォンバット同様に未解明な部分が多い．

　コアラの場合，とくに着目されるべきはユーカリ類，たとえば *Eucalyptus* の餌資源としての利用である．多くの動物にとって強い毒性を発揮するユーカリ類は，それゆえコアラが独占的に利用でき，餌資源の獲得においてきわめて優位に立つことに成功しているとされることがある．それは一面では正しいが，先述の通り，餌資源としてユーカリ類を利用する有袋類は，肉食から雑食へシフトしつつある段階の小型種に多数見ることができる．たとえば，フクロギツネ，フクロモモンガ，リングテイルなどといった小型から中型の雑食性適応群は，ユーカリ資源をめぐって，コアラと競合あるいは配分し合う関係にある（Glander, 1978; Lawler *et al.*, 1998a, 1998b）．またコアラが利用しているユーカリは種レベルでは多様で，50種を超えていると考えられる．

　ここで正しい内容は，コアラがユーカリをコアラ特異の生理学的機能によって独占したということではなく，生態学的にコアラに匹敵し，凌駕するユーカリの利用者は，規模的・質的にコアラ以外にはいないという点である．単純に有毒物質の代謝の課題を克服するだけならば，オーストラリア大陸のファウナには，それを可能とする多系統の有袋類が暮らしていることになる．コアラはそうしたものの one of them ではなく，ユーカリ植生を本格的に利用する特殊化の程度が際立って高い種として特筆されるべきなのである．

　炭水化物の消化と窒素源の再利用は，基本的には前節でウォンバットの近位結腸に関して説明した内容に類似する．他方，コアラの極度に発達した盲腸については，微細形態学的な検索が進められ，高度な吸収効率を見せる像が観察されている（McKenzie, 1978）．また，微生物相およびそれに関連する内容物の物理化学的性状と窒素動態に関する検討，タンニンの代謝に関する考察が進められている（London, 1981; Cork and Hume, 1983; Cork *et al.*, 1983; Osawa *et al.*, 1993a, 1993b, 1993c; Stevens and Hume, 1995）．盲結腸内容物の pH は 6.5-6.6 と酸性寄りで，温度は 36-38℃，揮発性脂肪酸は圧倒的に酢酸が多く，プロピオン酸がそれに続いている．嫌気性細菌が，内容物湿

重量 1 g あたり盲腸で 1.1×10^{10}, 近位結腸で 3.0×10^9 と算出されている. これが好気性菌では, それぞれの部位で 9.7×10^6 と 2.3×10^7 という数値が残されている. 反芻獣を比較対象にするとして, たとえばウシのルーメン内細菌の総数は, 胃内容物 1 g あたり 10^9-10^{11} という数字が古典的に得られていて (津田, 1982), 桁の水準では似たものとなる. 当然のことながらグラム陰性通性嫌気性桿菌が主体で, 分類学的には今後も論議が続くであろうが, *Bacteroides, Eubacterium, Peptococcus, Peptostreptococcus, Propionobacterium* 等が記録され, 反芻獣のルーメンの菌叢と共通のグループが見られる (遠藤, 2001). 宿主寄生体の共進化が真獣類とは独立して経過してきたことは確実で, 寄生関係の逆方向の関心からは, 細菌叢側の進化史の解明が期待される.

　現生の内臓を見てウォンバット類とコアラ類のどちらが祖先的であるかを問うことは得策ではないが, 後部消化管を発酵に使うという一般論は, 両系統のおそらくは共有派生形質として共通祖先の段階で既に確立されている. しかし, コアラの場合, 消化器機能の基本的アイデンティティをユーカリ類の毒成分とどう付き合うかということに求めることができよう.

　ユーカリの代表的な毒成分としてはタンニンの他に, テルペン類が挙げられる. 芳香性の植物精油成分だと考えればよい. テルペン類を植物が生産・蓄積することは一般的なことで, 必ずしもユーカリとコアラの関係においてのみ語られることではない. コアラの場合, 摂取されたテルペンは多大なエネルギーコストを投じて肝臓でグルクロン酸抱合され, 尿中に排泄される. テルペンの排出に費やす生理学的コストと, ユーカリの餌資源としての価値, 系統の餌資源獲得競争における利が比較され得る. 実際にこれらがトレードオフされる関係で進化したと解釈できるだろう.

　毒性の高い葉は, 他種から敬遠されるために餌資源としては常時豊富に確保できることが推測される. 無毒化する代謝能力を余裕をもって備えているコアラにとって, 問題は要求される生理学的コストの多寡のみであり, 毒性のとりわけ強い葉を餌とすること自体はとくに不可能ではないのである. 餌資源確保の難易度が, 生き残りを決める物差しとなっていると理解できる.

　テルペン類はいくつものグループからなるが, その毒性は揮発性モノテルペンで低く, 炭素数の多いセスキテルペンで高い (Baker *et al.*, 1995). 一方,

174 第5章 消化器の機能形態

コアラは通常，モノテルペンを多く含み，セスキテルペンの含量の低い葉を認識し，選択的に食べている（Hume and Esson, 1993）．一見すると単なる嗜好として解釈されるが，毒性の強弱に応じた生態学的進化の結果であろう．

近年研究が進んでいるホルミル化フロログルシノール化合物（formylated phloroglucinol compounds : FPC）は様々な種のユーカリ類に含まれている有毒成分で，オーストラリアにおいて植物食性有袋類からユーカリが身を守るために有効な物質である．生態観察によってコアラがどのユーカリを訪れているかを定量的に確認したところ，この毒物に着目した場合，コアラは含有量の多いユーカリの種や集団を避けていることが明らかとなっている（Moore and Foley, 2005; Moore et al., 2005; Stalenberg et al., 2014）．たとえばサイズの大きなユーカリの木は FPC 含量が多くなるため，コアラがあまり訪れないという結果が得られている．コアラは窒素分など有用な栄養の多いユーカリを選択して食べていることが判明しているが，同時にコアラの餌選択には FPC の含有量が関係していると考えられる．ユーカリの集団ごとのFPC 蓄積量によって、コアラの分布域や生息数が制御されている可能性が高い．

既に述べたように，有袋類には独自の基礎代謝率戦略がある．それは高基礎代謝率戦略の恒温動物でありながらも，少なくとも真獣類との比較においては省資源的であるといえる．コアラは，実際には 1 日 20 時間以上を，睡眠を含む不活発な時間帯として生きている（Mitchell, 1990a）．これが真獣類のたとえば草食傾向の強いクマ科 Ursidae などでは，肉食性の消化器が植物消化に向かないこともあって，非睡眠時の多くの時間帯を採食に費やすことが多いだろう．クマと異なり，コアラの場合，解毒機構を含めて機能性の高い植物食に適応した消化管を備えている．コアラでは，有力な消化能力を携えるとともに，有袋類全般に当てはまる省資源的な生態を採り，そのエネルギー収支の帰結として，長時間の休息が成り立っているものと考えられる．むろん，コアラの餌資源であるユーカリ類が大きなホームレンジと移動距離をもって探す必要のない植物であることを大前提とした，合理的で特殊化した生態進化の結果であるといえる．

後部消化管発酵による植物食適応について述べてきた．旧来から，後部消化管による発酵は，胃を使う植物の消化適応に比べて，一歩低機能な状態で

あるとされる（遠藤，2002）．一つには，胃を大型化する種は，一度に大量に食べることができる．それは，行動生態学的に，採餌と警戒・移動・逃走の時間帯を分離できることになり，近隣に捕食者がいる場合には生残のための大きなメリットとなる（遠藤，2001，2002）．他方，生理学的にも，反芻胃に代表されるように，前部消化管を発酵槽として進化させることにより共生細菌叢を使ったきわめて効率の高い消化を行うことができ，後部消化管発酵グループを凌ぐといわれている（Carroll and Hungate, 1954; Whitelaw *et al.*, 1970; Prince, 1976; Hume, 1999）．

有袋類で胃を使った植物食性群の代表はカンガルー類である．それはカンガルーが草食性有袋類としては，消化機構にもっとも高度な機能化を遂げていることを意味するだろう．この後は，胃を使った発酵者について語ることとしよう．

（4）前胃発酵による植物食性適応

ここで語るグループは雑食の延長線上で植物に手を出している程度というものではなく，完璧に近い植物食への適応に成功したグループである．採った手法は，胃の前部を発酵槽として用いることである．

この方面では，真獣類では究極の域ともいえる高度な成功者として反芻獣を挙げることができる（遠藤，2001，2002）．反芻類で進化した胃のコンパートメント化や巨大なルーメンの確立に，同等に有袋類が至ったわけではない．しかしながら，有袋類の胃の発酵槽化も，なかなかに合理的で機能性の高い設計になっている．

かつて Owen（1868）は，カンガルーの胃は盲腸のようだ，と語っている．まさに胃の発酵槽化に成功した有袋類は，すなわちカンガルー類である．カンガルー類がつくった胃の発酵槽化の概要は，胃を管状に伸長し，その多くの領域に扁平上皮からなる無腺部を広げ，微生物相を成立させてタンクとするものである（図 5-2；Moir *et al.*, 1956; Hume, 1978; Kennedy and Hume, 1978）．Moir ら（1956）の記載のように，この胃を躊躇なくルーメンと呼ぶ表現が生まれるのは，まさしく反芻胃の機能と適応を，カンガルーの胃に対比させるからである．

管状に伸びて盲端をつくり，かつ反芻胃を思わせる機能性をもつ．このこ

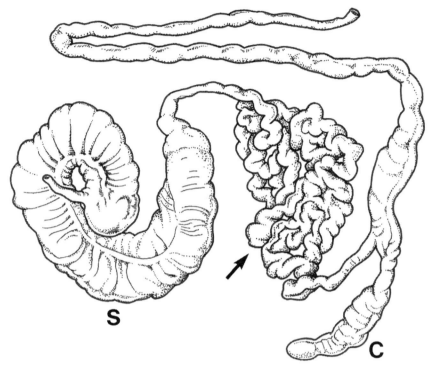

図 5-2　オオカンガルー *Macropus giganteus* の消化管．胃（S）が伸長し，大きく発達する．胃に細菌叢を確立し，発酵槽として機能させ，草本類の消化を高い効率で行う．矢印は空回腸．C は，胃に比べると小さいが，明瞭な形状を示す盲腸．（描画：喜多村　武）

とはかつては反芻胃が食道と相同ではないかといわれていたこともあって，カンガルーの世界への新たな言葉の導入という風潮を来したようである．Owen 以降，sac や cardiac などの胃に関連する言葉を用いてカンガルーの発酵槽は特別に語られるようになり（Hume, 1999），言葉の一つの落ち着き先として，現在は前胃 forestomach と呼ばれることが少なくない．カンガルーの場合，fore を付けた動機は必ずしも定かではないが，胃の前方，あるいは消化管の前方に核心部分が存在することに起因しているのは間違いない．

　前胃の扁平上皮領域が管状の内腔にどう広がるかは，種間差がある

（Langer *et al*., 1980; Stevens and Hume, 1995; Hume, 1999）．ダマヤブワラ
ビーのように，小彎に細長く扁平上皮領域を伸ばすもの，アカクビヤブワラ
ビー *Thylogale thetis* のように，食道との接続領域に集中的に扁平上皮を広
げ，憩室状の空間をもつもの，また，オオカンガルーのようにその両者を
兼ね備えたような形状の胃をもつものも見られる．いずれにしても主要部分
はその外観から，tubiform forestomach と呼ばれている．

　Macropus 類の胃の容積はその機能性とともに，反芻獣，たとえばヤギと
比較されながら検討されてきた（Freudenberger, 1992）．また，カンガルー
類の前胃発酵槽と反芻獣の反芻胃を比較して，内容物がどのくらい停留して
いるかをマーカーを用いるなどして実験的に検討したデータが残されている
（Dellow, 1982; Udén *et al*., 1982; Freudenberger and Hume, 1992; Bridie *et al*.,
1994；Stevens and Hume, 1995）．その結果，反芻獣のルーメンや第二胃の
極端に巨大な発達からすれば，確かに *Macropus* は体サイズとの相対値で反
芻獣よりは小さい胃しかもっていないことが明らかとなっている．発酵槽の
相対容積だけを比べても反芻獣の方が大きい．全消化管容積でも，発酵槽部
分のみの容積でも，ヤギの方が 10-20% 程度は相対的に大きいという結論が
得られている．食塊の停留時間も，反芻獣の方が明らかに長く，反芻獣の方
がより高機能の発酵プロセスが実行されていると推測される．

　しかし，たかだか 10-20% 程度の差異とするならば，カンガルー類の植物
体消化器官は，反芻獣同等に驚異的な性能を誇っていると評価することが可
能だ．もっとも植物体消化機能に長けた有袋類は，独自の系統史において，
真獣類の同ニッチの系統と大差ない性能の発酵槽をもつに至り，植物体から
の効果的な栄養摂取方式を進化させたと認めることができるのである．また，
より前方の食道の走行が単純か複雑かを考慮して，カンガルー類を３つの形
態学的類型に分けることもかつて行われたが（Obendorf, 1984），現在では
消化機能との関連性が高いとは考えられなくなっている．

　狭い意味での栄養生理学的機能にとどまらず，前部消化管の発酵槽化は栄
養摂取にまつわるあらゆる面で有利をもたらす．前項でふれたように，餌を
胃にためることが可能になることで，採食時間をもっとも安全な場所と時間
帯に設定できる．そして理想的な滞留時間を自在に設定して，植物体の消化
を進めることができる．もちろんその本当の主役は，発酵槽で培養される共

178　第5章　消化器の機能形態

生細菌群である.

　先述のコアラの盲腸・近位結腸同様，カンガルーの前胃内容物と発酵に関与する細菌叢の検討は，反芻獣に遅れながらも，進んでいる（Ouwerkerk *et al.*, 2005）．オオカンガルーの前胃からは *Streptococcus*, *Clostridium*, *Enterococcus* が知られ，新種の記載や系統解析が進んでいる．ミリリットルあたりの細菌数は，10^{10}-10^{11}のオーダーと認められ，細菌叢の構成種にいくらかの相違があったとしても，内容物で見る限り，反芻獣と同等の細菌数と発酵能力を備えていると考えることができる（Dellow *et al.*, 1988）.

　前胃内容物のpHや揮発性脂肪酸の量も古くから解析されてきた（Moir *et al.*, 1956）．前胃のpHは弱アルカリ性からわずかな酸性の間で変動する．反芻獣よりも若干アルカリ性に寄っているといえるかもしれないが，実際には揮発性脂肪酸の産生量によって無視できない変動を示す.

（5）カンガルー類での多様化

　前胃の揮発性脂肪酸は，生成されながら直接胃壁から吸収されていく．ダマヤブワラビーとアカクビヤブワラビーの比較では，前胃部に憩室をつくる後者において体積あたりの揮発性脂肪酸量ははるかに多いが，両種ともほぼ同じ率で胃において吸収が進む．生成される揮発性脂肪酸は吸収が進むことにより，幽門部では体積で大体3分の1にまで減少するが，さらに後方の小腸壁からの吸収も無駄なく行われる（Dellow *et al.*, 1983）．胃内における細菌と原虫の体タンパク質を経た窒素動態の時間変化については，ダマヤブワラビーで詳細な検討が進められている（Lintern-Moore, 1973）.

　またカンガルー類各種が単位時間あたりに産生する揮発性脂肪酸量と窒素量が種間で比較され，ケナガワラルー *Macropus robustus*，アカカンガルー，オオカンガルーの順に相対的に多いことが判明している（Prince, 1976）．この知見は，*Macropus* 属の分布を考慮すると，降水量が多い分布域で栄養価の高い植物が得られるオオカンガルーの場合と，乾燥地に暮らす他の2種との間の餌資源の質的差に関係するとともに，貧栄養の食塊に適応した栄養生理学的背景を，ケナガワラルーとアカカンガルーが備えていることを示しているといえるだろう.

　反芻獣のルーメンと同様に，カンガルー類は前胃で繊毛虫を寄生させ，増

殖させている．細菌叢と同様に培養され，細菌が作り出す代謝の容易な栄養素を利用して増殖している．ミリリットルあたりの数は 10^4–10^6 程度とされ（Moir, 1965 ; Dellow *et al.*, 1988），量的には反芻獣での記録と同等である（津田，1982 ; Sirohi *et al.*, 2012）．しかし，反芻獣のルーメン繊毛虫の論議と異なり，新種の提案はあるものの，カンガルー類が胃内にもつ原虫の分類学的検討はあまり進んでいない（Dellow *et al.*, 1988 ; Dehority, 1996）．前胃の原虫は餌植物体の細菌叢による分解物を利用して増殖し，腺胃や小腸で分解・吸収されて，重要な栄養源となる．

　興味深いことに，遠位結腸の形態学的発達度がカンガルー類では種によって差異を見せる．結腸の全長に対して遠位部が占める長さの割合は，オオカンガルーでは 7 割程度なのに対し，コシアカウサギワラビー *Lagorchestes hirsutus* では 93% とされる．比較のために他の系統を見ると，近位結腸の発達するウォンバット類ではこれが 60% 以下にとどまってしまう（Stevens and Hume, 1995 ; Hume, 1999）．遠位結腸と直腸は水分吸収をおもな機能としているため，この発達度の違いは種の分布域の降水量・乾燥度と対応していると推測される．事実，コシアカウサギワラビーは，他種に比べると乾燥度の高い地域に分布している．

　有袋類側の植物発酵システムと真獣類側のそれとが，どういう進化学的関係にあるのかは大きなテーマである．カンガルー類の前胃内菌叢を用いて，嫌気性菌の 16SrDNA（Ouwerkerk *et al.*, 2005），メタン生成古細菌の 16SrRNA や methyl coenzyme reductase subunit A（Evans *et al.*, 2009）の遺伝子が解析されて，既知のあるいは反芻獣に見られる細菌群との類縁関係が論議されている．細菌そのものは両系統間でかなり近縁であることが証明されることは珍しくないが，一方で有袋類のみに検出される菌群もある．また，ダマヤブワラビーの前胃内容物と比較対象の反芻獣の胃内容物のメタゲノム解析が進められ，カンガルー側の植物食適応の遺伝学的基盤が，多分に有袋類独自の進化を経ている形跡が確認されている（Pope *et al.*, 2010）．いずれにしても，多系統的に進化したと考えられる植物食適応のための共生細菌フローラ・原虫相とそのシステム構築全体が，有袋類・真獣類間でどのように平行的に進化したかは，まだ今後の解明課題である．

　カンガルー類の伸長した胃における無腺扁平上皮部は，実に興味深い溝構

180 第5章 消化器の機能形態

造を，いわゆる小彎に沿って形成している（Moir *et al.*, 1956; Dellow, 1979; Bridie *et al.*, 1994）．この溝構造が管として機能すれば，食道から扁平上皮部を通過せずに，食塊を直接，腺部領域に運ぶことができるであろう．これは，まさに反芻獣でいう第二胃溝の形態と機能を髣髴とさせるものだ（Langer *et al.*, 1980; 遠藤，2001）．反芻獣と同等の機能を果たすと考えるなら，カンガルーの離乳前の新生子はまだ無腺部による発酵を必要としないため，自律神経系の反射によりこの前胃部の溝を使って，乳汁を直接胃腺部へ運んでいることが推察される．

　また親から子への前胃の細菌叢と原虫相の受け渡しのプロセスが注目される．反芻獣同様，離乳に向けて新生子がこれらの微生物集団を受け取ることは明らかである．カンガルー類では前胃で，ポッサム各種では盲腸での菌叢の成立プロセスが現象として注目され，研究されてきた（Yadav *et al.*, 1972; Lentle *et al.*, 2006）．実際にはクアッカワラビー，ダマヤブワラビー，フクロギツネで検討され，概ね100日齢の幼体で細菌叢は成立し，各種原虫類も150日齢で出現すると考えられている．

　さて，*Potorous*, *Bettongia*, *Aepyprymnus* は，ネズミカンガルー類とも呼ばれ，派生的なカンガルー類とは一線を画して，食性に関して独自の適応戦略に入ったグループだといえる．典型的な *Macropus* などの胃と異なり，これらの系統の胃は伸長しない．その代わりに，噴門から見て幽門と反対の側に大きな袋状の突出を備えている．前胃が複雑な形態を呈する *Macropus* に比べれば形態学的に明らかに単純な印象を受ける．この袋状の憩室部は sacciform forestomach と呼ばれ，腹腔内では，左側に寄って腹壁に沿って後方へ曲がりながら折りたたまれて収納されている（Langer, 1980; Hume and Carlisle, 1985）．*Potorous* と *Bettongia* の複数種の解剖所見からは，この突出部が胃の容積の70-80％を占めるとされ，明らかに胃での発酵の主要装置として機能している．一方で，このグループでは，盲腸と近位結腸の拡大も著しい．単位時間あたりに生産される揮発性脂肪酸量を測定すると，胃と盲腸・近位結腸がほぼ同じ量を生産していることが分かる（Wallis, 1990）．

　このグループは，そもそも食性からして，*Macropus* のような典型的なカンガルー類とは異なり，イネ科植物のような粗剛な食物を利用してはいない．彼らが依存するのは，実は菌類である．季節変動はあるものの，常時，菌類

に栄養の過半を頼っている．またその他に，種子，果実，若葉，昆虫・節足動物など，多彩な食物を利用する雑食者に近い食性である（Bennett and Baxter, 1989; Johnson, 1994; Arman and Prideaux, 2015）．*Aepyprymnus* のデータでは，全腸管体積の 8％を盲腸が，18％を近位結腸が占めるとされる（Hume and Carlisle, 1985）．この数字からも，これらのグループは前胃の発酵槽化による植物食適応者と考えるよりも，胃と盲腸・近位結腸を対等に使い分けているグループだということができる．

Potorous に近縁かあるいは独自の系統的位置を占めるニオイネズミカンガルーはさらなる例外で，上述のネズミカンガルー類とはまた明瞭に異なっている．小型の胃がくびれをつくって 3 つの部屋に分かれ，噴門部と幽門部，両者に挟まれた食道部と呼ばれるチャンバーを構成している（Carlsson, 1915; Hume, 1999）．雑食者としてのフクロギツネの胃と似ているともいえよう．盲腸も結腸も発達は悪い．

（6） 機械的咀嚼戦略の多様性

頭蓋と下顎とを見ることで，ちょうど真獣類の各系統に多系統的にブラウザーとグレイザーが識別でき，後者が派生的で進歩したイネ科植物食者だと考えることができる（Janis, 1990, 1995）ように，カンガルー類もブラウザーとグレイザーに分けることができる（MacFadden, 2000）．

その古生物学的道筋については，たとえば，鮮新世・更新世のプロテムノドン *Protemnodon* がブラウザーとして登場し，更新世の草原の拡大に適応してグレイザーの *Macropus* らを派生したという議論が成立してきた（Sanson, 1978, 1980; Hiemae, 2000）．基本は，左右に幅広い吻鼻部，低めの上顎部，近遠心方向に長い前臼歯，低い歯冠などをもって，祖先的・ブラウザー的適応ととらえることができるだろう．そこに様々な変化が生じ，森林性ブラウザーから草原性グレイザーが派生してくるという，機能形態学の筋書きである（Janis, 1995）．より大雑把に考えると，時代的に古いカンガルー類がブラウザーであり，新しいカンガルー類はグレイザーだという一般的傾向は成り立つといってよいだろう．

他方で，*Sthenurus* は顔の短いカンガルーとして認識されてきたが，この形質の機能性が注目されてきている．*Sthenurus* の顔面頭蓋のプロポーショ

ン，広がった頬骨弓，深い下顎角といった形質が，咬筋をとりわけ優位に配置していることを示唆している．これは，ステヌルス亜科ならば古そうなのでブラウザーだという単純な話は誤謬を含み，実際にはステヌルス亜科のなかにも，*Sthenurus* 属のような，新しい咀嚼適応のタイプが派生しているという説に繋がっている（Janis *et al.*, 2013）．

より一般的に考えると，*Lagostrophus* を含むにしろ含まないにしろステヌルス亜科とカンガルー亜科が一通り確立された段階で，地質年代としては中新世の末から鮮新世の初めを迎え，マクロ生態学的にはオーストラリアに乾燥が進み草原が広がるなどの激変が起こったと思われる．だとすれば，*Lagostrophus* の近縁群や，ステヌルス亜科，カンガルー亜科のそれぞれで，多系統的にブラウザーからグレイザーまでを多様に生み出し，それぞれが適応できる植生・環境に生き続けた可能性が高い（Prideaux and Warburton, 2010）．ステヌルス亜科のすべてとカンガルー亜科の一部はごく最近に滅んだが，それ以外の系統は，鮮新世から更新世にかけて，亜科レベルで同時・同所・多発・収斂的に環境適応して，広義のカンガルー類として爆発的な多様化の足跡を残したと解釈するのが正しいだろう．

現生のカンガルーの頭蓋と下顎を見ても，ブラウザーとグレイザーの両適応様式は二律背反で語れるものではなくて連続的な多様化ではある（表5-2，表5-3）が，ブラウザー的傾向，グレイザー的傾向は認識できるといってよいだろう．カンガルー類の場合，適応様式はほぼ属レベルの分類・系統性と一致している．定量的に分けることは難しいが，カンガルー類のおもなブラウザーが，*Dorcopsis*, *Dorcopsulus*, *Dendrolagus*, *Thylogale*, *Setonix*, *Wallabia*, *Petrogale*，おもなグレイザーが，*Macropus*, *Onychogalea*，両者の中間型が *Peradorcas*, *Lagorchestes* といった類型化は大雑把には妥当だろう（表5-3；Sanson, 1989）．

表5-3 カンガルー類の咀嚼様式と系統．

咀嚼様式	おもな属	食餌
ブラウザー	*Dendrolagus Dorcopsis Dorcopsulus Petrogale Setonix Thylogale Wallabia*	葉が中心
中間型	*Lagorchestes Lagostrophus Macropus Peradorcas*	広域，多様
グレイザー	*Macropus Onychogalea*	イネ科，草本

5.3 植物資源への挑戦 *183*

しかし，カンガルー類の食性適応類型には収束を見ない議論も多い．*Macropus* 自体がそもそも幅をもった多様な咀嚼機能適応を遂げていて，アカクビワラビーにはブラウザー的傾向が強く，*Setonix* 属のクアッカワラビーとともに，葉食の適応状態にあるとする論理も成り立つ（Arman and Prideaux, 2015）．多くの現生 *Macropus* 類がグレイザーであることに異論はなかろうが，種ごとに多彩で細密な適応を遂げていることも間違いない．*Thylogale, Onychogalea, Petrogale* 等は，特殊化していない中間型と判別することもあり得るであろう．

とりわけ *Bettongia* や *Potorous, Hypsiprymnodon* は菌類や無脊椎動物の捕食に依存する雑食傾向の強いカンガルーである．これらの系統のしばしば祖先的とされてきた顔面部などの咀嚼関連の形態形質に関して，適応戦略としての解析に興味がもたれている．

有蹄獣ではたとえば顔面部高さの背腹方向への拡大などが，グレイザー的派生のアイデンティティとなる．しかし，現生カンガルー類に限ると，上顎にはそれほど明瞭な相違は見られない．これは，吸乳のために顔面部の形成が新生子期前後にとにもかくにも早いということが影響しているのかもしれない．顔面部形状よりも，むしろ臼歯列の形態が両者を分けている．カンガルー類のグレイザー適応の場合，下顎吻側の臼歯がさらに吻側へ前傾して生える．その結果，側面観からは，最吻側の前臼歯2本が前方へ突出し，実際，植物体の破砕に機能しているのは，当座は吻側の臼歯のみという状況を生じる．その後の成長，萌出によって後方の臼歯も使われるようになるものの，カンガルー類のグレイザーの特徴は，吻側臼歯列を強く用いて食塊を破砕する咀嚼運動にあるといえるだろう（Sanson, 1989; Hume, 1995）．

最後に，とくにカンガルー類の，これほどの発達を遂げる植物体餌資源の利用システムを，“反芻”と呼んでしかるべきかどうかという論点が生じる．反芻というのは，やはり真獣類偶蹄類の反芻獣のいわば“専売特許”として論じるのが妥当だというのが，語のセンスとして思うところだ．確かに派生的なカンガルー類の草食適応は，低栄養のイネ科植物を利用する術において，長けているといえよう．しかし，全体像として，真獣類のファウナにおいて草資源を奪い合い，地球規模で長く絶対的な勝者として君臨している反芻獣と比較して，もう一段階の緩やかさ・甘さが，カンガルー類のスペックには

感じられる．定量的に指摘するのは必ずしも容易ではないが，反芻獣とカンガルーの発酵機能を，収斂を重視することで言葉までも同一化するのは，草食適応の理解において妥当ではないと感じられる．

第6章　行動と生態の基盤

センスあふれるエンジニアが機械を設計するとき，それがいかに巧妙なものであっても，使う人がその機械を愛するかどうかは知れたものではない．なぜなら，機械の設計は設計でしかないからである．もちろん，設計とはすべてを掌中に収めているはずの行為であるが，残念ながら，使う人間の心までは掌握できない．

解剖学者が論じるからだの機能にも往々にしてそれがいえる．目の網膜を見れば，その網膜の持ち主の視覚が分かった気になってしまう．ピンセットをもち，顕微鏡を覗く当人は，その行為に埋没するからだろう．

だが，その網膜を使いこなしているのは元の持ち主であり，持ち主の脳である．解剖学が語るからだの性能など，形態学が扱う器官の機能など，所詮はエンジニアの書きとめる諸元が如きものだ．捕まえきったつもりになっているからだの真理は，おそらく百里の道の最初の一歩にしか過ぎないだろう．

だから，それゆえ，あたしはピンセットをもつ．今日も，そして明日も……．

6.1　認知から社会へ

（1）背景としてのホームレンジ

有袋類の研究の中で見方によっては真獣類より大きく遅れる部分があるのがエソロジー・行動学，認知心理学の基礎部分かもしれない．感覚・知覚・認知・行動・学習などにおいて，ヒトも含めておよそ学問体系が真獣類によって構築されてきたからである．高等脊椎動物のエソロジーや行動学は，

まずマウスで，そしてマカク類，フサオマキザル，チンパンジー，ヒトという流れで体系化，高層化していく途が研究の初期から開かれていった．そこであえて有袋類で研究を多様化させる意義と動機が欠けてしまうのは，こうした学問の領域の本質的進展からしても自明である．有袋類は認知実験においてマウスよりも利点があるわけではなく，もちろんサル類を使うほどヒトとの比較において興味深いわけでもない．核心的なこととして，有袋類という系統を使うことをもってして，真獣類とは異なる特質をもった認知・行動に関する比較生物学的な面白さが得られたことは，これまでにあまりなかったといえる．有袋類は確かに特異な動物群なのだが，有袋類ゆえの積極的主題を，こうした学問分野が打ち立ててきていないというのが本当のところだ．

　ただし今のところあくまでも各論ではあるものの，有袋類からも興味を開く知見は増えてきた．たとえば嗅覚，聴覚，そしてそれらを利用した個体間，集団間コミュニケーションの研究である（Croft and Eisenberg, 2006）．

　どうやら真獣類ほどの多様性を見せないと思われる有袋類の生態であるが，まずはカンガルー類，特に大型のカンガルーの社会生態について論じておきたい．別途ふれたが，有袋類が実現できなかった適応戦略に飛翔や遊泳がある．だがそれ以前に，真獣類でいうところの大型草食獣のニッチを完全に満たす有袋類は出現し得なかったといってもいいだろう．メガファウナの例を含めて，あえていえば大型の双前歯類，事実上は大型のカンガルー類がそれに迫ろうかという手前の段階だろう．ということは，必然的に，真獣類の大型有蹄獣とぎりぎり比肩できる生態学的実態をもつものは，せいぜい大型の草原性カンガルーくらいしかないことになる．

　実際，現生群でデータが豊富なものに *Macropus* のいくつかの比較的大型の種があるが，このグループは有蹄獣と比べることのできる群れをつくり，往々にして社会を発達させる．偶蹄類が大型化し，草原性になり，イネ科を餌資源とするようになっていった過程と類似して，カンガルー類も，行動を変え，食性を変え，繁殖や防衛のために社会性をもった群れをつくり大きなホームレンジをもつ方向に動くのである（Nowak, 1999）．

　実際の生態学的データで見ると，中型サイズの *Macropus* でも 10 頭程度の群れが観察されることが普通だ．雄で体重 20 kg を超えてくるエレガントワラビー *Macropus parryi* で，群れは 50 頭を超えるようになりホームレン

ジは 50-100 ha に達するようになる．ほぼ同サイズのケナガワラルーでは，
季節によって雌雄でホームレンジの変異幅が広がることが知られる．冬季は
雄が 70 ha ほどで雌が 30 ha だが，夏季には，雌雄とも 30 ha ほどにとどま
るとされる（Clancy and Croft, 1990）．スナイロワラビー *Macropus agilis* で
も，10-25 ha 程度のホームレンジが観察される（Stirrat, 2003）．*Macropus*
類にはそもそも体サイズに性的二型があり，季節によって餌環境や繁殖条件
などが崩れれば，大型の雄はより広い範囲を移動することになると理解する
ことができる．

　真獣類に比べれば捕食者の能力が限定的なオーストラリア区でも，大型偶
蹄類と対比し得る大型の *Macropus* 類は，アカカンガルーやオオカンガルー
でその頂点に達しているといえる．アカカンガルーやクロカンガルーの調査
では，概して 2-7 km^2 というかなり広いホームレンジが確認される（Prid-
del *et al*., 1988；Nowak, 1999）．他方で地域差も見られると考えられ，資源量
などの環境要因によって，ホームレンジの広さは大きく変動すると思われる
（Arnold *et al*., 1992）．またアカカンガルーは乾燥帯に分布するため，降水量
に依存して離合集散することが知られる（高槻，1998）．このあたりはサバ
ンナの反芻獣の一般論とよく似ているといえる．

　Macropus 属を外れて，クアッカワラビーやハナナガネズミカンガルーな
どの小型のカンガルー類の場合は，予想される通り，ホームレンジは極端に
狭くなる（Nowak, 1999）．こうした種がどのような社会生態を営んでいる
かは未解明な部分が多い．考え方としては，系統性を問わず，小型サイズの
カンガルー類はちょうどウシ科のダイカー類やディクディク類のように，森
林性，灌木性で単独生活者であることが多いとされる．クアッカワラビーは，
低木林，湿地，荒れ地などに小規模に暮らしていて，近縁の *Macropus* 属と
は，生態も社会も食性も好対照を成すと推察することができる．実際，小型
の反芻獣から類推される分布と生態の特性をもってして，こうした小型のカ
ンガルー類の行動と生活史を類推する場面は多い．

　検討の進んだフサオネズミカンガルー，ハナナガネズミカンガルーなどで
は，広くても 20 ha 以下の行動圏にとどまり，他個体と浅く重複する採食域
をもちながら暮らしていることが判明している．クアッカワラビーやアカク
ビワラビーのように体重 5 kg 程度以下の最小クラスのカンガルー類になれ

188　　第6章　行動と生態の基盤

ば，ホームレンジは10 haを下まわり，複数個体の共存は偶発的なケースにとどまってくるだろう．

（2）繁殖行動と季節との関わり

有袋類は，地球史の偶然として現存する陸域が地理的に限られている．南アメリカの分布域にもニューギニアを中心とした地域にも熱帯は広がっている．しかし，有袋類の分布域のおおどころとしては，温帯やステップ気候域など，季節性・周期的変化を明瞭にもった地域が広い．したがって，真に熱帯分布性の少数派の種を除くと，多くの有袋類は季節変化の中に暮らし，とりわけ繁殖には生理学的・行動生態学的季節性を伴っていることが多い．

哺乳類の一般論でもあるが，有袋類においても，分娩の機会，頻度，リッターサイズなどにまったく季節差が無い種もあれば，時期によって繁殖の量的相違が見られる種もあり，さらにそれが進めば一年の一定の期間はまったく繁殖行動が止まる種まで，幅広い季節繁殖性が確認される．繁殖アクティビティの季節性を決める個体レベルの繁殖生理学的あるいは生殖内分泌学的要因は，雌側にも雄側にも備わっている．

両性で重要性を順序付けるなら，真獣類と考え方は本質的には同じで，第一義的には雌側がアクティブかどうかが，季節繁殖特性の決め手である．有袋類においても季節繁殖性は，日長条件により発情あるいは排卵を制御するというのが基本戦略とされている（Gardner, 1982；Sunquist and Eisenberg, 1993）．当然平行して，個体の栄養状態や健康条件が雌の繁殖可能性を変化させる（Lee and Cockburn, 1985）．結果，発情，交尾，あるいは排卵の有無を，雌側が季節条件に応じて決定することになる．

他方，雄側でも，日長条件や気温，そして個体の生理学的健全さが，中枢に端を発する内分泌生理として，精子発生・精子形成の活性度を決めている（Mansergh and Broome, 1994）．真獣類で経験的に理解されるように，精巣のアクティビティにおける季節変動は，集団の非繁殖期を検出確認する上ではきわめて明確な指標だが，雌に比べると一般に不活性状態になりにくいと考えてよいだろう．雌が発情あるいは交尾可能性を先行して決めているであろうから，雄側の事象は，繁殖の季節制御の本質というよりは，雄の生存コストの合理性という尺度で受け止めることができる．交尾と自分自身の生残

のどちらが優先されるかは，雄としても臨機応変，明確に決めなければならないのである．

頻繁にあるケースとしては，季節繁殖性が明瞭であって，同時に一繁殖季節に雌が多発情性となっている場合だろう．よく調べられているフクロギツネでは，分布域が広いこともあって，生息地の気温や生産力などに応じて繁殖可能時期を制御している．フクロギツネの場合，温暖地の極端な場合には事実上の周年繁殖状態になっている．

フクロギツネの場合，雌が非繁殖期に入ったとしても，雄側が精子発生を完全に止めることはまずないといってよい．もちろん精巣は極端に豊かさを欠く生息環境であれば最終的には不活性化されるだろうが，フクロギツネの場合はよくある温帯域の真獣類の中型獣と同様で，雄の繁殖機能は季節変化を跨いで粘り強く持続しやすい．さらに変化の少ないのはダマヤブワラビーの場合で，既述のようにきわめて明瞭な季節繁殖動物ではあるのだが，精巣や副生殖器の季節によるサイズ変化，重量変化はほとんど見られないとされている．

他方で，フクロギツネに近縁ではあるが，リングテイル類では非繁殖期に雄の精子発生・精子形成が完全に休止する例が知られる（Henry, 1984）．スイッチを入り切りする真の進化学的要因は分布環境における繁殖成功度の大小といってしまえばそれまでかもしれないが，雄側の季節繁殖性においても，有袋類が一定の多様性を見せる例だといえる．実際，ここまでは有袋類も真獣類も，季節繁殖を同一の概念で理解してよいだろう．

有袋類の季節性の論議において，真獣類と異なる考え方を必要とするのは，まさに有袋類の特質である短い妊娠期間である（Croft and Eisenberg, 2006）．温度や日長で決まる外界の生産力が季節性を規定するのは当然である．が，有袋類の場合には，妊娠に要する原資が真獣類より確実に少なくて済み，とくに体サイズの大きい種で比べれば，桁違いに省資源的に妊娠を終えることができる．他方で，分娩後の授乳を中心とした母子間のケアに要するエネルギーは，逆に真獣類より大きいとさえいえるだろう．

考え方のセンスとしては，近未来の生産量の多寡に応じて微妙に交尾機会を制御できるように高精度に進化してきたとは，にわかには想定しにくい．おそらくは新生子の損耗に依存する形で，量的機会的に多めに交尾を行い，

190　第6章　行動と生態の基盤

後は未熟な新生子の成長を幸運に任せるという性格付けが，真獣類よりも有袋類に強いことが推察される．もちろん，有袋類においても後分娩排卵や胚休眠などの理に適った逃げ道を尽くした上で決まってくる実態であるので，有袋類が徒に無駄な交尾を繰り返しているわけではないだろう．しかし，こうした観点での，有袋類の交尾機会の内分泌学的コントロール，すなわち発情制御を，真獣類と比較する検討はまだあまりにも少ない．

　基盤的系統としてオポッサム類を取り上げると，多くの種が季節性を備えている．同時に，繁殖期においては多発情性となる（表2-2参照）．第2章で有袋類の雌性生殖周期の基本パターンをオポッサム類に求めたが，季節性に関してもオポッサム類が基礎的特性のモデルといえる．

　雌性生殖周期に若干の間延びが修飾として加わっているダシウルス形類においても，オポッサム類同様の季節繁殖パターンが見られる．検証が蓄積している Antechinus や Phascogale の例では，明確な季節性をもった上で，発情特性は単発情から多発情までの幅をもっていると考えられる．この点も真獣類によくある例と同様に考えることが可能だ（Wood, 1970; Tyndale-Biscoe and Renfree, 1987; 遠藤，2002）．

　Antechinus に関しては通常の余裕ある栄養条件で一繁殖期に一度のみの発情を見せると考えられ，新生子の損耗が無ければ，おそらくは明確な単発情性である．Antechinus は交尾排卵動物ではないが，発情は3日を超えて長めに続くことが知られる（Croft and Eisenberg, 2006）．雄間の闘争はかなり激しく，また雌に対して特異な音声コミュニケーションを使っての求愛に入る（Croft, 1982; Lee and Cockburn, 1985）．

　有袋類の場合に，真獣類と比較して交尾時間が長く継続する例が知られ，この Antechinus の例では6時間以上の継続が普通に見られる．Didelphis や Marmosa，系統的には遠く Macropus でも，おそらくは複数回の射精を伴う30分から60分間以上の交尾が観察される．さらに，交尾そのものは短時間であっても，雌雄の近接した時間が長い例が示されてきた．たとえばヒガシシマバンディクート Perameles gunnii やハナナガバンディクートにおいては，陰茎の1回の挿入時間は短いものの，雄がなかなか雌を放すことはなく，2時間ほどにわたり多数回の射精を行っていると考えられている（Heinsohn, 1966; Stodart, 1966; Russell, 1984）．リングテイル類でも，挿入時間はきわめ

て短いが，雄が雌を捕まえて後，30分は離れないとされる（Henry, 1984）．

双前歯類の場合は極端に交尾が長い例は少ないようだが，繁殖期の雌雄の接近が長時間にわたる場合は珍しくない．たとえばヒメウォンバットは計3日間の雌雄近接行動が交尾の成立に必要とされている（Taylor, 1993）．*Macropus* や *Potorous* などの各系統のカンガルー類も，交尾そのものは一瞬であっても，後にふれるが嗅覚を用いた雌雄間のコミュニケーションが長い時間をかけて行われる．当然，雌側の発情が本質的決定要因だが，双前歯類の場合は，交尾行動そのものに雄から雌への激しい攻撃が伴っていることが多く，当然非発情状態では，雌から雄への過激な闘争行動が示される（Gaughwin, 1979; Serena *et al.*, 1996; Walker, 1996; Stirrat and Fuller, 1997）．

とくに派生的な双前歯類における交尾行動は攻撃性が強く，少なくともコアラでは，雄は発情の有無を問わず交尾行動を試み，必ずといっていいほど雌雄相互の攻撃状態に至っていると推測される（Mitchell, 1990a）．コアラの激しい繁殖行動は有袋類としても他の種とは異質であるといえる．関連して，コアラが有袋類では例外的な交尾排卵動物であることが指摘できる（Handasyde, 1986）．基本は単独生活者であり，雄でも雌でも集合性は低い．交尾排卵の生態学的意義を考えるなら，生息密度が低いとか，雄側の競争を穏やかにしているということが通常はいえるだろうが，コアラの場合にその意義は明確ではない．雄が集まることはなく，順位も成立しないが，単純に雄は発情があろうがなかろうが雌に対して攻撃的に交尾機会を得ようとしていると考えられる．他方，コアラの場合には交尾そのものは短時間とされている．

多くの有袋類の雌雄の近接時間，交尾時間が長いということに関しては，もちろん確実な受精や雄側の遺伝子継承策としての合理性はあろうが，真獣類と異なる様相を示すともいえるこうした交尾の一般的特徴の意義は検証されてきていない（Eisenberg, 1981; Croft and Eisenberg, 2006）．挿入以外の部分で長い時間を要するケースは真獣類にももちろん見られるが，行動の比較生態進化学的意義は明らかではない．

季節繁殖が厳格に年一回の単発情性に制御されている種として，ヒガシチビオジネズミオポッサム *Monodelphis dimidiata* やダシウルス形類の一部が挙げられる（Pine *et al.*, 1985; Croft and Eisenberg, 2006）．これらの場合，繁

殖のためだけに一時的に雄が凝集すると考えることができ，雄間の闘争・競争が激しく高まる．

逆に，条件に恵まれれば，繁殖期に複数回の分娩を行うのが *Perameles* 属あるいは広くバンディクート類の特質である．一般に季節繁殖性の有袋類は，各繁殖期においては一産のみである．これに対して，バンディクート類は生息域で約半年間可能な繁殖期を利用して複数回の出産，離乳を繰り返すことができる（Tyndale-Biscoe and Renfree, 1987）．第 2 章で語ったように，これらの系統は妊娠期間が 13 日足らずで，泌乳も 60 日から 70 日程度しか継続しない（表 2-1，表 2-2 参照）．少なくとも 2 回の繁殖が，一繁殖季節に想定される通常の設計である．産子数が 8 であることを加味すると，分布地の気候条件ゆえに明確な季節繁殖性を伴っているとはいえ，限界まで多産的に進化したグループであると見なすことができる．

系統的にも独自性の強いミミナガバンディクートは，バンディクート類とは一線を画す戦略があると考えられ，妊娠期間も泌乳期間も長めである．交尾時間が長いといった一般論のほかに，マーキングと嗅覚による雌雄間のコミュニケーションの種特異性が飼育個体を含めて注目されている（Johnson and Johnson, 1983）．

バンディクート類以外では，明瞭な繁殖期に多数回の分娩が可能となっている種は必ずしも多くない．生産量に恵まれた分布域のフクロギツネが 2 産，ハイイロリングテイル *Pseudocheirus peregrinus* が条件次第で 2 産が見られることが知られる（Haffenden, 1984 ; How *et al.*, 1984）程度である．

こうした例で見えてくる実態として，有袋類の短い妊娠期間は，分娩・離乳機会の増数とは一対一には結びつきにくいという事実がある．このことは，第 2 章以来語っているように，泌乳まで含めた発生と育児の所要時間が，真獣類と大きく変わらない系統も多いという事実が裏付けとなる．もちろんとくに小型サイズの有袋類では，妊娠期間と育児期間の合計が典型的真獣類よりも短いケースはあろうが，有袋類における短い妊娠期間と未熟新生子の分娩は，単純な多産戦略への適応ではないということが，改めて浮き彫りになる．むしろ多産戦略に限っていえば，典型的ネズミ科のような齧歯類の方が高度化していると見なすことができる．有袋類が子宮に負担をかけずに繁殖していることの意味は，既にふれてきたように，産子数の単純な増大ではな

い.

（3） 社会性の成立

　有袋類の社会性は，真獣類に比べれば，多様性においては乏しいといえる．
と同時に，社会を考えるときに，有袋類か真獣類かという，系統進化学的な
要因は二の次で構わない．重要なのは生息環境と生活型である（三浦，
1998）．

　一定に小型の有袋類では，いわゆる単独性雌雄によって繁殖が進んでいる
と考えられる場合がほとんどである．前節でふれた大型の草原性カンガルー
を取り上げたとしても，明確ななわばりを形成せずに雌雄が離散と集合を繰
り返して，その時点での発情雌と交尾するという流れは大きく異なるもので
はない（Croft and Eisenberg, 2006）．

　大型カンガルー類では確かに雄側に順位の確立があり，それに基づいて一
定の時間を費やして雌雄間で発情・交尾可能性の探り合いが進められる．当
然の帰結でもあるが，乱婚はまず雄側の競争を生んでいて，大抵の場合は体
サイズに依存した雄内の順位が一般的に成立し，順位の高い，通常は体サイ
ズの大きな雄が，隣接するホームレンジをもつ発情雌と交尾機会を得ている
ことが多いと推察される．しかし，そのような例を見出したとしても，真獣
類の多様性と比較すると一般論としてずっと単純な繁殖システム・社会性し
か採っていないといえる．

　有袋類の乱婚と雄の順位に関する総合的な検討は，バンディクート類やカ
ンガルー類で，時に真獣類と比較しながら行われてきた（Jarman, 1983,
1987; Lee and Cockburn, 1985; Mitchell, 1990a, 1990b）．カンガルー類の複数
の種で，優位の雄が近隣の交尾可能なすべての雌と交尾していることが知ら
れている（Kaufmann, 1974; Jarman and Southwell, 1986; Johnson, 1989;
Fisher and Lala, 1999）．他方，アカカンガルーのデータであるが，偶蹄類や
霊長類などでも観察されてきた例に漏れず，明らかに劣位の雄が，優位の雄
との競争の合間を縫うように交尾機会を得ていることも確かである．

　当然であるが複雄を構成要素とする社会に，雄の順位が生じる．明確なな
わばりの有無や性的二型の明確さを議論する以前に，雄間の順位は生じる．
生じる要因には，体サイズの差異がある程度必要であると考えることができ，

194　第6章　行動と生態の基盤

オポッサム類，ダシウルス形類，フクロギツネ，ウォンバット類，小型から
中型のカンガルー類を見渡したとき，集団が複雄を許容し，次いで競合・闘
争とともに順位が生じる流れを見ることができる．

　有袋類では，事実上，複雄集団と順位の存在は同義と呼んでよいだろう．
具体例としては，キタオポッサム（Ryser, 1992），イワワラビー類 *Petrogale*
（Horsop, 1996），アカネズミカンガルー *Aepyprymnus rufescens*（Frederick
and Johnson, 1996），フクロモモンガ（Klettenhemer, 1997），フクロギツネ
（Winter, 1996），ヒメウォンバット（Taylor, 1993）等で，複雄集団と雄の順
位が詳しく検討されている．フクロモモンガは後にふれるが，一夫一妻から
の連続的派生であることが実際に観察され，逆に *Petrogale* 類などは単雄複
雌を安定させることができる種を含み，ハーレムに至る例となる．フクロモ
モンガの順位や *Petrogale* 類に見られるハーレムの完成については，特異な
社会構造も含めて，すぐ後でふれよう．

　雄順位のあるこうした種には，高順位雄が交尾後しばらくの間雌を保護し，
他の雄を近づけない攻撃的な行動を見ることができる．キタオポッサムやフ
クロギツネ，ヒメウォンバットといった注目される種で，そうした行動は精
査されてきた．真獣類でもよく観察される事象であるが，社会構造があまり
高度化しない有袋類では，この程度の雄順位のある繁殖集団というのが，平
均的・典型的な社会システムと見なすことができる．

　こうしたグループの延長線上に *Macropus* の大型種があるといえるだろう．
Macropus の集団については，アカカンガルーやオオカンガルーのような大
型種では，200頭に及ぶ群れの形成が珍しくない．生殖可能年齢で雌雄の体
重差が3-4倍に達することがあり，社会性の帰結として性的二型が明瞭であ
る．この意味するところは明白で，雄同士の競争が激しく行われ，体サイズ
差が拡大したものといえる．大型カンガルー類における発情・交尾機会の限
定された雌性生殖周期も，まさに雄に選抜をかけるために機能しているとい
える（Kirkpatrick, 1967）．オオカンガルーでは，交尾機会の多寡をめぐっ
て，雄間にヒエラルキーが明確に構築されている．カンガルーでは行動上の
なわばり形成はないようだが，順位は堅固に確立される（Grant, 1973; Rus-
sell, 1974）．先にもふれたが，順位の高低は，必ずしも交尾可能性を百対ゼ
ロとするものではないと理解しよう．

カンガルー類の雄の順位と交尾可能性に関連して，後分娩排卵時の交尾および闘争行動がダマヤブワラビーで検討されている（Rudd, 1994）．ダマヤブワラビーでは，分娩後わずか 1.3-1.8 時間程度で多くの雌個体は周囲の雄との交尾を受け入れる状態になるとされている．しかし，この時間帯には，まだ雌が交尾を迫る雄に対して攻撃を加えることも起こり得る上，雄同士の闘争が頻発する．交尾の権利をめぐる雄の闘争，見方を変えれば精子レベルでの競争が激化する時間帯である．

既に順位が確立されているとはいえ，この時間帯においては交尾に進みつつある雄を，他の雄が力ずくで排除する闘争が生じる．高密度の飼育条件下で観察すると，マウンティング姿勢が成立した後も他個体に妨害され，その 4％程度しか挿入射精に至っていないという報告がなされている（Rudd, 1994）．雌側は 5-6 時間後にはほとんど例外なく交尾を受け入れるようになるが，ダマヤブワラビーの排卵は分娩後 40 時間であると推測される．順位の高い個体が交尾に成功し，また他個体の交尾を物理的に妨害したとしても，雌体内での精子の生存時間と受精に適した時間帯を考えると，1 頭の雌は複数の雄との間に，受精に至る可能性のある多数回の交尾を行っていると考えるべきである．雌性生殖器官内での複数個体の精子の競合は必至であり，また受精に成功する個体がどのような交尾順序の個体であるかは，明確な結論が得られていない（Croft and Eisenberg, 2006）が，最初に交尾機会を得るであろう高順位雄の精子が受精しているという予測もある（Rudd, 1994）．

こうした後分娩時の発情，交尾，排卵に関する行動学的検討はカンガルー類で広く行われ（Croft and Eisenberg, 2006），クアッカワラビー，スナイロワラビー，アカハラヤブワラビー *Thylogale billardierii* 等で，分娩後概ね 12-48 時間の間に発情状態になることが知られている．おそらくこれらの種でも，この時間帯は，雌のマウンティングの許容に始まり，雄の闘争を惹き起こしていることが推察される．

いずれにしても，有袋類においても，*Macropus* の最大級の種になれば，社会性において真獣類と同じ大型草食獣の論理が当てはまるといえる（Nowak, 1999）．絶滅群にはより大型の系統が繁栄していたため，より明確な大型草食獣の社会性が，たかだか数万年前のカンガルー類に見られたことは間違いなかろう．

196 第6章 行動と生態の基盤

　一方で，大型のカンガルー類以外で，繁殖を特異的に決定する個体間関係や社会的な群れ形成が見られるケースは限られる．ただし，必ずしも体サイズに依存せずとも，一夫多妻のハーレムを形成する種が一部に見られる．ミミナガバンディクート（Johnson and Johnson, 1983）やシロオビネズミカンガルー *Bettongia lesueuri*（Stodart, 1966）が好例となる．また，オグロイワワラビー *Petrogale penicillata* 等の *Petrogale* 属のいくつかの種もハーレムを繁殖戦略の常態とするといってよいだろう（Jarman and Bayne, 1997）．このグループでは，種の体サイズと社会構造を加味した遺伝学的動態も検討が進んでいる（Hazlitt *et al.*, 2006）．*Petrogale* 類では，繁殖期に実際に外傷を負った個体がよく観察され，雄の激しい闘争が推察される．要は，ハーレムとは，単独雄による繁殖雌集団の安定的な保護が完成することである．しかし，有袋類では雌の集団が離散する種が多く，ハーレムは持続的に維持されにくいと考えられる．実際，有袋類におけるハーレム様構造の成立は，巣穴をもって安定的に暮らす種・集団に多いといえ，そもそもの該当種の行動特性に依存しているともいえる．

　小型種では逆に，なわばりあるいはホームレンジが比較的明瞭で，基本的に一夫一妻を成立させる種がある．*Petaurus* 類を含むフクロモモンガ類がその代表例である（Goldingay, 1990; Goldingay and Kavanagh, 1990, 1993）．また *Petaurus* は，社会に多様な幅を見せることで知られ，一夫一妻から一夫多妻への移行状態，あるいは多数の雌雄成獣により構成される家族集団をつくることがある．これらの様態は，生息地や集団によって複雑な変化を見せる．

　フクロモモンガ類の場合，もっとも複雑なケースは，複雄複雌成獣からなる集団である．比較的小型サイズの系統でありながら，雄が複数の群れになっている場合，順位の成立が観察されている（Smith and Lee, 1984; Klettenheimer, 1997）．複数雄は一般にわずか2, 3個体であると推測されるが，その中での明らかな順位は，同様に複数からなる雌との繁殖成功度を決めている可能性が高い．

　このように，真獣類が見せる繁殖行動の一定に高度な社会性が，確かに有袋類にも備わっている場合はある．しかし，総じて有袋類は，乱婚を基本とする単純な繁殖生態にとどまっているともいえる．高度な社会性を幅広く築

いた真獣類と異なって，おそらくは種間の競争が穏やかで，たとえばとりわけ強い雄の淘汰などが生じる外的要因が少なかった有袋類の当然の帰結として，繁殖生態システムが単純であるということは間違いなかろう．

6.2 知覚の生理

（1）聴覚と行動

　先にふれたように，有袋類ゆえの認知科学や実験行動学は，霊長類を頂点とした同領域での真獣類での研究の足跡に比べれば希薄だといえる．それは，有袋類ゆえの比較動物学・生理学的な特性が実際に乏しいということもあるが，この研究領域であえて有袋類を用いることに対する動機があまり強くないということも原因だろう．だが，感覚機能それぞれに関する有袋類特有の進化学的興味は尽きない．この後は，いくつかの感覚知覚機能とそれに関連した行動について，有袋類の特徴を論議しておきたい．

　中耳領域と耳小骨の形態学的進化は，哺乳類の起源を古生物学的に探査するときに有力な共有派生形質として取り上げられてきた．その進化史的内容は，先行する書物（遠藤，2002）に譲ろう．三耳小骨システムの劇的な進化に関しては，有袋類が相当に古い起源をもつ系統であり，真獣類と同じ立ち位置にいるということができる．実際，たとえば三耳小骨に関して，その位置や骨迷路の形状などにおいて，有袋類と真獣類はまったくといっていいほど本質的相違はない（Meng and Fox, 1995a, 1995b; 遠藤，2002）．三耳小骨のテコ比や水平面に対して耳小骨列がつくる角度が，計測・定量化されている（Segall, 1969）が，真獣類での値（von Békésy, 1960; Tonndorf and Khanna 1967）とのわずかな差異に機能的意義が示されたことはない．組織学レベルでも，詳細に検討されてきたコルチ器のサイズ（Fernández and Schmidt, 1963）なども，有袋類・真獣類間で系統的影響を見ることはできず，機能形態学的に保守的な構造であると結論付けるべきだろう．ちなみに，耳小骨が癒合する単孔類とそれ以外の哺乳類との相違は，機能的にも大きいという予測がある（Aitkin and Johnstone, 1972; Gates *et al.*, 1974）．哺乳類内での機能的境界線は真獣類対有袋類ではなく，単孔類対有袋類・真獣類とい

198　第6章　行動と生態の基盤

う構図が描けるといえる.

　ここでも,爬虫類や鳥類の系統は十分によく発達した聴覚をもち,哺乳類型中耳領域がとりたてて有能な聴覚装置とも思われないという点が,理解の難しい事実として浮上する.長く周囲を鳥類や爬虫類に囲まれて進化した哺乳類に,もしも特異な耳小骨システムゆえの特有のアドバンテージがあるというなら,高周波への適応かもしれない.高周波領域を認識できるというのは,哺乳類型三耳小骨の確実な優位点である可能性が指摘されてきた（Aitkin, 1998a）.

　有袋類は,種に依存するものの,一般に様々な場面で音声コミュニケーションを用いている（Aitkin, 1998b）.音声でまず取り上げられるのは,繁殖をめぐる雄から雌への信号である.においと嗅覚については後ほど語るが,発情時期の雌からは一般に肛門周囲腺を用いて,においによる雄へのコミュニケーションが開始される.中型サイズの有袋類や双前歯類を中心にマーキング行動がよく観察される.これに対して,有袋類の雄は,音声による呼びかけで雌との空間距離を狭めていくことが一般に知られる.典型例では,フクロギツネの shook-shook コールというものがよく観察されてきた.発音機構の特殊性から後ほどふれるが,繁殖期のコアラの雄の声も特筆される.理解を過度に画一化するつもりはないが,雌はにおいで雄は音声でというのが,交尾の迫った時期の繁殖コミュニケーションの,有袋類における基本策の一つだといえる.

　実際に音声を録音した研究では,キタオポッサムやハイイロジネズミオポッサム,エレガントマウスオポッサム *Marmosa elegans* などでのデータから,おもには波長 16 kHz から 32 kHz をよく利用するコミュニケーションをとっていると推察されてきた（Ravizza *et al.*, 1969; Frost and Masterton, 1994; Reimer and Baumann, 1995）.交尾をめぐる雄からの情報発信以外に,音声コミュニケーションが一般によく使われるケースは母子間の連絡だろう.また,母子に限らず,捕食者に対する個体間の警戒情報のやり取りであることは一般的である.周波数領域は,真獣類と比べると,たとえばネコの音声における使用波長領域と酷似している（Heffner and Heffner, 1985a）.これは実際の各種の可聴領域という意味では必ずしもないが,長く引き継がれてきたであろう哺乳類全般の音声コミュニケーションの普遍的特徴である

と考えることができる.

　他方，行動実験として，単一周波数の音を刺激として与え，被検個体の反応を観察することから閾値を特定し，可聴周波数領域を推察する実験が行われてきた（Aitkin *et al.*, 1996; Aitkin, 1998c）．とりわけヒメフクロネコ *Dasyurus hallucatus*（Aitkin *et al.*, 1994, 1996; Dempster, 1994）やオポッサム類（Frost and Masterton, 1994）における解析結果が蓄積されている．実際の音声コミュニケーションでは，発せられる音情報が時間軸に対して一種の構造をもっているため，実験下での反応が一対一に認識能力を示しているというわけでもない．しかし，認知能力の特質を知る一つの目安としては，この種の解析が有袋類でも続けられている．これらの研究によると，有袋類が聴くことを得意とする周波数領域は，2 kHz から 35 kHz 程度と考えておくのが妥当だろう．もちろんその前後の波長を受容することも可能であろうが，実際におもに使われる周波数領域は数 kHz から三十数 kHz 内に収まると予測される（Aitkin, 1998c）．

　実験的に有袋類の反応が見られる周波数領域は，真獣類でも上記の値によく似ている．研究の進んでいるフェレット *Mustela putorius* では，10 kHz から 40 kHz 程度がよく聴こえているとされる周波数である（Kelly *et al.*, 1986）．イイズナ *Mustela nivalis* やそのほかイタチ類でも適した波長領域は類似した値が得られている（Huff and Price, 1968; Heffner and Heffner, 1985b; Farley *et al.*, 1987）．先述の通り，ネコでもこの領域は変わらない（Heffner and Heffner, 1985a; Aitkin *et al.*, 1994）．

　他方，低周波数帯については，真獣類で際立って低い音の利用が推察されていて，たとえばアジアゾウの可聴域は 30 Hz から始まるとされ（Heffner and Heffner, 1980; Poole *et al.*, 1988），フェレットは 36 Hz，イイズナは 51 Hz（Heffner and Heffner, 1985a, 1985b; Kelly *et al.*, 1986）とされる.

　この低周波帯の利用は，有袋類では実例が乏しい．ただし，一例の興味深い論議を付け加えておきたい．一般に発音装置には，鯨類の鼻腔やテンレック類の体毛（Endo *et al.*, 2010）などの例外はあるものの，ほとんどの場合，声帯ヒダを用いているといえる．ところがコアラは，まったく異なる音源を用いて，極端な低周波音を発することで知られている．これは，コアラの雄が交尾期に雌をめぐって出す低周波音である．コアラの場合，雄の咽頭口部

200 第6章 行動と生態の基盤

と咽頭鼻部の間に深さ10 mmほどの溝がつくられ,胸骨甲状筋から甲状軟骨などを動かすことによって,10 Hzから60 Hzほどの可聴限界域の低い唸り声がつくり出されている (Charlton *et al.*, 2013). コアラ程度の体サイズの動物が声帯ヒダによって低い音を出すことは物理学的に難しいと考えられ,これはコミュニケーションに低音を用いるためにコアラで特異的に進化した,他種では認められない発音機構である.

音声コミュニケーションが母子間で多用されることから,発生・成長のどの時期から聴覚機能が確立されるのかという議論が続いている (Aitkin, 1998d). 新生子での精度の高い研究は手法的にも難しい点があるものの,特定の音を提供し,反応を観察することで,妥当な聴覚の検出指標となってきた. その結果,たとえばヒメフクロネコにおいて,離乳1ヶ月前の育児嚢の子どもで,聴覚が機能を開始すると考えられる (Aitkin *et al.*, 1996).

誕生時の聴覚機能の開始は,有袋類内でも多様化している. 短期間での成長戦略をとるオポッサム類は,全般に機能開始時期が早いといってよいだろう. オポッサム類では,育児嚢内のおよそ30日齢から50日齢の子どもが音を聴いているという古典的実験結果が残されている (McCrady *et al.*, 1937, 1940; Reimer, 1996). これが,成長速度を鈍化させているカンガルー類では,ダマヤブワラビーで100日齢から120日齢程度,あるいはそれよりも遅くならないと十分な聴覚は生起していないという主張がある (Liu *et al.*, 1996).

比較対象の真獣類ではどうであろうか. 妊娠期間60日を超えるモルモットは胎齢50日程度で (Pujol and Hilding, 1973; Aitkin, 1998d),147日のヒツジは胎齢117日で (Cook *et al.*, 1987),胎子が音に反応している可能性が指摘されている. 実験動物化されているマウスやラットはきわめて妊娠期間が短い真獣類の例になるが,形態発生学的根拠も含めて,分娩前に聴覚機能が開始されている可能性が高い (Wada, 1923; Alford and Ruben, 1963; Hack, 1968; Ehret, 1976). 逆の例では,フェレットやミンクは分娩後にならないと音に反応しない可能性が高いとされる (Foss and Flottorp, 1974; Moore, 1982).

有袋類と真獣類を総合してみると,発生期の聴覚の始まりは,どうやら妊娠期間の長短とは無関係に設定されるタイムスケジュールなのかもしれない. 聴覚機能は神経系の発生に依存するため,胎子・新生子が子宮内にいるのか

6.2 知覚の生理 *201*

育児嚢内にいるのかという区別とは関係なく，生存に必要な聴覚の発達スケジュールが優先的に成り立っていると考えることができる．

真獣類においては，分娩前に子宮内で胎子が音を聴く戦略が普通に定着している．他方で有袋類の場合，ことごとく育児嚢内あるいは授乳中の新生子に聴覚機能が確立される様子が示唆される．これは，有袋類の特質として外界で育つがゆえに，母親との音声コミュニケーションが新生子期に必要とされるからであり，真獣類でいうところの子宮内での聴覚機能の完成と同じことを意味していると考えることができる．もちろん，外界に曝されていることを考えれば，真獣類よりも有袋類の方が聴覚の重要性はより早期に高まるといってよい．

有袋類においては，聴覚に限らず，様々な身体機能の開始時期の生存上の意義が真獣類と異なってしかるべきである．既に指摘してきた前半身の運動器や顔面頭蓋の早熟性や呼吸器官の発生遅滞などからも分かるように，分娩が早過ぎるがゆえに，授乳期間における各器官・各器官系の発生と機能開始時期が綿密・合理的に設定されている様子を有袋類に見ることができる．聴覚を分かりやすい例として，有袋類の諸機能の発達・完成の早い遅いを考える指標を，離乳の時点に置くべきだという発想（Aitkin, 1998d）が示されている．理に適った解釈だろう．

（2）視覚の適応史

有袋類の視覚および視覚に関連する認識の進化について概観しておきたい．有袋類の視覚の論議は，基本的に哺乳類の一般論の中に取り込むことが可能だ（遠藤，2002）．実際，ヒトを含め，量的には圧倒的に真獣類の研究がその知識と論理の基礎をつくってきている．有袋類の場合にも，生存に貢献できる視覚機能が進化し，生存基盤を構成していることには何らの相違もない．競争の程度で考えれば，真獣類よりは緩い生存競争が，有袋類の進化史を決めていることは明らかである．しかし，緩くはあっても，ニッチを占める上での視覚特性の確立は，適応的に決定される面が大きい．そうして決まる視覚のスペックに関しては，競争の内実に応じていくつもの例が報告されてきた．

先述したように，バンディクート類あるいはクスクス類は，樹上性の有爪

202　第6章　行動と生態の基盤

獣的適応戦略の中にいる．霊長類や一部の食肉類のように，樹間の距離を正確に測定し，枝の把握，餌果実の選択，枝上の安定歩行，幹の登攀，樹木間の跳躍などを巧みにこなし，樹上空間に暮らすことが可能だ．その感覚系の基盤として両眼視があり，それを実現する形態学的適応として眼窩の開放方向を吻側・前面に揃えるという形態形質が進化していることが予測される．視神経孔あるいは上眼窩裂から見た眼窩の方向ベクトルの論議は，真獣類，とくに霊長類と食肉類で古典的に検討され，両眼視による測距機能を要求される適応群にこの形質が平行進化することが確認されてきた（遠藤，2002）．他方で有袋類では，霊長類やネコ科のような極端な両眼視適応の眼窩をもつケースは，必ずしも進化し得なかったと結論できるだろう．

　実際，樹上性有袋類の各系統の両眼窩間距離や，視神経と眼窩に関連した頭蓋の形態形質を精査すれば，両眼視適応を定量的に示唆することは可能だろう．しかし，たとえばツパイ類対霊長類や，クマ科対ネコ科と同等の構図で，有袋類の両眼視適応頭蓋が基本設計システムとして非連続的に確立されているとは思われない．つまりは有袋類の両眼視適応は，頭蓋形態で見る限りは，地上性種の小幅な変形のレベルにとどまるものだといえる．

　両眼視については，大脳新皮質視覚野に関する有袋類と真獣類のマクロ機能形態比較が古典的に行われてきた．たとえば，両眼視機能が一定に高いと考えられるダシウルス形類が詳しく検討された対象である（Rosa *et al.*, 1999）．前提として，真獣類とは独立して有袋類の側で派生的に両眼視情報処理が進化したと考えたい．他方で，脳神経形態学的には，少なくともいくつかの視覚野領域については真獣類と有袋類では完全に相同だと考えられている（Sousa *et al.*, 1978; Rosa *et al.*, 1994, 1999）．

　両眼視の古生物学的関心は，真獣類に対して独立した有袋類の側での，両眼視の起源を探ろうとしてきた．ディデルフィス類を代表例に用いつつ（Volchan *et al.*, 2004），比較対象として，中生代の哺乳類を持ち出すことで理論づくりを進めることができる．もちろん，神経生理学や行動生態学の比較は，化石群ではどうしても困難となる．しかし，幸いにも大脳皮質視覚野や視神経に関しては化石脳頭蓋の鋳型から高い確度で推定される要素があるため，現生群の解剖学・生理学・行動学的データと比較しながら，祖先群の脳神経形態と両眼視機能に関する一定の推論を成立させてきた．大筋の論議

は，現生のオポッサム類で成立している程度の両眼視とその情報認識処理機能は，白亜紀の哺乳類において，既に類似する機能形態学的基盤によって支えられていたと推察するものである（Kirsch and Johnson, 1983; Pettigrew, 1986; Jerison, 1990）．分岐年代の新しさから考えても，このことはアメリカ有袋類のみならずオーストラリア有袋類においても共通に理解されるべきであり，実際，ダマヤブワラビーをはじめとする多くの有袋類の視神経経路について，普遍的に共通性が指摘されている（Ibbotson *et al.*, 2002）．

（3）独自の色覚

一方，色覚については，有袋類独自の進化史が指摘される．きわめて興味深いことに，二色性色覚が一般的となっている哺乳類の中で，有袋類のいくつかの系統に三色性色覚が成立していることが明らかになっている．現生群から推測される進化学的経緯は以下のようなものである．

魚類，両生類，あるいは爬虫類，鳥類と進化する間，網膜の視細胞ごとに異なる吸収波長ピークを発現することで，脊椎動物は色覚を備えてきた．錐状体細胞と杆状体細胞において発現されるオプシン遺伝子が決定され，初期の脊椎動物から，これらの遺伝子発現の制御によって，三色性色覚が進化したことが確実である（Jacobs, 1993; Bowmaker, 1998; Yokoyama, 2000）．

一方，哺乳類は一般に色覚が二次的に退化し（Jacobs and Deegan, 1992; Ahnelt and Kolb, 2000; Peichl and Pohl, 2000; Peichl *et al.*, 2001），多いケースとしてはSWS（短波長感受性）2とRH（杆状体細胞）2遺伝子の欠損により，とりわけ赤と緑の識別が困難になったと考えられてきた．その要因は，恐竜類をはじめとする爬虫類全盛の中生代ファウナにおいて，夜行性による地味な暮らしぶりを強いられた弱者としての生態学的位置付けがあったものという推察が説得力をもつ．

他方で，真獣類の中では例外的に霊長類が三色性色覚を備えている．この要因としては，樹上生活者として適応していった初期の霊長類にとって，樹上でのたとえば花弁や熟した果実の識別などに三色性色覚が重要な意義をもっていて，二次的な三色性色覚の獲得が適応的に働いたという推測がなされている（Mollon, 1989; Jacobs, 1993）．つまりは，二色性色覚では緑の葉に埋もれて発見できない果実や花弁を，三色性の突然変異により二次的に補っ

たというストーリーが語られてきた．この分子遺伝学的メカニズムは明瞭で，MWS（中間波長感受性）および LWS（長波長感受性）遺伝子の重複である．我々ヒトを含めて霊長類の三色性色覚は，真獣類の中では異例の二次的再獲得であり，爬虫類や鳥類の三色性色覚とは起源もメカニズムも異なる，いわば収斂の関係にある．

　早期に真獣類と分岐した有袋類も中生代の哺乳類の色覚喪失を祖先群から受け継いだと考えることができる．事実，アメリカ有袋類においては一般的に二色性色覚が成立しているとされ，早期から網膜の免疫組織化学的検討により，ミナミオポッサムを用いて SWS1 と LWS の発現状況が解明されている（Ahnelt *et al.*, 1995）．そして，遺伝学的背景，視細胞での二色性の発現パターン，網膜上での視細胞の分布に至るまで，エレガントマウスオポッサムを用いて詳細に検討された（Palacios *et al.*, 2010）．視細胞群の吸収波長のピークは，360 nm と 550 nm であることが見出され，アメリカ有袋類の二色性色覚は，真獣類同様の退化的状態だと見なされている．

　ところが興味深いことに，オーストラリア有袋類では，独特の起源による多様な三色性色覚が確認されてくるのである（Arrese *et al.*, 2002, 2006a, 2006b; Strachan *et al.*, 2004; Cowing *et al.*, 2008）．どのような適応的要因が働いて，アメリカ有袋類で獲得例が見られない三色性色覚が，オーストラリア有袋類のみで成立するかは謎に満ちている．真偽は不詳だが，ほぼ完全に海洋隔離され，競争者の少なかったオーストラリアが昼行性を基盤とした豊かな色覚による生態を成立させたのに対し，一定規模の真獣類と同時に分布し，優れた肉食者を生んでいた南アメリカが，一貫して有袋類を競争にさらし，夜行性を中心とした生態に追い込んだと考えることはできよう（Arrese *et al.*, 2002）．

　研究が深化しているのは，系統的に近縁とはいい難く，それぞれに高度な生態学的特徴を見せるオブトスミントプシスとフクロミツスイである（Sumner *et al.*, 2005; Cowing *et al.*, 2008）．

　フクロミツスイでは，遺伝学的背景の検索，視細胞における遺伝子発現パターンの解明と行動生態のデータの各方面から，三色性色覚の成立が確実である．オブトスミントプシスにおいても細胞生物学的検討により証拠固めが進められ，同様に三色性色覚が備わっていると判断される．そして興味深い

のは，両種間でピークの吸収波長が明確に異なっていることである（Arrese *et al.*, 2002；Cowing *et al.*, 2008）．マイクロスペクトロフォトメトリーの数値では，オブトスミントプシスが350，509，535 nm であるのに対し，フクロミツスイは305，505，557 nm とされる（Arrese *et al.*, 2002）．この例からも，どうやらオーストラリア有袋類の三色性色覚は広範囲の系統に多系統的に成立していると推測することができそうである．

　興味を惹くのは，有袋類に二次的三色性色覚を生じた適応的要因である．注目される論議は，フクロミツスイによる餌資源の発見能力に関係するものである．フクロミツスイは，*Banksia attenuata* の花の成熟を色覚で感知し，花蜜を食べる特異な生態を見せる．食性・消化の項で既にふれたように，季節変動は大きいが，フクロミツスイにとって同種の花粉は量的に食餌の大部分を占めている．さらに，この植物の花の発見には長波長寄りにシフトした三色性色覚が有効であると，行動生態学的に示唆されるのである（Sumner *et al.*, 2005）．ちょうど霊長類の二次的三色性色覚が，森林での餌植物の獲得を確実に有利ならしめているのと同じ論旨が，フクロミツスイにおいても成立する．フクロミツスイにとって三色性色覚による餌の発見は，重要な生存基盤として適応的に進化を遂げたと見なすことができる．

　有袋類の色覚の特殊な進化について論議を進めた．色覚というものを考慮すると，異なる遺伝学的基盤を用いた二次的な多系統間の平行進化が，たとえば数千万年から数百万年単位の分岐の深さにおいて成立し得る機能概念であるといえる．ちょうどそのような機能性に関して，有袋類を切り口にした進化の議論がとても興味深い歴史を残していることは，けっして不思議なことではなく，有袋類くらいに一定以上の長い歴史を歩んだ系統においては，必然ともいえる歴史の足跡であろう．

（4）視覚・聴覚・嗅覚の重点

　少なくとも頭蓋，鼻腔，そして嗅覚と密接な関連の生じる鼻甲介領域のマクロ形態は，有袋類と真獣類の間で共通とされ，篩骨，鼻甲介領域ではいくつかの部位が退化しているものの，基本的に相同な要素が両系統に類似の構造をつくっていることは確かである（Macrini, 2014）．すなわち，有袋類の嗅覚を基盤的に支える骨形態は保守的に安定して存在していると判断される．

206 第6章 行動と生態の基盤

　有袋類の嗅覚に関する認知科学的情報はけっして豊富ではない．ともあれ，有袋類の嗅覚機構が一般的によく発達していることは間違いない．嗅覚の生体側の検討とは別に，胸部の外分泌腺からの分泌物のガスクロマトグラフィー・マススペクトロメトリー解析によって，興味深い知見が得られてきた（Salamon *et al.*, 1999）．オオカンガルーでは社会的順位によって，分泌物中のにおい物質の構成成分が異なることが示唆された．フクロギツネでは餌の内容によって，微妙ににおい物質の構成が変化することが判明し，コアラでは血縁の近い個体間でにおいの質がとくに類似しているのではないかと推測されている．これらはこうした典型的有袋類が一般に繊細な嗅覚を持ち合わせ，嗅覚情報を高精度で行動生態に反映させていることを意味している．

　また，生理学的行動学的には，捕食者にどのように気づくかという課題や，有毒物をどう識別するかという課題に対して検討が続けられ，その大きな要素として嗅覚があることが認められてきた（Salamon, 1996；Jones *et al.*, 2003）．クロカンガルーでは，ディンゴ *Canis lupus dingo* のにおいに反応して採食を中断することが確認され（Parsons *et al.*, 2007；Parsons and Blumstein, 2010），また行動実験に用いやすいダマヤブワラビーでは，捕食者を模したにおいによって警戒行動が増加することが知られてきた（Mella *et al.*, 2010, 2014）．これらの実験成果は明瞭で，少なくともカンガルー類においては，嗅覚が捕食を免れる大きな防御機構になっていることが明らかである．

　節の本筋を逸れるが，有袋類の行動特性に，death feigning，すなわち，死んだふりというものがあるので，ここで付記しておきたい．おもには *Didelphis* 属のいくつかの種で記録されてきた行動である（Norton *et al.*, 1964；Franq, 1969）．現象としては一定時間の全身の不動化であるが，生理学的に睡眠とは異なる．生態学的意義も生理学的基盤も不明なままである．死んだふりなるものは，真獣類ではたとえば偶蹄類のマメジカ科で見ることができるが，おそらく偶蹄類の場合は確実に被捕食回避の意味があろう．しかしオポッサム類においてこの行動の意義を明らかにするのはなかなかに難しい．

　新生子において乳頭を確保するために嗅覚が早期に発達すること，また形態学的に早期に成熟する器官や部位が成体になってからも形態学的に優位となりがちであることは既に述べてきた通りである．実際，オポッサムやカンガルーやコアラなどで，顔面から鼻部にかけてがプロポーション的に大きい

と考えられる例がある．コアラはその典型であるが，実際に鼻腔内の構造を見ると，意外にも内腔のサイズは小さく，形状も単純だという記載結果が残されている（Kratzing, 1984）．とくに鼻甲介の形状がとてもシンプルで，外見上の鼻部の発達と整合しないと論評されることもある．またコアラでは，鼻粘膜・嗅上皮の組織学的特徴に関しても，バンディクート類やフクロミツスイより発達が悪いとされている．

このコアラの鼻の機能形態の解釈については，同種がとりたてて嗅覚機能の高い種であると結論付ける必要はないだろう．どちらかといえば，新生子段階のヘテロクロニーを引きずる結果として外貌的に鼻部が大きく見えるというのが真実で，嗅覚を特異的に発達させた種であると考えるべきではない．外見的に鼻のサイズで予想されるコアラやカンガルーなどの嗅覚の発達は，実際には成立せず，これらの系統にとりたてて機能性の高い嗅覚が備わっているわけではないと推察されるのである．むしろ，コアラで形態学的に確認されるように，鋤鼻器の発達はよく，鋤鼻器がフレーメンのような交尾前の雌雄間のコミュニケーションに重用されているという推測が信憑性をもつ（Kratzing, 1984）．

コアラの単純化された鼻腔は，内腔表面積が小さく，粘膜からの水分の蒸発を防ぐ効果があろう．実際，コアラの場合は乾燥地に暮らし，体内水分の保持が大きな生理学的課題となっている．コアラの鼻腔は余分な水分蒸発を防ぎ，水を節約することを重視した設計を備えているといえるだろう（Kratzing, 1984）．既にふれたようにコアラが体表面からの水分や汗の蒸発熱に依存せずに，樹木の幹に熱を伝導することで体温を下げる行動を見せることも，鼻腔の単純な形態と整合する．またコアラがおもには夜行性生態をとることも，体温調節の厳しさを緩和していると推察される．どちらかといえば，コアラの鼻は一定に有能な嗅覚装置ではあるものの，水を失ってまで嗅覚情報を取得しようという高度化段階のものではないと考えるのが妥当だろう．

先ほど嗅覚による被捕食回避の可能性を語った．一方，有袋類の被捕食回避に繋がる早期警戒において，もっとも重要な情報源は視覚によるものだという説も，一定の根拠とともに示されている（Blumstein *et al.*, 2000）．四足の肉食者の出す特定の音は被捕食を回避する情報源になり得ることが明らか

であるが（Hasson, 1991 ; Coulson, 1996），有袋類では視覚で捕食者の姿形を認識し，それにより採食を中断するなどの危険回避行動に移行するというデータが得られている（Blumstein *et al.*, 2000）．要点は，肉食獣，猛禽，ワニなど，一般的な天敵・捕食者のシルエットがそもそもいくつかのパターンに類型・単純化でき，これには視覚で反応しやすいのだという考察がなされている．実際には，感知に有効な知覚距離や状況が嗅覚よりは劣る可能性があるが，それでも有袋類にとって視覚情報は必須であろうし，現生のほぼすべての有袋類が視覚情報を活用できるだけの視覚器と認知機能を備えていることは確かだ．

　捕食者から逃れる知覚機能に関して，有袋類で全般にいえることとして，確かに聴覚は優れてはいるものの，重要な情報源としては，足音のような例外を除くとあまり役に立っていないという通説が知られている（Blumstein *et al.*, 2000）．これは本章でふれたように，有袋類の聴覚がとくに劣っているという話題ではなく，有袋類に限らず捕食回避・早期警戒を可能とする情報として，そもそも音は役に立ちにくいという一般的比較の議論を提示しているといえるだろう．

　また，こうした感覚については，胎子・新生子期にどのように成立していくかという論点がある．有袋類の場合，極度に未熟な新生子が母親の乳頭にたどり着く必要があり，その際の知覚と運動の情報処理はどのように発達するのかというのが大きな論題である．これについて概要をまとめると，新生子期の乳頭を目指す情報の多くは嗅覚から得られていると考えられている．また，前肢主体のロコモーションに関しても制御に携わる神経系が把握されつつある．乳頭近傍では，口周囲の触覚の早期発達が重視されていることが明らかである．これらの論点については，別の章にまとめてある（Gemmell and Nelson, 1988 ; Adadja *et al.*, 2013）．

　嗅覚が本質的に重要だとされるのは，有袋類の場合，雌雄がある程度近接した状況での相互認識においてであり，嗅覚コミュニケーションが交尾行動の成否を握っているといえる．この場合，行動として検出できるのはマーキングであり，外分泌装置の主体は肛門周囲腺が担っている．肛門周囲腺の分泌するにおい物質によって，雌雄の多様なコミュニケーションが成立しているといえる．

6.2 知覚の生理 209

オポッサム類，フクロギツネ，リングテイル類，あるいは *Perameles* 属などの，飼育実験も含めた中型サイズの有袋類での嗅覚情報を伴う交尾行動には豊富な観察事例があり，雄が雌の存在と発情・交尾可能性を嗅覚によって認識しようとすることが知られている．においが最終的に雌側の交尾受け入れ機会を逃さないための情報源となっていることが明白である．

多くの有袋類で，雌雄双方による周囲へのマーキング行動が確認されている．雌のマーキングに関しては，当然，交尾期の雄が雌を見つける情報として肛門部の分泌物に依存している状況が多いといえる．フクロギツネやハイイロリングテイルでは，実際に繁殖期の雌による執拗なマーキングが見られ，それを追って雌に近接する雄の，明らかに嗅覚情報に依拠した行動が頻繁に観察されてきた（Henry, 1984; Walker and Croft, 1990）．ハイイロジネズミオポッサムでは，雌雄両性でマーキング行動が実験下で精査されてきた．この種では，一般に雄のマーキング行動が高頻度であり，また成長段階では5ヶ月齢を境にマーキング行動が見られるようになることが確認されている．他方，雌のマーキングは普通に観察されるが，低頻度であるとされている（Fadem and Cole, 1985）．また，ミミナガバンディクートは巣穴の入り口にマーキングすることが多く，におい情報の意味はフクロギツネとは異なっているかもしれないが，いずれにせよ雌によるマーキングが頻繁に記録される種である（Johnson and Johnson, 1983）．別に述べるように小型サイズながら独特の社会を構成するフクロモモンガやオオフクロモモンガ *Petaurus australis* においても，マーキングが盛んに行われる（Schultz-Westrum, 1965; Russell, 1984）．

一方，有袋類に一般的に見られる季節繁殖性とマーキング行動の関連が注目されてきた．実際には，これはマーキングが繁殖の意味しかもたないのかどうかの検討や，嗅覚情報に基づく行動のうち繁殖行動が占める重みの検証にも繋がる本質的研究である．この点に関して社会性を確立するフクロモモンガの雄では，マーキング行動に季節的変化が明瞭に見られるとされる．またそれに同期して，血中テストステロン濃度も変動し，形態学的には肛門周囲腺や，頭部や喉などの皮脂腺組織，アポクリン汗腺組織，そして陰嚢の外部計測値に季節変化を生じる（Bradley and Stoddart, 1993）．とくに陰茎脚近傍に発達する背側肛門周囲腺は，もともと臭腺の中でも相対的に大きな組

織であるが，その大きさに著しい季節性変動を示す．これらの結果から，こうした外分泌腺からの嗅覚情報の提示が，社会性とそれに基づく繁殖行動の発現に直結していることは疑いない．

他方で社会性の希薄なチャイロオポッサム *Metachirus nudicaudatus* では，雌雄共に肛門周囲腺を発達させるが，組織学的に見てその季節変化は明瞭ではない（Helder-José and Freymüller, 1995；Helder-José *et al.*, 2014）．むしろ，社会性や繁殖に関わる特定のコミュニケーション機能を果たさないこの状態を祖先的だと考えることができる．臭腺と嗅覚は，一般に，集団の行動生態が複雑化するとともに，高度なコミュニケーションに関与するようになる．もちろん，機能性の高い嗅覚や臭腺を生理学的基盤にしてこそ，社会性の進化が成立し得ると考えることもできる．有袋類においてもそれは同じ事情である．

先に，交尾の経過に異様に時間がかかる種としてヒメウォンバットの例を指摘したが，ウォンバット類は，とくに長い時間を費やして，嗅覚によって雄が雌の発情を認識する経過をとると考えられる（Gaughwin, 1979；Taylor, 1993）．雄は雌の肛門部からのにおい物質を探知するとともに，接近後はいわゆるフレーメンによって雌の尿を情報源に交尾機会を探る．

また *Macropus* などの大型カンガルーの場合にも，まず一般的に肛門部から分泌物によるマーキングが雌によって行われ，雄はその情報によって，雌の交尾可能時間帯を探り始める．大型カンガルーは群れをつくるため，雄は実際かなり長い時間をかけて，雌の生殖可能状態を確認しているともいえる．生態観察から判明する点として，雄が嗅覚の情報源としているのは，肛門部からのマーキングのほかに，育児嚢自体，そしてフレーメンを起こす尿である．カンガルーの雌の大きな育児嚢は，交尾期には確実に雄を誘い，また雄からは発情状態を知るための嗅覚情報源として機能している．一方でカンガルー類の群れ社会としては大型種ほど明瞭な雄の順位が確立されているが，これらのにおいによるコミュニケーションは，単雌対単雄に生じるシンプルな交尾行動の惹起にとどまらず，雄の順位を基盤としたカンガルー類の社会における交尾可能性・繁殖成功度に対して，複雑な影響を与えているといえる．

嗅覚情報による発情機会の把握に対して，有袋類では本章前半で述べたよ

うに，雄はしばしば特異的音声によって，雌とのコミュニケーションを図る
例が見受けられる．雌がにおいを出し，雄が音声を発するというのが，有袋
類の繁殖にまつわるコミュニケーションの特徴であり，真獣類での一般論と
類似しているといえる．

引用文献

Adadja, T., Cabana, T. and Pelieger, J. F. 2013. Cephalic sensory influence on fore-limb movement in newborn opossums, *Monodelphis domestica*. Neuroscience 228 : 259–270.

Aerts, P. 1998. Vertical jumping in *Galago senegalensis* : the quest for an obligate mechanical power amplifier. Phil. Trans. R. Soc. Lond. B 353 : 1607–1620.

Ager, E. I., Pask, A. J., Shaw G. and Renfree, M. B. 2008. Expression and protein localisation of *IGF2* in the marsupial placenta. BMC Dev. Biol. 8 : 17.

Ahnelt, P. K. and Kolb, H. 2000. The mammalian photoreceptor mosaic-adaptive design. Prog. Ret. Eye Res. 19 : 711–777.

Ahnelt, P. K., Hokoç, H. J. and Röhlich, P. 1995. Photoreceptors in a primitive mammal, the South American opossum, *Didelphis marsupialis aurita* : Charac-terization with anti-opsin immunolabeling. Visual Neurosci. 12 : 793–804.

Aitkin, L. 1998a. Auditory periphery of marsupials. In : Hearing : The Brain and Auditory Communication in Marsupials (Bradshaw, S. D., Burggren, W., Heller, H. C., Ishii, S., Langer, H., Neuweiler, G. and Randall, D. J., eds.), pp. 43–47. Zoophysiology vol. 36. Springer, New York.

Aitkin, L. 1998b. Hearing of marsupials. In : Hearing : The Brain and Auditory Communication in Marsupials (Bradshaw, S. D., Burggren, W., Heller, H. C., Ishii, S., Langer, H., Neuweiler, G. and Randall, D. J., eds.), pp. 22–30. Zoophy-siology vol. 36. Springer, New York.

Aitkin, L. 1998c. What do marsupials listen to? In : Hearing : The Brain and Audi-tory Communication in Marsupials (Bradshaw, S. D., Burggren, W., Heller, H. C., Ishii, S., Langer, H., Neuweiler, G. and Randall, D. J., eds.), pp. 31–42. Zoo-physiology Volume 36. Springer, New York.

Aitkin, L. 1998d. Development of auditory system. In : Hearing : The Brain and Auditory Communication in Marsupials (Bradshaw, S. D., Burggren, W., Heller, H. C., Ishii, S., Langer, H., Neuweiler, G. and Randall, D. J., eds.), pp. 79–98. Zoophysiology Volume 36. Springer, New York.

Aitkin, L. M. and Johnstone, B. M. 1972. Middle-ear function in a monotreme : The echidna (*Tachyglossus aculeatus*). J. Exp. Zool. 180 : 245–250.

Aitkin, L. M., Nelson, J. E. and Shepherd, R. K. 1994. Hearing, vocalization and the external ear of a marsupial, the Northern quoll, *Dasyurus hallucatus*. J. Comp.

Neurol. 349 : 377-388.

Aitkin, L. M., Nelson, J. E. and Shepherd, R. K. 1996. Development of hearing and vocalization in a marsupial, the Northern quoll, *Dasyurus hallucatus*. J. Exp. Zool. 276 : 394-402.

Alcorn, G. T. 1975. Development of the ovary and urogenital ducts in the tammar wallaby *Macropus eugenii* (Desmarest, 1817). Ph.D. Thesis, Macquarie Univ., Sydney.

Alcorn, G. T. and Robinson, E. S. 1983. Germ cell development in female pouch young of the tammar wallaby (*Macropus eugenii*). J. Reprod. Fertil. 67 : 319-325.

Alexander, R. McN. 1988. Elastic Mechanisms in Animal Movement. Cambridge Univ. Press, Cambridge.

Alexander, R. McN. and Vernon, A. 1975. The mechanics of hopping by kangaroos (Macropodidae). J. Zool. 177 : 265-303.

Alexander, R. McN., Maloiy, G. M. O., Ker, R. F., Jayes, A. S. and Warui, C. N. 1982. The role of tendon elasticity in the locomotion of the camel (*Camelus dromedarius*). J. Zool. 198 : 293-313.

Alford, B. R. and Ruben R. J. 1963. Physiological, behavioral and anatomical correlates of the development of hearing in the mouse. Ann. Otol. Rhinol. Laryngol. 72 : 237-247.

Altman, P. L. and Dittmer., D. S. 1964. Biology Data Book. Vols. 1-3. Federation of American Societies for Experimental Biology, Bethesda.

Amador, L. I. and Giannini, N. P. 2016. Phylogeny and evolution of body mass in didelphid marsupials (Marsupialia : Didelphimorphia : Didelphidae) Organ. Div. Evol. 16 : 641-657.

Ameghino, F. 1887. Enumeracion sistemática de las especies de mamíferos fósiles coleccionados por Cárlos Ameghino en los terrenos eocenos de la Patagonia austras y depositados en el Museo La Plata. Boletín Museo de la Plata 1 : 1-26.

Amrine-Madsen, H., Scally, M., Westerman, M., Stanhope, C., Krajewski, W. and Springer, S. 2003. Nuclear gene sequences provide evidence for the monophyly of australidelphian marsupials. Mol. Phylogenet. Evol. 28 : 186-196.

Aplin, K. P. and Archer, M. 1987. Recent advances in marsupial systematics with a new syncretic classification. In : Possums and Opossums : Studies in Evolution (Archer, M., ed.), pp. 15-72. Surrey Beatty & Sons, Chipping Norton.

Aplin, K. P., Baverstock, P. R. and Donnellan, S. C. 1993. Albumin immunological evidence for the time and mode of origin of the New Guinean terrestrial mammal fauna. Sci. New Guinea 19 : 131-145.

Archer, M. 1976a. The dasyurid dentition and in the western native cat, *Dasyurus geoffroii*, and the red-tailed wambenger, *Phascogale calura* (Marsupialia, Dasyuridae). J. Mammal. 55 : 488-552.

Archer, M. 1976b. The basicranial region of marsupicarnivores (Marsupialia), interrelationships of carnivorous marsupials, and affinities of the insectivorous marsupial peramelids. Zool. J. Linn. Soc. 59 : 217-322.

Archer, M. 1979. Two new species of *Sminthopsis* Thomas (Dasyuridae: Marsupialia) from northern Australia, *S. butleri* and *S. douglasi*. Aust. J. Zool. 20 : 327–345.

Archer, M. 1981. Results of the Archibold Expeditions. No. 104. Systematic revision of the marsupial dasyurid genus *Sminthopsis* Thomas. Bull. Am. Mus. Nat. Hist. 168 : 61–224.

Archer, M. 1984. The Australian marsupial radiation. In : Vertebrate Zoogeography and Evolution in Australasia (Archer, M. and Clayton, G., eds.), pp. 633–808. Hesperian Press, Carlisle.

Archer, M. and Dawson, L. 1982. Revision of marsupial lions of the genus *Thylacoleo* Gervais (Thylacoleonidae, Marsupialia) and thylacoleonid evolution in the late Cainozoic. In: Carnivorous Marsupials (Archer, M., ed.), pp. 477–494. Surrey Beatty and the Royal Zoological Society of New South Wales, Sydney.

Archer, M. and Kirsch, J. 2006. 1. The evolution and classification of marsupials. In : Marsupials (Armati, P., Dickman, C. R. and Hume, I. D., eds.), pp. 1–21. Cambridge Univ. Press, Cambridge.

Archer, M., Godthelp, H., Hand, S. and Megirian, D. 1989. Fossil mammals of Riversleigh, Northwestern Queensland: Preliminary overview of biostratigraphy, correlation and environmental change. Aust. J. Zool. 25 : 29–66.

Archer, M., Godthelp, H. and Hand, S. J. 1993. Early Eocene marsupial from Australia. Kaupia 3 : 193–200.

Archer, M., Arena, R., Bassarova, M., Black, K., Brammal, J., Cooke, B., Creaser, P., Crosby, K., Gillespie, A., Godthelp, H., Gott, M., Hand, S. J., Kear, B., Krikmann, A., Mackness, B., Muirhead, J., Musser, A., Myers, T., Pledge, N.,Wang, Y.-Q. and Wroe, S. 1999. The evolutionary history and diversity of Australian mammals. Aust. Mammal. 21 : 1–45.

Archer, M., Beck, R., Gott, M., Hand, S., Godthelp, H. and Black, K. 2011. Australia's first fossil marsupial mole (Notoryctemorphia) resolves controversies about their evolution and palaeoenvironmental origins. Proc. R. Soc. Lond. B 278 : 1498–1506.

Argot, C. 2001. Functional-adaptive anatomy of the forelimb in the Didelphidae, and the paleobiology of the Paleocene marsupials *Mayulestes ferox* and *Pucadelphys andinus*. J. Morphol. 247 : 51–79.

Argot, C. 2002. Functional-adaptive analysis of the hindlimb anatomy of extant marsupials and paleobiology of the Paleocene marsupials *Mayulestes ferox* and *Pucadelphys andinus*. J. Morphol. 253 : 76–108.

Argot, C. 2003a. Functional-adaptive anatomy of the axial skeleton of some extant marsupials and the paleobiology of the Paleocene marsupials *Mayulestes ferox* and *Pucadelphys andinus*. J. Morphol. 255 : 279–300.

Argot, C. 2003b. Functional adaptations of the postcranial skeleton of two Miocene borhyaenoids (Mammalia, Metatheria), *Borhyaena* and *Prothylacinus* from South America. Palaeontology 46 : 1213–1267.

引用文献　*215*

Argot, C. 2004a. Functional-adaptive features and paleobiologic implications of the postcranial skeleton of the late Miocene sabretooth borhyaenoid *Thylacosmilus atrox* (Metatheria). Alcheringa 28 : 229–266.

Argot, C. 2004b. Functional-adaptive analysis of the postcranial skeleton of a Laventan borhyaenoid, *Lycopsis longirostris* (Marsupialia, Mammalia). J. Vert. Paleontol. 24 : 689–708.

Arman, S. D. and Prideaux, G. J. 2015. Dietary classification of extant kangaroos and their relatives (Marsupialia : Macropodoidea). Aust. Ecol. 40 : 909–922.

Armstrong, E. 1983. Relative brain size and metabolism in mammals. Science 220 : 1302–1304.

Arnold, G. W., Steven, D. E., Grassia, A. and Weeldenburg, J. 1992. Home-rage size and fidelity of western grey kangaroos (*Macropus fuliginosus*) living in remnants of Wandoo Woodland and adjacent farmland. Wildl. Res. 19 : 137–143.

Arrese, C., Hart, N. S., Thomas, N., Beazley, L. D. and Shand, J. 2002. Trichromacy in Australian marsupials. Curr. Biol. 12 : 657–660.

Arrese, C. A., Beazley, L. D., Ferguson, M. C., Oddy, A. and Hunt, D. M. 2006a. Spectral tuning of the long wavelength-sensitive cone pigment in four Australian marsupials. Gene 381 : 13–17.

Arrese, C. A., Beazley, L. D. and Neumeyer, C. 2006b. Behavioural evidence for marsupial trichromacy. Curr. Biol. 16 : R193–R194.

Ashwell, K. W. 2008. Encephalization of Australian and New Guinean marsupials. Brain Behav. Evol. 71 : 181–199.

Atramentowicz, M. 1982. Influence du milieu sur l'activité locomotrice et la reproduction de *Caluromys philander* (L.). Revue d'Ecologie (Terre et Vie) 36 : 373–395.

Baba, H. 1988. Comparative hindlimb osteometry of mammals and the locomotor evolution of the primates. In : Morphophysiology, Locomotor Analysis and Human Bipedalism (Kondo, S., ed.), pp. 181–199. Univ. Tokyo Press, Tokyo.

Babot, M. J., Powell, J. E. and de Muizon, C. 2002. *Callistoe vincei*, a new Proborhyaenidae (Borhyaenoidea, Metatheria, Mammalia) from the Early Eocene of Argentina. Geobios 35 : 615–629.

Badoux, D. M. 1965. Some notes on the functional anatomy of *Macropus giganteus* with general remarks on the mechanics of bipedal leaping. Acta Anat. 62 : 418–433.

Baker, M. L., Canfield, P. J., Gemmell, R. T., Spencer, P. B. S. and Agar, N. S. 1995. Erythrocyte metabolism in the koala, the common brushtail possum and the whiptail wallaby. Comp. Haematol. Internat. 5 : 163–169.

Bansley, B. A. 1903. On the evolution of the Australian Marsupialia : with remarks on the relationships of the marsupials in general. Trans. Linn. Soc. Lond., Ser. 2. 9 : 83–217.

Barboza, P. S. 1993. Digestive strategies of the wombats : feed intake, fiber digestion and digesta passage in two grazing marsupials with hindgut fermentation.

Physiol. Zool. 66 : 983-999.

Barboza, P. S. and Hume, I. D. 1992a. Digestive tract morphology and digestion in the wombats (Marsupialia : Vombatidae). J. Comp. Physiol. B 162 : 552-560.

Barboza, P. S. and Hume, I. D. 1992b. Hindgut fermentation in the wombats : two marsupial grazers. J. Comp. Physiol. B 162 : 561-566.

Barnes, R. D. 1977. The special anatomy of *Marmosa robinsoni*. In : The Biology of Marsupials (Hunsaker, D., Ⅱ, ed.), pp. 387-413. Academic Press, New York.

Barnes, R. D. and Wolf, H. G. 1971. The husbandry of *Marmosa mitis* as a laboratory animal. Internat. Zoo Yearbook 11 : 50-54.

Barnett, C. H. and Brazenor, C. W. 1958. The testicular rete mirabile of Marsupials. Aust. J. Zool. 6 : 27-32.

Barnett, C. H. and Napier, J. R. 1953. The form and mobility of the fibula in metatherian mammals. J. Anat. 87 : 207-213.

Barreda, V. and Palazzesi, L. 2007. Patagonian vegetation turnovers during the Paleogene - Early Neogene : Origin of arid-adapted floras. Bot. Rev. 73 : 31-50.

Bates, H., Travouillon, K. J., Cooke, B., Beck, R. M. D., Hand, S. J. and Archer, M. 2014. Three new Miocene species of musky rat-kangaroos (Hypsiprymnodontidae, Macropodoidea) : description, phylogenetics and paleoecology. J. Vert. Paleontol. 34 : 383-396.

Baudinette, R. V., Snyder, G. K. and Frappell, P. B. 1992. Energetic cost of locomotion in the tammar wallaby. Am. J. Physiol. 262 : R771-R778.

Bauschulte, C. 1972. Morphologische und biomechanische Grundlagen einer funktionellen Analyse der Hinterextremität (Untersuchung an quadrupeden Affen und Känguruhs). Z. Anat. Entw-gesch. 138 : 167-214.

Baxter, J. S. 1935. Development of the female genital tract in the American opossum. Carnegie Inst. Contrib. Embryol. 25 : 15-35.

Beck, R. M. D. 2008. A dated phylogeny of marsupials using a molecular supermatrix and multiple fossil constraints. J. Mammal. 89 : 175-189.

Beck, R. M. D., Godthelp, H., Weisbecker, V., Archer, M. and Hand, S. J. 2008. Australia's oldest marsupial fossils and their biogeographical implications. PLoS ONE 3 : e185.

Beck, R. M. D., Travouillon, K. J., Aplin, K. P., Godthelp, H. and Archer, M. 2014. The osteology and systematics of the enigmatic Australian Oligo-Miocene metatherian *Yalkaparidon* (Yalkaparidontidae; Yalkaparidontia; Australidelphia; Marsupialia). J. Mamm. Evol. 21 : 127-172.

Bennett, A. F. and Baxter, B. J. 1989. Diet of the long-nosed potoroo, *Potorous tridactylus* (Marsupialia : Potoroidae), in south-western Victoria. Aust. Wildl. Res. 16 : 263-271.

Bennett, C. V. and Goswami, A. 2013. Statistical support for the hypothesis of development constraint in marsupial skull evolution. BMC Biol. 11 : 52.

Bhatt, H., Brunet, L. J. and Stewart, C. L. 1991. Uterine expression of leukemia inhibitory factor coincides with the onset of blastocyst implantation. Proc. Natl.

Acad. Sci. USA 88 : 11408–11412.

Bi, S., Jin, X., Li, S. and Du, T. 2015. A new Cretaceous metatherian mammal from Henan, China. PeerJ 3 : e896.

Biewener, A. A. 1998. Muscle function *in-vivo* : A comparison of muscles used for elastic energy savings versus muscles used to generate mechanical power. Amer. Zool. 38 : 703–717.

Biewener, A. A. and Baudinette, R. V. 1995. *In vivo* muscle force and elastic energy storage during steady-speed hopping of tammar wallabies (*Macropus eugenii*). J. Exp. Biol. 198 : 1829–1841.

Biewener, A. A. and Roberts, T. J. 2000. Muscle and tendon contributions to force, work and elastic energy savings : A comparative perspective. Exercise Sports Sci. Rev. 28 : 99–107.

Biewener, A. A., McGowan, C. P., Card, G. M. and Baudinette, R. V. 2004. Dynamics of leg muscle function in tammar wallabies (*M. eugenii*) during level versus incline hopping. J. Exp. Biol. 207 : 211–223.

Biggers, J. D. 1966. Reproduction in male marsupials. Symposia of the Zoological Society of London. 15 : 251–280.

Black, K. H., Archer, M. and Hand, S. J. 2012. New Tertiary koala (Marsupialia, Phascolarctidae) from Riversleigh, Australia, with a revision of phascolarctid phylogenetics, paleoecology, and paleobiodiversity. J. Vert. Paleontol. 32 : 125–138.

Black, K. H., Travouillon, K. J., den Boer, W., Kear, B. P., Cooke, B. N. and Archer, M. 2014. A new species of the basal "kangaroo" *Balbaroo* and a re-evaluation of stem macropodiform interrelationships. PLoS ONE 9 : e112705.

Blumstein, D. T., Daniel, J. C., Griffin, A. S. and Evans, C. S. 2000. Insular tammar wallabies (*Macropus eugenii*) respond to visual but not acoustic cues from predators. Behav. Ecol. 11 : 528–535.

Boardman, W. 1941. On the anatomy and functional adaption of the thorax and pectoral girdle in the wallaroo, *Macropus robustus*. Proc. Linn. Soc. New South Wales 66 : 349–387.

Boles, W. E. 1999. Early Eocene shorebirds (Aves : Charadriiformes) from the Tingamarra Local Fauna, Murgon, Queensland, Australia. West. Aust. Mus. Suppl. 57 : 229–238.

Bowmaker, J. K. 1998. Evolution of colour vision in vertebrates. Eye 12 : 541–547.

Bradley, A. J. and Stoddart, D. M. 1993. The dorsal paracloacal gland and its relationship with seasonal changes in cutaneous scent gland and plasm androgen in the marsupial sugar glider (*Petaurus breviceps*; Marsupialia : Petauridae). J. Zool. 229 : 331–346.

Bridie, A., Hume, I. D. and Hill, D. M. 1994. Digestive tract function and energy requirements of the rufous hare-wallaby, *Lagorchestes hirsutus*. Aust. J. Zool. 43 : 373–379.

Briscoe, N. J., Handasyde, K. A., Griffiths, S. R., Porter, W. P., Krockenberger, A. and

Kaerney, M. R. 2014. Tree-hugging koalas demonstrate a novel thermoregulatory mechanism for arboreal mammals. Biol. Lett. 10 : 2014.0235.

Briscoe, N. J., Krockenberger, A., Handasyde, K. A. and Kaerney, M. R. 2015. Bergmann meets Scholander : geographical variation in body size and insulation in the koala is related to climate. J. Biogeogr. 42 : 791-802.

Brooks, D. E., Gaughwin, M. and Mann, T. 1978. Structural and biochemical characteristics of the male accessory organs of reproduction in the hairy-nosed wombat (*Lasiorhinus latifrons*). Proc. R. Soc. Lond. B 201 : 191-207.

Brown J. C. and Yalden, D. W. 1973. The description of mammals. 2. Limbs and locomotion of terrestrial mammals. Mammal Rev. 3 : 107-134.

Buckley, M. 2015. Ancient collagen reveals evolutionary history of the endemic South American 'ungulates'. Proc. R. Soc. Lond. B 282 : 10.1098/rspb.2014.2671

Burk, A., Westerman, M. and Springer, M. 1998. The phylogenetic position of the musky rat-kangaroo and the evolution of bipedal hopping in kangaroos (Macropodidae : Diprotodontia). Syst. Biol. 47 : 457-474.

Burns, R. K. 1939. Effect of testosterone propionate on sex differentiation in pouch young opossum. Proc. Soc. Exp. Biol. 41 : 60-62.

Burns, R. K. 1955. Experimental reversal of sex in the gonads of the opossum *Didelphis virginiana*. Proc. Natl. Acad. Sci. USA 41 : 669-676.

Butler, K., Travouillon, K. J., Price, G. J., Archer, M. and Hand, S. J. 2016. *Cookeroo*, a new genus of fossil kangaroo (Marsupialia, Macropodidae) from the Oligo-Miocene of Riversleigh, northwestern Queensland, Australia. J. Vert. Paleontol. 36 : e1083029.

Cake, M. H., Owen, F. J. and Bradshaw, S. D. 1980. Difference in concentration of progesterone in the plasma between pregnant and non-pregnant quokkas (*Setonix brachyurus*). J. Endocrinol. 84 : 153-158.

Cardillo, M., Bininda-Emonds, O. R. P., Boakes, E. and Purvis, A. 2004. A species-level phylogenetic supertree of marsupials. J. Zool. 264 : 11-31.

Carlsson, A. 1904. Zur Anatomie des *Notoryctes typhlops*. Zool. Jahrb. Abt. Anat. Ont. Thiere. 20 : 81-122.

Carlsson, A. 1915. Zur Morphologie des *Hypsiprymnodon moschatus*. Kungliga Svensk. Vetensk. Akad. Handl. 52 : 1-48.

Carroll, E. J. and Hungate, R. E. 1954. The magnitude of the microbial fermentation in the bovine rumen. Appl. Microbiol. 2 : 205-214.

Carroll, R. L. 1988. Vertebrate Paleontology and Evolution. W. H. Freeman and Company, New York.

Case, J. A. 1985. Differences in prey utilization by Pleistocene marsupial carnivores, *Thylacoleo carnifex* (Thylacoleonidae) and *Thylacinus cynocephalus* (Thylacinidae). Aust. Mammal. 8 : 45-52.

Case, J. A., Martin, J. E., Chaney, D. S., Reguero, M., Marenssi, S. A., Santillana, S. M. and Woodburne, M. O. 2000. The first duck-billed dinosaur (family Hadrosauridae) from Antarctica. J. Vert. Paleontol. 20 : 612-614.

Case, J. A., Goin, J. F. and Woodburne, M. O. 2005. "South American" marsupials from the late Cretaceous of North America and the origin of marsupial cohorts. J. Mamm. Evol. 12 : 461–494.

Cavagna, G. A., Heglund, N. C. and Taylor, C. R. 1977. Mechanical work in terrestrial locomotion : two basic mechanisms for minimizing energy expenditure. Am. J. Physiol. 233. R243–R261.

Charlton, B. D., Frey, R., McKinnon, A. J., Fritsch, G., Fitch, W. T. and Reby, D. 2013. Koalas use a novel vocal organ to produce unusually low-pitched mating calls. Curr. Biol. 23 : R1035–R1036.

Chew, K. Y., Yu, H., Pask, A. J., Shaw G. and Renfree, M. B. 2012. *HOXA13* and *HOXD13* expression during development of the syndactylous digits in the marsupial *Macropus eugenii*. BMC Dev. Biol. 12 : 2.

Chew, K. Y., Shaw, G., Yu, H., Pask, A. J. and Renfree, M. B. 2014. Heterochrony in the regulation of the developing marsupial limb. Dev. Dyn. 243 : 324–338.

Chilcott, M. J. and Hume, I. D. 1984. Nitrogen and urea metabolism and nitrogen requirements of the common ringtail possum (*Pseudocheirus peregrinus*) fed *Eucalyptus andrewsii* foliage. Aust. J. Zool. 32 : 615–622.

Chiquoine, A. D. 1954. The identification, origin and migration of the primordial germ cells in the mouse embryo. Anat. Rec. 118 : 135–145.

Chrétien, F. C. 1966. Etude de l'origine, de la migration et de la multiplication des cellules germinales chez l'embryon du lapin. J. Embryol. Exp. Morphol. 16 : 591–607.

Chu, Z., He, H., Ramenzani, J., Bowring, S. A., Hu, D., Zhang, L., Zheng, S., Wang, X., Zhou, Z., Deng, C. and Guo, J. 2016. High-precision U-Pb geochronology of the Jurassic Yanliao Biota from Jianchang (western Liaoning Province, China) : Age constraints on the rise of feathered dinosaurs and eutherian mammals. Geochem. Geophys. Geosys. 10 : 3983–3992.

Cifelli, R. L. 1993a. Early Cretaceous mammal from North America and the evolution of marsupial dental characters. Proc. Natl. Acad. Sci. USA 90 : 9413–9416.

Cifelli, R. L. 1993b. Theria of Metatherian-Eutherian grade and the origin of marsupials. In : Mammal Phylogeny, Mesozoic Differentiation, Multituberculates Monotremes, Early Therians, and Marsupials (Szalay, F. S., Novacek, M. J. and McKenna, M. C., eds.), pp. 205–215. Springer, NewYork.

Cifelli, R. L. 1999. Tribosphenic mammal from the North American Early Cretaceous. Nature 401 : 363–366.

Cifelli, R. L. and de Muizon, C. 1997. Definition and jaw of *Kokopellia juddi*, a primitive marsupial or near marsupial from the medial Cretaceous of Utah. J. Mamm. Evol. 4 : 241–258.

Cifelli, R. L. and de Muizon, C. 1998. Tooth eruption and replacement pattern in early marsupials. C. R. Acad. Sci. Earth Planet. Sci. 326 : 215–220.

Cifelli, R. L., Rowe, T. B., Luckett, W. P., Banta, J., Reyes, R. and Howes, R. I. 1996. Fossil evidence for the origin of the marsupial pattern of tooth replacement.

Nature 379 : 715-718.

Clancy, T. F. and Croft, D. B. 1990. Home range of the common wallaroo, *Macropus robustus erubescens*, in far Western New South Wales. Aust. Wildl. Res. 17 : 659-673.

Clark, M. J. and Poole, W. E. 1967. The reproductive system and embryonic diapauses in the female grey kangaroo, *Macropus giganteus*. Aust. J. Biol. Sci. 32 : 615-624.

Clegg, S. M., Hale, P. and Moritz, C. 1998. Molecular population genetics of the red kangaroo (*Macropus rufus*) : mtDNA variation. Molec. Ecol. 7 : 679-686.

Clemens, W. A. 1979. Marsupialia. In : Mesozoic Mammals : The First Two-Thirds of Mammalian History (Lillegraven, J. A., Kielan-Jaworowska, Z. and Clemens, W. A., eds.), pp. 192-220. Univ. California Press, Berkeley.

Clemens, W. A. and Lillegraven, J. A. 1986. New Late Cretaceous, North American advanced therian mammals that fit neither the marsupial nor eutherian models. In : Vertebrates, Phylogeny, and Philosophy (Flanagan, R. N. and Lillegraven, J. A., eds.), pp. 55-85. Cont. Geol. Univ. Wyo. Spec. Pap. 3.

Close, R. L. 1977. Recurrence of breeding after cessation of sucking in the marsupial *Perameles nasuta*. Aust. J. Zool. 25 : 641-645.

Colbert, E. H. and Morales, M. 1991. Evolution of the Vertebrates, 4th ed. Wiley-Liss, New York. (コルバート, E. H.・モラレス, M. 1993. 田隅本生, 監訳. 脊椎動物の進化　原書第 4 版. 築地書館, 東京.)

Cook, B. and Nalbandov, A. V. 1968. The effect of some pituitary hormones on progesterone synthesis *in vitro* by the luteinized ovary of the common opossum (*Didelphis marsupialis virginiana*). J. Reprod. Fertil. 49 : 399-400.

Cook, C. J., Williams, C. and Gluckman, P. D. 1987. Brainstem auditory evoked potentials in the fetal sheep, in utero. J. Dev. Physiol. 9 : 429-439.

Cooke, B. N. 2000. Cranial remains of a new species of balbarine kangaroo (Marsupialia : Macropodoidea) from the Oligo-Miocene freshwater limestone deposits of Riversleigh World Heritage Area, Northern Australia. J. Paleontol. 74 : 317-326.

Cork, S. J. and Hume, I. D. 1983. Microbial digestion in the koala (*Phascolarctos cinereus*, Marsupialia) : an arboreal folivore. J. Comp. Physiol. B152 : 131-135.

Cork, S. J., Hume, I. D. and Dawson, T. J. 1983. Digestion and metabolism of a natural foliar diet (*Eucalyptus punctate*) by an arboreal marsupial, the koala (*Phascolarctos cinereus*). J. Comp. Physiol. B 153 : 181-190.

Coues, E. 1869. On the osteology and myology of *Didelphis virginiana*. Mem. Boston Soc. Nat. Hist. 2 : 41-154.

Coulson, G. 1996. Anti-predator behavior in marsupials. In : Comparison of Marsupial and Placental Behavior (Croft, D. B. and Gansloßer, U., eds.), pp. 158-186. Filander Verlag, Fürth.

Coveney, D., Shaw, G. and Renfree, M. B. 2001. Estrogen-induced gonadal sex reversal in the tammar wallaby. Biol. Reprod. 65 : 613-621.

Cowing, J. A., Arrese, C. A., Davies, W. L., Beazley, L. D. and Hunt, D. M. 2008. Cone visual pigments in two marsupial species : the fat-tailed dunnart (*Sminthopsis crassicaudata*) and the honey possum (*Tarsipes rostratus*). Proc. R. Soc. Lond. B 275 : 1491-1499.

Croft, D. A. 2007. The middle Miocene (Laventan) Quebrada Honda Fauna, southern Bolivia, and a description of its notoungulates. Palaeontology 50 : 277-303.

Croft, D. B. 1982. Communication in the Dasyuridae (Marsupialia) : a review. In : Carnivorous Marsupials (Archer, M. ed.), pp. 291-299. Royal Zoological Society, Sydney.

Croft, D. B. and Eisenberg, J. F. 2006. 9. Behaviour. In : Marsupials (Armati, P., Dickman, C. R. and Hume, I, D., eds.), pp. 229-298. Cambridge Univ. Press, Cambridge.

Cummins, J. M. and Woodal, P. F. 1985. On mammalian sperm dimensions. J. Reprod. Fertil. 75 : 153-175.

Cunningham, D. J. 1878. The intrinsic muscles of the hand of the thylacine, *Thylacinus cynocephalus*, cuscus *Phalanger maculata*, and phascogale *Phascogale calura*. J. Anat. Physiol. 12 : 435.

Daley, M. A. and Biewener, A. A. 2003. Muscle force-length dynamics during level *versus* incline locomotion : a comparison of *in vivo* performance of two guinea fowl ankle extensors. J. Exp. Biol. 206 : 2941-2958.

Davison, M. J. and Ward, S. J. 1998. Prenatal bias in sex ratio in a marsupial, *Antechinus agilis*. Proc. R. Soc. Lond. B 265 : 2095-2099.

Dawson, L. 2004. A new Pliocene tree kangaroo species (Marsupialia, Macropodinae) from the Chinchilla local fauna, southeastern Queensland. Alcheringa 28 : 267-273.

Dawson, L. and Flannery, T. 1985. Taxonomic and phylogenetic status of living and fossil kangaroos and wallabies of the Genus *Macropus* Shaw (Macropodidae : Marsupialia), with a new subgeneric name for the larger wallabies. Aust. J. Zool. 33 : 473-498.

Dawson, T. J. 1977. Kangaroos. Sci. Am. 237 : 78-89.

Dawson, T. J. and Hulbert, A. J. 1970. Standard metabolism, body temperature, and surface areas of Australian marsupials. Am. J. Physiol. 218 : 1233-1238.

Dawson, T. J. and Taylor, C. R. 1973. Energetic cost of locomotion in kangaroos. Nature 246 : 313-314.

de Muizon, C. 1991. La fauna de mamiferos de Tiupampa (Paleoceno Inferior, Formation Sant Lucia), Bolivia, In : Fósils y Faciesde Bolivia. vol. 1. Vertebrados (Syalez-Succo, R., ed.), pp. 575-624. Revista Téchnica de Yacimientos Petrolifreos Fiscales de Bolivia, Santa Cruz.

de Muizon, C. 1998. *Mayulestes ferox*, a borhyaenoid (Metatheria, Mammalia) from the early Palaeocene of Bolivia. Phylogenetic and palaeobiologic implications. Geodiversitas 20 : 19-142.

de Muizon, C. and Argot, C. 2003. Comparative anatomy of the Tiupampa didelphimorphs ; an approach to locomotory habits of early marsupials. In : Predators with Pouches : The Biology of Carnivorous Marsupials (Jones, M. E., Dickman, C. R. and Archer, M., eds.), pp. 43-62. CSIRO Publishing, Collingwood.

de Muizon, C. and Cifelli, R. L. 2000. The "condilarths" (archaic Ungulata, Mammalia) from the early Palaeocene of Tiupampa (Bolivia) : implications on the origin of the South American ungulates. Geodiversitas 22 : 47-150.

de Muizon, C., Cifelli, R. L. and Céspedes Paz, R. 1997. The origin of the dog-like borhyaenoid marsupials of South America. Nature 389 : 486-489.

Dehority, B. A. 1996. A new family of entodiniomorph protozoa from the marsupial forestomach, with descriptions of a new genus and five new species. J. Eukaryotic Microbiol. 43 : 285-295.

Dellow, D. W. 1979. Physiology of digestion in the macropodine marsupials. Ph.D. Thesis, Univ. New England, Armidale.

Dellow, D. W. 1982. Studies on the nutrition of macropodine marsupials. III. The flow of digesta through the stomach and intestine of macropodines and sheep. Aust. J. Zool. 30 : 751-765.

Dellow, D. W., Nolan, J. V. and Hume, I. D. 1983. Studies on the nutrition of macropodine marsupials. V. Microbial fermentation in the forestomach of *Thylogale thetis* and *Macropus eugenii*. Aust. J. Zool. 31 : 433-443.

Dellow, D. W., Hume, I. D., Clarke, R. T. J. and Bauchop, T. 1988. Microbial activity in the forestomach of free-living macropodid marsupials : comparisons with laboratory studies. Aust. J. Zool. 36 : 383-395.

Dempster, E. 1994. Vocalisations of adult Northern quolls *Dasyurus hallucatus*. Aust. Mammal. 17 : 43-49.

Dey, S. K., Lim, H., Das, S. K., Reese, J., Paria, B. C., Daikoku, T. and Wang, H. 2004. Molecular cues to implantation. Endocr. Rev. 25 : 341-373.

Dickman, C. R. and Vieira, E. 2006. 8. Ecology and Life Histories. In : Marsupials (Armati, P., Dickman, C. R. and Hume, I. D., eds.), pp. 199-228. Cambridge Univ. Press, Cambridge.

Dierenfeld, E. S. 1984. Diet quality of sympatric wombats, kangaroos and rabbits during severe drought. Ph.D. Thesis, Cornell University, Ithaca.

Dimery, N. J., Alexander, R. McN. and Ker, R. F. 1986. Elastic extension of the leg tendons in the locomotion of horses (*Equus caballus*). J. Zool. 210 : 415-425.

Drews, B., Roellig, K., Menzies, B. R., Shaw, G., Buentjen, I., Herbert, C. A., Hildebrandt, T. B. and Renfree, M. B. 2013. Ultrasonography of wallaby prenatal development shows that the climb to the pouch begins *in utero*. Sci. Rep. 3 : 1458.

Edwards, M. J. and Deakin, A. 2013. The marsupial pouch : implications for reproductive success and mammalian evolution. Aust. J. Zool. 61 : 41-47.

江口保暢. 1979. 家畜発生学. 文永堂, 東京.

Ehret, G. 1976. Development of absolute auditory thresholds in the house mouse

(*Mus musculus*). J. Am. Audiol. Soc. 1 : 179-184.

Eisenberg, J. F. 1981. The Mammalian Radiations. The Univ. Chicago Press, Chicago.

Elftman, H. O. 1929. Functional adaptations of the pelvis in marsupials. Bull. Am. Mus. Nat. Hist. 58 : 189-232.

Elzanowski, A. and Boles, W. E. 2012. Australia's oldest Anseriform fossil : a quadrate from the Early Eocene Tingamarra Fauna. Palaeontology 55 : 903-911.

Enders, R. K. 1966. Attachment, nursing and survival of young in some didelphids. Symposia of the Zoological Society of London 15 : 195-203.

遠藤秀紀. 2001. アニマルサイエンス②ウシの動物学. 東京大学出版会, 東京.

遠藤秀紀. 2002. 哺乳類の進化. 東京大学出版会, 東京.

遠藤秀紀. 2017. 骨を見る立ち位置④土を掘る道具. THE BONE 31 : 107-110.

Endo, H., Yokokawa, K., Kurohmaru, M. and Hayashi, Y. 1998. Functional anatomy of gliding membrane muscles in the sugar glider (*Petaurus breviceps*). Ann. Anat. 180 : 93-96.

Endo, H., Koyabu, D., Kimura, J., Felix, R., Matsui, A., Yonezawa, T., Shinohara, A. and Hasegawa, M. 2010. A quill vibrating mechanism for a sounding apparatus in the streaked tenrec (*Hemicentetes semispinosus*). Zool. Sci. 27 : 427-432.

Engelman, R. K., Anaya, F. and Croft, D. A. 2014. New specimens of *Acyon myctoderos* (Metatheria, Sparassodonta) from Quebrada Honda, Bolivia. Ameghiniana 52 : 204-225.

Evans, P. N., Hinds, L. A., Sly, L. I., McSweeney, C. S., Morrison, M. and Wright, A. D. G. 2009. Community composition and density of methanogens in the foregut of the tammar wallaby (*Macropus eugenii*). Appl. Environ. Microbiol. 75 : 2598-2602.

Fadem, B. H. and Cole, E. A. 1985. Scent-marking in the gray short-tailed opossum (*Monodelphis domestica*). Anim. Bahav. 33 : 730-738.

Fadem, B. H., Trupin, G. L., Maliniak, E., VandeBerg, J. L. and Hayssen, V. 1982. Care and breeding of the gray, short-tailed opossum (*Monodelphis domestica*). J. Reprod. Fertil. 73 : 337-342.

Farley, S. D., Lehner, P. N., Clark, T. and Trost, C. 1987. Vocalizations of the Siberian ferret (*Mustela eversmanni*) and comparisons with other mustelids. J. Mammal. 68 : 413-416.

Fernández, C. and Schmidt, R. S. 1963. The opossum ear and evolution of the coiled cochlea. J. Comp. Neurol. 121 : 151-159.

Finch, M. E. and Freedman, L. 1982. An odontometric study of the species of *Thylacoleo* (Thylacoleonidae, Marsupialia). In : Carnivorous Marsupials (Archer, M., ed.), pp. 553-561. Royal Zoological Society, Sydney.

Findlay, L. 1982. The mammary glands of the tammar wallaby (*Macropus eugenii*) during pregnancy and lactation. J. Reprod. Fertil. 65 : 59-66.

Finkel, M. P. 1945. The relation of sex hormones to pigmentation and to testis descent in the opossum and ground squirrel. Am. J. Anat. 76 : 93-152.

224 引用文献

Fisher, D. O. and Lala, M. C. 1999. Effects of body size and home range on access to mates and paternity in male bridled nailtail wallabies. Anim. Behav. 58 : 121–130.

Fisher, D. O., Owens, I. P. F. and Johnson, C. N. 2001. The ecological basis of life history variation in marsupials. Ecology 82 : 3531–3540.

Flannery, T. F. 1982. Hindlimb structure and evolution in the kangaroos (Marsupialia, Macropodoidea). In : Vertebrate Zoogeography and Evolution in Australia (Archer, M. and Clayton, G., eds.), pp. 508–524. Hesperian Press, Perth.

Flannery, T. F. 1983. Revision of the macropodid subfamily Sthenurinae (Marsupialia : Macropodoidea) and the relationships of the species of *Troposodea* and *Lagostrophus*. Aust. Mammal. 6 : 15–28.

Flannery, T. F. 1984. Kangaroos : 15 million years of Australian bounders. In : Vertebrate Zoogeography and Evolution in Australia : Animals Space and Time (Archer, M. and Clayton, G., eds.), pp. 817–835. Hesperian Press, Carlisle.

Flannery, T. F. 1987. The relationships of the Macropodidae (Marsupialia) and polarity of some morphological features within the Phalangeriformes. In : Possums and Opossums. Studies in Evolution, vol. 2 (Archer, M., ed.), pp. 741–747. Surrey Beatty & Sons, Chipping Norton.

Flannery, T. F. 1988. Origin of the Australo-Papuan land mammal fauna. Aust. Zool. Rev. 1 : 15–24.

Flannery, T. F. 1989. Phylogeny of the Macropodoidea : a study in convergence. In : Kangaroos and Wallabies and Rat-kangaroos (Grigg, G., Jarman, P. and Hume, I. D., eds.), pp. 1–46. Surrey Beatty & Sons, Chipping Norton.

Flannery, T. F. and Archer, M. 1987a. *Hypsiprymnodon bartholomaii* (Marsupialia, Potoroidae). a new species from the Miocene Dwornamor local fauna and a reassessment of the phylogenetic position of *H. moschatus*. In : Possums and Opossums. Studies in Evolution, vol. 2 (Archer, M., ed.), pp. 749–758. Surrey Beatty & Sons, Chipping Norton.

Flannery, T. F. and Archer, M. 1987b. *Bettongia moyessi*, a new and plesiomorphic kangaroo (Marsupialia, Potoroidae) from the Miocene sediments of northwestern Queensland. In : Possums and Opossums. Studies in Evolution, vol. 2 (Archer, M., ed.), pp. 759–769. Surrey Beatty & Sons, Chipping Norton.

Flannery, T. F. and Szalay, F. S. 1982. *Bohra paulae*, a new giant fossil tree kangaroo (Marsupialia : Macropodidae) from New South Wales, Australia. Aust. Mammal. 5 : 83–94.

Flannery, T. F., Archer, M. and Plane, M. 1983. Middle Miocene kangaroos (Macropodoidea : Marsupialia) from three localities in northern Australia, with a description of two subfamilies. BMR. J. Aust. Geol. Geophys. 7 : 287–302.

Flannery, T. F., Martin, R. W. and Szalay, F. S. 1996. Tree Kangaroos : A Curious Natural History. Reed Natural History, New Holland.

Fleming, T. H. 1973. The reproductive cycles of three species of opossums and other

引用文献   *225*

mammals in the Panama Canal Zone. J. Mammal. 54 : 439-455.

Fleming, M. W. and Harder, J. D. 1983. Luteal and follicular populations in the ovary of the opossum (*Didelphis virginiana*) after ovulation. J. Reprod. Fertil. 67 : 29-34.

Fletcher, T. P. 1983. Endocrinology of reproduction in the dasyurid marsupial *Dasyroides byrnei* Spencer. Ph.D. Thesis, La Trobe University, Melbourne.

Fletcher, T. P. 1985. Aspects of reproduction in the male eastern quoll, *Dasyurus viverrinus* (Shaw) (Marsupialia : Dasyuridae) with notes on polyoestry in the female. Aust. J. Zool. 33 : 101-110.

Flores, D. A. 2009. Phylogenetic analyses of postcranial skeletal morphology in didelphid marsupials. Bull. Am. Mus. Nat. Hist. 320 : 1-81.

Flower, W. H. 1885. An Introduction to the Osteology of the Mammalia. Macmillan, London.

Flynn, T. T. 1922. Notes on certain reproductive phenomena in some Tasmanian marsupials. Ann. Mag. Nat. Hist., 9th Ser., 10 : 225-231.

Foley, W. J. and Hume, I. D. 1987. Nitrogen requirements and urea metabolism in two arboreal marsupials, the greater glider (*Petauroides volans*) and the brushtail possum (*Trichosurus vulpecula*), fed *Eucalyptus* foliage. Physiol. Zool. 60 : 241-250.

Foley, W. J., Hume, I. D. and Cork, S. J. 1989. Fermentation in the hindgut of the greater glider (*Petauroides volans*) and brushtail possum (*Trichosurus vulpecula*) : Two arboreal folivores. Physiol. Zool. 62 : 1126-1143.

Forasiepi, A. M. 2009. Osteology of *Arctodictis sinclairi* (Mammalia, Metatheria, Sparassodonta) and phylogeny of Cenozoic metatherian carnivores from South America. Monografías del Museo Argentino de Ciencias Naturales. 6 : 1-174.

Forasiepi, A. M. and Carlini, A. A. 2010. A new thylacosmilid (Mammalia, Metatheria, Sparassodonta) from the Miocene of Patagonia, Argentina. Zootaxa 2552 : 55-68.

Forasiepi, A. M., Sánchez-Villagra, M. R., Goin, F. J., Takai, M., Shigehara, N. and Kay, R. F. 2006. A new species of Hathliacynidae (Metatheria, Sparassodonta) from the middle Miocene of Quebrada Honda, Bolivia. J. Vert. Paleontol. 26 : 670-684

Foss, I. and Flottorp, G. 1974. A comparative study of the development of hearing and vision in various species commonly used in experiments. Acta. Otolaryngol. 77 : 202-214.

Foster, J. W., Brennan, F. E., Hampikian, G. K., Goodfellow, P. N., Sinclair, A. H., Lovell-Badge, R., Selwood, L., Renfree, M. B., Cooper, D. W. and Marshal Graves, J. A. 1992. Evolution of sex determination and the Y chromosome : *SRY*-related sequences in marsupials. Nature 359 : 531-533.

Fox, B. J. 1980. *Picopsis pattersoni*, n. gen. and sp., an usual therian from the Upper Cretaceous of Alberta, and classification of primitive tribosphenic mammals. Can. J. Earth Sci. 17 : 1489-1498.

Fox, B. J. and Whitford, D. 1982. Polyoestry in a predictable coastal environment :

reproduction, growth and development in *Sminthopsis murina* (Dasyuridae, Marsupialia). In : Carnivorous Maruspials, vol. 1 (Archer, M., ed.), pp. 39–48. Royal Zoological Society of New South Wales, Sydney.

Franq, E. N. 1969. Behavioral aspects of feigned death in the opossum, *Didelphis marsupialis*. Am. Midland Naturalist 81 : 556–568.

Fraser, E. A. 1919. The development of the urogenital system in the Marsupialia, with special reference to *Trichosurus vulpecula*. Part II. J. Anat. 53 : 97–129.

Frederick, H. and Johnson, C. N. 1996. Social organization in the rufous bettong, *Aepyprymnus rufescens*. Aust. J. Zool. 44 : 9–17.

Freudenberger, D. O. 1992. Gut capacity, functional allocation of gut volume and size distributions of digesta particles in two macropodid marsupials (*Macropus robustus robustus* and *M. r. erubescens*) and the fetal goat (*Capra hircus*). Aust. J. Zool. 40 : 551–561.

Freudenberger, D. O. and Hume, I. D. 1992. Ingestive and digestive responses to dietary fibre and nitrogen by two macropodid marsupials (*Macropus robustus erubescens* and *M. r. robustus*) and a ruminant (*Capra hircus*). Aust. J. Zool. 40 : 181–184.

Freyer, C., Zeller, U. and Renfree, M. B. 2002. Ultrastructure of the placenta of the tammar wallaby, *Macropus eugenii* : comparison with the grey short-tailed opossum, *Monodelphis domestica*. J. Anat. 201 : 101–119.

Freyer, C., Zeller, U. and Renfree, M. B. 2003. The marsupial placenta : a phylogenetic analysis. J. Exp. Zool. 299 A : 59–77.

Frost, S. B. and Masterton, R. B. 1994. Hearing in primitive mammals : *Monodelphis domestica* and *Marmosa elegans*. Hear. Res. 76 : 67–72.

Gardner, A. 1982. Virginia opossum *Didelphis virginiana*. In : Wild Mammals of North America (Chapman, J. A. and Feldhamer, G. A., eds.), pp. 3–36. Johns Hopkins Univ. Press, Baltimore.

Gates, G. R., Saunders, J. C., Bock, G. R., Aitkin, L. M. and Elliott, M. A. 1974. Peripheral auditory function in the platypus, *Ornithorhynchus anatinus*. J. Acoust. Soc. Am. 56 : 152–156.

Gaughwin, M. D. 1979. The occurrence of flehmen in a marsupial : the hairy-nosed wombat (*Lasiorhinus latifrons*). Anim. Behav. 27 : 1063–1065.

Gayet, M., Marshall, L. G. and Sempere, T. 1991. The Mesozoic and Paleocene vertebrates of Bolivia and their stratigraphic context : a review. Rev. Técnica YPFB 12 : 393–433.

Gemmell, N. J. and Westerman, M. 1994. Phylogenetic relationships within the class Mammalia : A study using mitochondrial 12S RNA sequences. J. Mamm. Evol. 2 : 3–23.

Gemmell, R. T. 1979. The fine structure of the luteal cells in relation to the concentration of progesterone in the plasma of the lactating bandicoot, *Isoodon macrourus* (Marsupialia : Peramelidae). Aust. J. Zool. 27 : 501–510.

Gemmell, R. T. 1981. The role of the corpus luteum of lactation in the bandicoot

Isoodon macrourus (Marsupialia : Peramelidae). Gen. Comp. Endocrinol. 44 : 13–19.

Gemmell, R. T. 1982. Breeding bandicoots in Brisbane (*Isoodon macrourus*; Marsupialia, Peramelidae). Aust. Mammal. 5 : 187–193.

Gemmell, R. T. 1984. Plasma concentrations of progesterone and 13, 14-dihydro-15-keto-prostaglandin F-2α during regression of the corpora lutea of lactation in the bandicoot (*Isoodon macrourus*). J. Reprod. Fertil. 72 : 295–299.

Gemmell, R. T. and Nelson, J. 1988. Ultrastructure of the olfactory system of three newborn marsupial species. Anat. Rec. 221 : 655–662.

Giljov, A., Karenina, K., Ingram, J. and Malashichev, Y. 2015. Parallel emergence of true handedness in the evolution of marsupials and placentals. Curr. Biol. 25 : 1878–1884.

Gillespie, R., Camens, A. B., Worthy, T. H., Rawlence, N. J., Reid, C., Bertuch, F., Levchenko, V. and Cooper, A. 2012. Man and megafauna in Tasmania : closing the gap. Quat. Sci. Rev. 37 : 38–47.

Gillooly, J. F., Brown, J. H., West, G. B., Savage, van M. and Charnov, E. L. 2001. Effects of size and temperature on metabolic rate. Science 293 : 2248–2251.

Gilmore, D. P. 1969. Seasonal reproductive periodicity in the male Australian brush-tailed possum (*Trichosurus vulpecula*). J. Zool. 157 : 75–98.

Glander, K. E. 1978. Howler monkey feeding behavior and plant secondary compounds : A study of strategies. In : The Ecology of Arboreal Folivores (Montgomery, G. G., ed.), pp. 561–574. Smithsonian Institution Press, Washington DC.

Godfrey, G. K. 1969. Reproduction in a laboratory colony of the marsupial mouse (*Sminthopsis larapinta*) (Marsupialia : Dasyuridae). Aust. J. Zool. 17 : 637–654.

Godfrey, G. K. 1975. A study of oestrus and fecundity in a laboratory colony of mouse opossums (*Marmosa robinsoni*). J. Zool. 175 : 541–555.

Godfrey, G. K. and Crowcroft, P. 1971. Breeding the fat-tailed marsupial mouse *Sminthopsis crassicaudata* in captivity. Internat. Zoo Yearbook 11 : 33–38.

Godthelp, H., Archer, M., Cifelli, R. L., Hand, S. J. and Gilkeson, C. F. 1992. Earliest known Australian Tertiary mammal fauna. Nature 356 : 514–516.

Goin, F. J. and Candela, A. M. 1996. A new early Eocene polydolopimorphian (Mammalia, Marsupialia) from Patagonia. J. Vert. Paleontol. 16 : 292–296.

Goin, F. J., Candela, A. and Lopéz, G. 1998. Middle Eocene marsupials from Antofagasta de la Sierra, Northwestern Argentina. Geobios 31 : 75–85.

Goin, F. J., Case, J. A., Woodburne, M. O., Vizcaíno, S. F. and Reguero, M. A. 1999. New discoveries of "Opposum-like" marsupials from Antarctica (Seymour Island, Medial Eocene). J. Mamm. Evol. 6 : 335–365.

Goin, F. J., Pascual, R., Tejedor, M. F., Gelfo, J. N., Woodburne, M. O., Case, J. A., Reguero, M. A., Bond, M., Lopéz, G. M., Cione, A. L., Sauthier, D. U., Balarino, L., Scasso, R. A., Medina, F. A. and Ubaldón, M. C. 2006. The earliest Tertiary therian mammal from South America. J. Vert. Paleontol. 26 : 505–510.

228 引用文献

Goin, F. J., Woodburne, M. O., Zimicz, A. N., Martin, G. M. and Chornogubsky, L. 2016. A Brief History of South American Metatherians : Evolutionary Contexts and Intercontinental Dispersals. Springer, New York.

Goldingay, R. L. 1986. Feeding behavior of the yellow-bellied glider *Petaurus australis* (Marsupialia : Petauridae) at Bombala, New South Wales. Aust. Mammal. 9 : 17-25.

Goldingay, R. L. 1990. The foraging behavior of a nectar feeding marsupial, *Petaurus australis*. Oecologia 85 : 191-199.

Goldingay R. L. and Kavanagh, R. P. 1990. Socioecology of the yellow-bellied glider, *Petaurus australis*, at Waratah-Creek, Nsw. Aust. J. Zool. 38 : 327-341.

Goldingay, R. L. and Kavanagh, R. P. 1993. Home-range estimates and habitat of the yellow-bellied glider (*Petaurus australis*) at Waratah Creek, New South Wales. Wildl. Res. 20 : 387-403.

Gordon, G. 1971. A study of island populations of the short nosed bandicoot, *Isoodon macrourus* Gould. Ph.D. Thesis, University of New South Wales, Sydney.

Gordon, G. 1974. Movements and activity of the short-nosed bandicoot *Isoodon macrourus* Gould (Marsupialia). Mammalia 38 : 405-431.

Goswami, A., Polly, P. D., Mock, O. R. and Sánchez-Villagra, M. R. 2012. Shape, variance and integration during craniogenesis : contrasting marsupial and placental mammals. J. Evol. Biol. 25 : 862-872.

Gradstein, F., Ogg, J. and Smith, A. (eds.) 2004. A Geologic Time Scale 2004. Cambridge Univ. Press, Cambridge.

Grant, T. R. 1973. Dominance and association among members of a captive and free-ranging group of grey kangaroos (*Macropus giganteus*). Anim. Behav. 21. 449-456.

Gray, J. E. 1821. On the natural arrangement of vertebrose animals. Lond. Med. Repos. 15 : 296-310.

Green, B. 1984. Composition of milk and energetics of growth in marsupials. Symposium of the Zoological Society of London 51 : 369-387.

Green, B., Merchant, J. and Newgrain, K. 1988. Milk consumption and energetics of growth in pouch young of the tammar wallaby, *Macropus eugenii*. Aust. J. Zool. 36 : 217-227.

Griffiths, R. I. 1989. The mechanics of the medial gastrocnemius muscle in the freely hopping wallaby (*Thylogale billardierii*). J. Exp. Biol. 147 : 439-456.

Guiler, E. R. 1970. Observations on the Tasmanian devil, *Sarcophilus harrisii* (Marsupialia, Dasyuridae). II. Reproduction, breeding, and growth of pouch young. Aust. J. Zool. 18 : 63-70.

Gurovich, Y., Travouillon, K. J., Beck, R. M. D., Muirhead, J. and Archer, M. 2014. Biogeographical implications of a new mouse-sized fossil bandicoot (Marsupialia : Peramelemorphia) occupying a dasyurid-like ecological niche across Aust. J. Syst. Palaeontol. 12 : 265-290.

Hack, M. H. 1968. The developmental Preyer reflex in the sh-1 mouse. J. Aud. Res. 8 :

449-457.

Haffenden, A. T. 1984. Breeding, growth and development in the Herbert River ringtail possum, *Pseudocheirus herbertensis herbertensis* (Marsupialia : Petauridae). In : Possum and Gliders (Smith, A. P. and Hume, I. D., eds.), pp. 277-281. Australian Mammal Society, Sydney.

Haines, W. R. 1958. Arboreal and terrestrial ancestry of placental mammals. Quart. Rev. Biol. 33 : 1-23.

Handasyde, K. A. 1986. Factors affecting reproduction in the female koala (*Phascolarctos cinereus*). Ph.D. Thesis, Monash University, Melbourne.

Haouchar, D., Pacioni, C., Haile, J., McDowell, M. C., Baynes, A., Phillips, M. J., Austin, J. J., Pope, L. C. and Bunce, M. 2016. Ancient DNA reveals complexity in the evolutionary history and taxonomy of the endangered Australian brush-tailed bettongs (*Bettongia* : Marsupialia : Macropodidae : Potoroinae). Biodivers. Conserv. 25 : 2907-2927.

Haq, B., Hardenbol, J. and Vail, P. 1987. Chronology of fluctuating sea levels since the Triassic. Science 235 : 1156-1167.

Harcourt, A. H., Harvey, P. H., Larson, S. G. and Short, R. V. 1981. Testis weight, body weight and breeding system in primates. Nature 293 : 55-57.

Harder, J. D. and Fleming, M. W. 1981. Estradiol and progesterone profiles indicate a lack of endocrine recognition of pregnancy in the opossum. Science 212 : 1400-1402.

Harder, J. D., Hinds, L. A., Horn, C. A. and Tyndale-Biscoe, C. H. 1985. Effects of removal in late pregnancy of the corpus luteum, Graafian follicle or ovaries on plasma progesterone, oestradiol, LH, parturition and post-partum oestrus in the tammar, *Macropus eugenii*. J. Reprod. Fertil. 75 : 449-459.

Harder, J. D., Stonerook, M. J. and Pondy, J. 1993. Gestation and placentation in two New World opossums : *Didelphis virginiana* and *Monodelphis domestica*. J. Exp. Zool. 266 : 463-479.

Harding, H. R., Carrick, F. N. and Shorey, C. D. 1981. Marsupial phylogeny : new indications from sperm ultrastructure and development in *Tarsipes rostratus*. Search 12 : 45-47.

Harding, H. R., Carrick, F. N. and Shorey, C. D. 1982. Crystalloid inclusions in the Sertoli cell of the koala, *Phascolarctos cinereus* (Marsupialia). Cell Tiss. Res. 221 : 633-641.

Harrison, R. G. 1949. The comparative anatomy of the blood supply of the mammalian testis. Proc. Zool. Soc. Lond. 119 : 325-344.

Hartman, C. G. 1920. Studies in *Didelphis*. I. The phenomena of parturition. Anat. Rec. 19 : 251-262.

Hartman, C. G. 1923. The oestrous cycle in the opossum. Am. J. Anat. 32 : 353-421.

長谷川政美・岸野洋久. 1996. 分子系統学. 岩波書店, 東京.

Hasson, O. 1991. Pursuit-deterrent signals : communication between prey and predator. Trends. Ecol. Evol. 6 : 325-329.

Hazlitt, S. L., Sigg, D. P., Eldridge, M. D. B. and Goldizen, A. W. 2006. Restricted mating dispersal and strong breeding group structure in a mid-sized marsupial mammal (*Petrogale penicillata*). Molec. Ecol. 2997–3007.

Heddle, R. W. L. and Guiler, E. R. 1970. The form and function of the testicular rete mirable of marsupials. Comp. Biochem. Physiol. 35 : 415–425.

Heffner, R. S. and Heffner, H. E. 1980. Hearing in the elephant. Science 208 : 518–520.

Heffner, R. S. and Heffner, H. E. 1985a. Hearing range of the domestic cat. Hear. Res. 19 : 85–88.

Heffner R. S. and Heffner, H. E. 1985b. Hearing in mammals : the least weasel. J. Mammal. 66 : 745–755.

Heinsohn, G. E. 1966. Ecology and reproduction of the Tasmanian bandicoots (*Perameles gunnii* and *Isoodon obesulus*). Univ. California Pub. Zool. 80 : 1–107.

Helder-José, H. and Freymüller, E. 1995. A morphological and ultrastructural study of the paracloacal (scent) glands of marsupial *Metachirus nudicaudatus* Geoffroy, 1803. Acta Anat. 153 : 31–38.

Helder-José, H., Mendes, E. G., Carneiro, N. M., Simões, M. J. and Freymüller, E. 2014. Morphophysiology of the paracloacal (scent) glands in females of the marsupial *Metachirus nudicaudatus* : action of estrogens. Zoomorphology 133 : 237–243.

Hemmingsen, A. M. 1960. Energy metabolism as related to body size and respiratory surfaces, and its evolution. Rep. Mem. Hosp. Nordisk Insulin Laboratorium 9 : 1–110.

Henry, S. R. 1984. Social organization of the greater glider (*Petauroides volans*) in Victoria. In : Possums and Gliders (Smith, A. P. and Hume, I. D., eds.), pp. 221–228. Australian Mammal Society, Sydney.

Hershkovitz, P. 1992a. Ankle bones : the Chilean opossum *Dromiciops gliroides* Thomas, and marsupial phylogeny. Bonner Zool. Beitr. 43 : 181–213.

Hershkovitz, P. 1992b. The South American gracile opossum, genus *Gracilinanus* Gardner and Creighton, 1989 (Marmosidae, Marsupialia) : a taxonomic review with notes on general morphology and relationships. Field. Zool. 70 : 1–56.

Hesterman, H., Jones, S. M. and Schwarzenberger, F. 2008. Reproductive endocrinology of the largest dasyurids : characterization of ovarian cycles by plasma and fecal steroid monitoring. Part I. The Tasmanian devil (*Sarcophilus harrisii*). Gen. Comp. Endocrinol. 155 : 234–244.

Hiemae, K. M. 2000. Feeding in mammals. In : Feeding, Form, Function, and Evolution in Tetrapod Vertebrates (Schwenk, K., ed.), pp. 411–448. Academic Press, New York.

Hill, J. P. 1898. Contributions to the embryology of the Marsupialia. 1. The placentation of *Perameles*. Quart. J. Microscop. Sci. 40 : 385–446.

Hill, J. P. 1900. Contributions to the embryology of the Marsupialia. 2. On a further stage of placentation of *Perameles*. 3. On the foetal membranes of *Macropus parma*. Quart. J. Microscop. Sci. 43 : 1–22.

引用文献 *231*

Hill, J. P. 1910. Contributions to the embryology of the Marsupialia. 4. The early development of the Marsupialia with special reference to the native cat (*Dasyurus viverrinus*). Quart. J. Microscop. Sci. 56 : 1–134.

Hill, J. P. 1918. Some observations on the early development of *Didelphys aurita*. Quart. J. Microscop. Sci. 63 : 91–139.

Hinds, L. A. 1983. Progesterone and prolactin in marsupial reproduction. Ph.D. Thesis, Australian National Univ., Canberra.

Hinds, L. A. and Janssens, P. A. 1986. Changes in prolactin in peripheral plasma during lactation in the brushtail possum *Trichosurus vulpecula*. Aust. J. Biol. Sci. 39 : 171–178.

Hinds, L. A. and Merchant, J. C. 1986. Plasma prolactin concentrations throughout lactation in the eastern quoll, *Dasyurus viverrinus* (Marsupialia : Dasyuridae). Aust. J. Biol. Sci. 39 : 179–186.

Hinds, L. A. and Tyndale-Biscoe, C. H. 1982. Plasma progesterone levels in the pregnant and non-pregnant tammar, *Macropus eugenii*. J. Endocrinol. 93 : 99–107.

Hinds, L. A. and Tyndale-Biscoe, C. H. 1985. Seasonal and circadian patterns of circulating prolactin during lactation and seasonal quiescence in the tammar, *Macropus eugenii*. J. Reprod. Fertil. 74 : 173–183.

Hirzel, D. J., Wang, J., Das, S. K., Dey, S. K. and Mead, R. A. 1999. Changes in uterine expression of leukemia inhibitory factor during pregnancy in the western spotted skunk. Biol. Reprod. 60 : 484–492.

Hodell, D. A., Elmstrom, K. M. and Kennett, J. P. 1986. Latest Miocene benthic $\delta^{18}O$ changes, global ice volume, sea-level and the 'Messinian salinity crisis'. Nature 320 : 411–414.

Hofman, M. A. 1983. Energy metabolism, brain size and longevity in mammals. Quart. Rev. Biol. 58 : 495–512.

Hopwood, P. R. 1974. The intrinsic musculature of the pectoral limb of the eastern grey kangaroo. J. Anat. 118 : 445–468.

Hopwood, P. R. 1976. The quantitative anatomy of the kangaroo. Ph.D. Thesis, Univ. Sydney, Sydney.

Hopwood, P. R. and Butterfield, R. M. 1976. The musculature of the proximal pelvic limb of the eastern grey kangaroo *Macropus major* (Shaw), *Macropus giganteus* (Zimm). J. Anat. 121 : 259–277.

Hopwood, P. R. and Butterfield, R. M. 1990. The locomotor apparatus of the crus and pes of the eastern gray kangaroo, *Macropus giganteus*. Aust. J. Zool. 38 : 397–413.

Horovitz, I. and Sánchez-Villagra, M. R. 2003. A morphological analysis of marsupial mammal higher-level phylogenetic relationships. Cladistics 19 : 181–212.

Horovitz, I., Martin, T., Bloch, J., Ledevèze, S., Kurz, C. and Sánchez-Villagra, M. R. 2009. Cranial anatomy of the earliest marsupials and the origin of opossum. PLoS ONE 4 : e8278.

232 引用文献

Horsop, A. 1996. The behavioural ecology of the allied rock-wallaby *Petrogale assimilis*. Ph.D. Thesis, James Cook Univ., Townsville.

How, R. A., Barnett, J. L., Bradley, A. J., Humphreys, W. F. and Martin, R. 1984. The population biology of *Pseudocheirus peregrinus* in a *Leptospermum laevigatum* thicket. In : Possums and Gliders (Smith, A. P. and Hume, I. D., eds.), pp. 261–288. Australian Mammal Society, Sydney.

Howard, J. 1989. Diet of *Petaurus breviceps* (Marsupialia : Petauridae) in a mosaic of coastal woodland and heath. Aust. Mammal. 12 : 15–21.

Huff, J. N. and Price, E. O. 1968. Vocalizations of the least weasel, *Mustela nivalis*. J. Mammal. 49 : 548–550.

Hughes, R. L. 1962. Role of the corpus luteum in marsupial reproduction. Nature 194 : 890–891.

Hughes, R. L. 1974. Morphological studies on implantation in marsupials. J. Reprod. Fertil. 39 : 173–186.

Hughes, R. L. 1982. Reproduction in the Tasmanian Devil *Sarcophilus harrisii* (Dasyuridae, Marsupialia). In : Carnivorous Marsupials (Archer, M., ed.), pp. 49–63. Royal Zoological Society, Sydney.

Hughes, R. L. 1984. Structural adaptations of the eggs and the fetal membranes of monotremes and marsupials for respiration and metabolic exchange. In : Respiration and Metabolic of Embryonic Vertebrates (Seymour, R. S., ed.), pp. 389–421. Dr. W. Junk Publishers, Lancester.

Hughes, R. L. and McNally, J. 1968. Marsupial foetal membranes with particular reference to plancentation. J. Anat. 103 : 211.

Hume, I. D. 1978. Evolution of the Macropodidae digestive system. Aust. Mammal. 2 : 37–42.

Hume, I. D. 1995. Flow dynamics of digesta and colonic fermentation. In : Physiological and Clinical Aspects of Short-Chain Fatty Acids (Cummings, J. H., Rombeau, J. L. and Sakata, T., eds.), pp. 119–131. Cambrige Univ. Press, Cambridge.

Hume, I. D. 1999. Marsupial Nutrition. Cambridge Univ. Press, Cambridge.

Hume, I. D. and Carlisle, C. H. 1985. Radiographic studies on the structure and function of the gastrointestinal tract of two species of potoroine marsupials. Aust. J. Zool. 33 : 641–654.

Hume, I. D. and Esson, C. 1993. Nutrients, antinutrients and leaf selection by captive koalas (*Phascolarctos cinereus*). Aust. J. Zool. 41 : 379–392.

Hume, I. D., Jarman, P. J., Renfree, M. B. and Temple-Smith, P. D. 1989. Macropodidae. In : Fauna of Australia : Vol 1B, Mammalia (Walton, D. W. and Richardson, B. J., eds.), pp. 679–715. Aust. Govt. Publ. Serv., Canberra.

Hunsaker, D., II. 1977. Ecology of new world marsupials. In : The Biology of Marsupials (Hunsaker, D., II, ed.), pp. 95–156. Academic Press, New York.

Ibbotson, M. R., Marotte, I. R. and Mark, R. F. 2002. Investigations into the source of binocular input to the nucleus of the wallaby, *Macropus eugenii*. J. Neurophysiol.

72 : 2927-2943.

Iglesias, A. R. I., Artabe, A. E. and Model, E. M. 2011. The evolution of Patagonian vegetation from the Mesozoic to the present. Biol. J. Linn. Soc. 103 : 409-422.

Inns, R. W. 1982. Seasonal changes in the accessory reproductive system and plasma testosterone levels of the male tammar wallaby, *Macropus eugenii*, in the wild. J. Reprod. Fertil. 66 : 675-680.

Isler, K. and van Schaik, C. P. 2009. The Expensive Brain : A framework for explaining evolutionary change of brain size. J. Hum. Evol. 57 : 392-400.

Jacobs, G. H. 1993. The distribution and nature of colour vision among mammals. Biol. Rev. 68 : 413-471.

Jacobs, G. H. and Deegan, J. F. 1992. Cone photopigments in nocturnal and diurnal procyonids. J. Comp. Physiol. A 171 : 351-358.

Jacobs, L. L., Winkler, D. A. and Murry, P. A. 1989. Modern mammal origins : evolutionary grades in the Early Cretaceous of North America. Proc. Natl. Acad. Sci. USA 86 : 4992-4995.

Janis, C. M. 1990. Correlation of cranial and dental variables with dietary preferences in mammals : a comparison of macropodoids and ungulates. Mem. Queensland Mus. 28 : 349-366.

Janis, C. M. 1995. Correlations between craniodental morphology and feeding behavior in ungulates : reciprocal illumination between living and fossil taxa. In : Functional Morphology in Vertebrate Paleontology (Thomason, J., ed.), pp. 76-98. Cambridge Univ. Press, Cambridge.

Janis, C. M., Damuth, J., Travouillom, K. J., Figueirido, B., Archer, M. and Hand, S. J. 2013. Why the short face? Craniodental morphology in relation to diet in living and fossil kangaroos. 14th Conference on Australasian Vertebrate Evolution, Palaeontology & Systematics. Flinders Univ., Adelaide.

Janis, C. M., Buttrill, K. and Figueirido, B. 2014. Locomotion in extinct giant kangaroos : were sthenurines hop-less monsters? PloS ONE 9 : e109888.

Janke, A., Feldmeier-Fuchs, G., Thomas, W. K., von Haeseler, A. and Pääbo, S. 1994. The marsupial mitochondrial genome and the evolution of placental mammals. Genetics 137 : 243-256.

Janke, A., Gemmell, N. J., Feldmaier-Fuchs, G., von Haeseler, A. and Pääbo, S. 1996. The complete mitochondrial genome of a monotreme, the platypus (*Ornithorhynchus anatinus*). J. Mol. Evol. 42 : 153-159.

Janke, A., Xu, X. and Arnason, U. 1997. The complete mitochondrial genome of the wallaroo (*Macropus robustus*) and the phylogenetic relationship among Monotremata, Marsupialia, and Eutheria. Proc. Natl. Acad. Sci. USA 94 : 1276-1281.

Jansa, S. A., Barker, F. K. and Voss, R. S. 2014. The early diversification history of didelphid marsupials : a window into South America's "splendid isolation". Evolution 68 : 684-695.

Jarman, P. J. 1983. Mating system and sexual dimorphism in large, terrestrial, mammalian herbivores. Biol. Rev. 58 : 485-520.

Jarman, P. J. 1987. Group size and activity in eastern grey kangaroos. Anim. Behav. 35 : 1044-1050.

Jarman, P. J. and Bayne, P. 1997 Behavioural ecology of *Petrogale penicillata* in relation to conservation. Aust. Mammal. 19 : 219-228.

Jarman, P. J. and Southwell, C. J. 1986. Grouping, associations, and reproductive strategies in eastern grey kangaroos. In : Ecological Aspects of Social Evolution (Rudenstein, D. I. and Wrangham, R. W., eds.), pp. 399-428. Princeton Univ. Press, Princeton.

Jenkins, F. A. Jr. 1971. Limb posture and locomotion of Virginia opossum (*Didelphs marsupialis*) and in other non-cursorial mammals. J. Zool. 165 : 303-315.

Jenkins, F. A. Jr. 1973. The functional anatomy and evolution of the mammalian humero-ulnar articulaton. Am. J. Anat. 137 : 281-198.

Jenkins, F. A. Jr. and Weijs, W. A. 1979. The functional anatomy of the shoulder in Virginia opossum (*Didelphs marsupialis*). J. Zool. 188 : 379-410.

Jerison, H. J. 1990. Fossil evidence on the neocortex. In : Cerebral Cortex, vol. 8A (Jones, E. G. and Peters, A., eds.), pp. 285-309. Plenum Press, New York.

Ji, Q., Luo, Z.-X., Yuan, C.-X., Wible, J. R., Zhang, J.-P. and Georgi, J. A. 2002. The earliest known eutherian mammal. Nature 416; 816-822.

Johnson, C. N. 1989. Social interactions and reproductive tactics in red-necked wallabies (*Macropus rufogriseus banksianus*). J. Zool. 217 : 267-180.

Johnson, C. N. 1994. Nutritional ecology of a mycophagous marsupial in relation to production of hypogeous fungi. Ecology 75 : 2015-2021.

Johnson, C. N. and Johnson, K. A. 1983. Behaviour of the bilby, *Macrotis lagotis* (Reid), (Marsupialia : Thylacomyidae) in captivity. Aust. Wildl. Res. 10 : 77-87.

Johnson, P. M. and Strahan, R. 1982. A further description of the musky rat-kangaroo, *Hypsiprymnodon moschatus* Ramsay, 1876 (Marsupialia, Potoroidae), with notes on its biology. Aust. Zool. 21 : 27-46.

Johnson-Murray, J. L. 1987. The comparative myology of the gliding membranes of *Acrobates*, *Petauroides*, and *Petaurus* contrasted with the cutaneous myology of *Hemibelideus* and *Pseudocheirus* (Marsupialia : Phalangeridae) and with selected gliding Rodentia (Sciuridae and Anomaluridae). Aust. J. Zool. 35 : 101-113.

Jones, A. S., Lamont, B. B., Fairbanks, M. M. and Rafferty, C. M. 2003. Kangaroos avoid eating seedlings with or near others with volatile essential oils. J. Chem. Ecol. 29 : 2621-2635.

Jones, F. W. 1949. The study of a generalized marsupial *Dasycercus cristicauda* (Krefft). Trans. Zool. Soc. Lond. 58 : 189-231.

Jüschke, S. 1972. Untersuchungen zur funktionellen Anpassung der Rückenmusculatur und der Wirbelsäule quadrupeder Affen und Känguruh. Z. Anat. Entwgesch. 137 : 47-85.

Kaneko, Y., Lindsay, L. A. and Murphy, C. R. 2008. Focal adhesions disassemble during early pregnancy in rat uterine epithelial cells. Reprod. Fertil. Dev. 20 : 892-899.

加藤嘉太郎. 1961. 家畜比較解剖図説　下巻. 養賢堂, 東京.

Kaufmann, J. H. 1974. Field observations of the social behaviour of the eastern grey kangaroo, *Macropus giganteus*. Anim. Behav. 23 : 214-221.

Kear, B. P. and Pledge, N. S. 2007. A new fossil kangaroo from the Oligocene-Miocene Etadunna Formation of Ngama Quarry, Lake Palankarinna, South Australia. Aust. J. Zool. 55 : 331-339.

Kear, B. P., Lee, M. S. Y., Gerdtz, W. R. and Flannery, T. F. 2008. Evolution of hind limb proportions in kangaroos (Marsupialia : Macropodoidea). In : Mammalian Evolutionary Morphology : A Tribute to Frederick S. Szalay (Sagris, E. J. and Dagosto, M., eds.), pp. 25-35. Springer, New York.

Kelly, J. P., Kavanagh, G. L. and Dalton, J. C. H. 1986. Hearing in the ferret (*Mustela putorius*). Hear. Res. 24 : 269-275.

Kennedy, P. M. and Hume, I. D. 1978. Recycling of urea nitrogen to the gut of the tammar wallaby (*Macropus eugenii*). Comp. Biochem. Physiol. 61 A. 117-121.

Ker, R. F., Dimery, N. J. and Alexander, R. McN. 1986. The role of tendon elasticity in hopping in a wallaby (*Macropus rufogriseus*). J. Zool. 208 : 417-428.

Kielan-Jaworowska, Z. 1975. Evolution of the therian mammals in the Late Cretaceous of Asia. Part 1. Deltatheridiidae. Palaeontolgica Polonica 33 : 103-132.

Kielan-Jaworowska, Z. and Nessov, L. A. 1990. On the metatherian nature of the Deltatheroida, a sister group of the Marsupialia. Lethaia 23 : 1-10.

Kielan-Jaworowska, Z., Eaton, J. G. and Brown T. M. 1979. Theria of metatherian-euterian grade. In : Mesozoic Mammals : The First Two-Thirds of Mammalian History (Lillegraven, J. A., Kielan-Jaworowska, Z. and Clemens, W. A., eds.), pp. 182-191. Univ. California Press, Berkeley.

Kirkpatrick, T. H. 1967. The grey kangaroo in Queensland. Queensland Agr. J. 93 : 550-552.

Kirsch, J. A. W. 1977a. The classification of marsupials. In : The Biology of Marsupials (Hunsaker, D., II, ed.), pp. 1-50. Academic Press, New York.

Kirsch, J. A. W. 1977b. The comparative serology of Marsupialia, and a classification of marsupials. Aust. J. Zool., Suppl. Ser. 52 : 1-152.

Kirsch, J. A. W. and Johnson, J. I. 1983. Phylogeny through brain traits : trees generated by neural characters. Brain Behav. Evol. 22 : 60-69.

Kirsch, J. A. W., Lapointe, F.-J. and Foeste, A. 1995. Resolution of portions of the kangaroo phylogeny (Marsupialia : Macropodidae) using DNA hybridization. Biol. J. Linn. Soc. 55 : 309-328.

Kirsch, J. A. W., Lapointe, F.-J. and Springer, M. S. 1997. DNA-hybridisation studies of marsupials and their implications for metatherian classification. Aust. J. Zool. 45 : 211-280.

Klettenheimer, B. 1997. Social dominance and scent marking in the sugar glider (*Petaurus breviceps*). Adv. Biosci. 93 : 345-352.

Klima, M. 1987. Early Development of the Shoulder Girdle and Sternum in Marsupials (Mammalia, Metatheria). Adv. Anat. Embryol. Cell Biol. 109. Springer, Berlin.

Kojima, T., Hinds, L. A., Muller, W. J., O'Neill, C. and Tyndale-Biscoe, C. H. 1993. Production and secretion of progesterone *in vitro* and presence of platelet activating factor (PAF) in early pregnancy of the marsupial, *Macropus eugenii*. Reprod. Fertil. Dev. 5 : 15-25.

Kram, R. and Dawson, T. J. 1998. Energetics and biomechanics of locomotion by red kangaroos (*Macropus rufus*). Comp. Biochem. Physiol. B 120 : 41-49.

Kratzing, J. E. 1984. The anatomy and histology of the nasal cavity of the koala (*Phascolarctos cinereus*). J. Anat. 138 : 55-65.

Krause, W. J. and Cutts, J. H. 1979. Pairing of spermatozoa in the epididymis of the opossum (*Didelphis virginiana*) : a scanning electron microscopic study. Arch. histol. japonic. 42 : 181-190.

Kullander, K., Carlson, B. and Haldböök, F. 1997. Molecular phylogeny and evolution of the neutrophins from monotremes and marsupials. J. Mol. Evol. 45 : 311-321.

Laird, M. K., Thompson, M. B., Murphy, C. R. and McAllan, B. M. 2014. Uterine epithelial cell changes during pregnancy in a marsupial (*Sminthopsis crassicaudata*; Dasyuridae). J. Morphol. 275 : 1081-1092.

Laird, M. K., Hearn, C. M., Shaw, G. and Renfree, M. B. 2016. Uterine morphology during diapause and early pregnancy in the tammar wallaby (*Macropus eugenii*). J. Anat. 229 : 459-472.

Langenberg, W. and Jüschke, S. 1970. Morphologie und Innervation der *Mm. levatores costarum* und ihre Beziehung zu den *Mm. intertransversarii laterales lumborum*. Untersuchungen an Mensch und Känguruh. Z. Anat. Entw-gesch. 130 : 255.

Langer, P. 1980. Anatomy of the stomach in three species of Potorinae (Marsupialia : Macropodidae). Aust. J. Zool. 28 : 19-31.

Langer, P., Dellow, D. W. and Hume, I. D. 1980. Stomach structure and function in three species of macropodine marsupials. Aust. J. Zool. 28 : 1-18.

Lawler, I. R., Foley, W. J., Pass, D. M. and Eschler, B. M. 1998a. Administration of a 5HT$_3$ receptor antagonist increases the intake of diets containing *Eucalyptus* secondary matabolites by marsupials. J. Comp. Physiol. B 168 : 611-618.

Lawler, I. R., Foley, W. J., Eschler, B. M., Pass, D. M. and Handasyde, K. 1998b. Intraspecific variation in secondary metabolites determines food intake by folivorous marsupials. Oecologia 116 : 160-169.

Lee, A. K. and Cockburn, A. 1985. Evolutionary Ecology of Marsupials. Cambridge Univ. Press, Cambridge.

Lee, C. S. and O'Shea, J. D. 1977. Observations on the vasculature of the reproductive tract in some Australian marsupials. J. Morphol. 154 : 95-114.

Lemon, M. and Bailey, L. F. 1966. A specific protein difference in the milk from two mammary glands of a red kangaroo. Aust. J. Exp. Biol. Med. Sci. 45 : 213-219.

Lentle, R. G., Dey, D., Hulls, C., Mellor, D. J., Moughan, P. J., Stafford, K. J. and Nicholas, K. 2006. A quantitative study of the morphological development and bacterial colonisation of the gut of the tammar wallaby *Macropus eugenii eugenii* and brushtail possum *Trichosurus vulpecula* during in-pouch development. J. Comp. Physiol. B 176 : 763-774.

Lessertisseur, J. and Saban, R. 1967. Squelette appendiculaire. In : Traité de Zoologie, Tome XVI, 1er Fasc. (Grassé, P. P., ed.), pp. 709-1078. Masson, Paris.

Lewis, O. J. 1962a. The phylogeny and the crural and pedal flexor musculature. Proc. Zool. Soc. Lond. 138 : 77-109.

Lewis, O. J. 1962b. The comparative morphology of M. flexor accessorus and the associated long flexor tendons. J. Anat. 96 : 321-333.

Lewis, O. J. 1963. The monotreme cruro-pedal flexor musculature. J. Anat. 97 : 55-63.

Lewis, O. J. 1964a. The homologies of the mammalian tarsal bones. J. Anat. 98 : 195-208.

Lewis, O. J. 1964b. The tibialis posterior in the primate foot. J. Anat. 98 : 209-218.

Lewis, O. J. 1964c. The evolution of long flexor muscles of leg and foot. Intl. Rev. Gen. Exp. Zool. vol. 1. 165-185.

Lierse, W. 1965. The wall construction and blood vessel system of the uterus of the opossum. Acta Anat. 60 : 152-163.

Lincoln, D. W. and Renfree, M. B. 1981. Mammary gland growth and milk ejection in the agile wallaby, *Macropus agilis*, displaying concurrent asynchronous lactation. J. Reprod. Fertil. 63 : 193-203.

Lintern-Moore, S. 1973. Incorporation of dietary nitrogen into microbial nitrogen in the forestomach of the Kangaroo Island wallaby *Protemnodon eugenii* (Desmarest). Comp. Biochem. Physiol. A 44 : 75-82.

Lintern-Moore, S. and Moore, G. P. M. 1977. Comparative aspects of oocyte growth in mammals. In : Reproduction and Evolution (Calaby, J. H. and Tyndale-Biscoe, C. H., eds.), pp. 215-219. Australian Academy of Science, Canberra.

Lintern-Moore, S., Moore, G. P. M., Tyndale-Biscoe, C. H. and Pool, W. E. 1976. The growth of oocyte and follicle in the ovaries of monotremes and marsupials. Anat. Rec. 185 : 325-332.

Liu, G. B., Hill. K. G. and Mark, R. F. 1996. The auditory brainstem response (ABR) and responses from brainstem nuclei during development in *Macropus eugenii*. Proc. Aust. Neurosci. Soc. 7 : 227.

Llamas, B., Brotherton, P., Mitchell, K. J., Templeton, J. E. L., Thomson, V. A., Metcalf, J. L., Armstrong, K. N., Kasper, M., Richards, S. M., Camens, A. B., Lee, M. S. Y. and Cooper, A. 2015. Late Pleistocene Australian marsupial DNA clarifies the affinities of extinct megafaunal kangaroos and wallabies. Mol. Biol. Evol. 32 : 574-584.

London, C. J. 1981. The microflora associated with the caecum of the koala (*Phascolarctos cinereus*). M. Sc. Thesis, La Trobe Univ., Melbourne.

Long, J. A., Archer, M., Flannery, T. F. and Hand, S. J. 2002. Prehistoric Mammals of

238 引用文献

Australia and New Guinea : One Hundred Million Years of Evolution. UNSW Press, Sydney.

Lönnberg, E. 1902. On some remarkable digestive adaptations in diprotodont marsupials. Proc. Zool. Soc. Lond. 73 : 12–31.

Louys, J. and Price, G. J. 2015. The Chinchilla Local Fauna : an exceptionally rich and well-preserved Pliocene vertebrate assemblage from fluviatile deposits of south-eastern Queensland, Australia. Acta Palaeontologica Polonica 60 : 551–572.

Luckett, W. P. 1977. Ontogeny of amniote fetal membranes and their application to phylogeny. In : Major Patterns in Vertebrate Evolution (Hecht M. K., Goody P. C. and Hecht B. M., eds.), pp. 439–516. Plenum Publishing Corporation, New York.

Luckett, W. P. 1993. An ontogenetic assessment of dental homologies in therian mammals. In : Mammal Phylogeny : Mesozoic Differentiation, Multitubelculates, Monotremes, Early Therians, and Marsupials (Szalay, F. S., Novacek, M. J. and McKenna, M. C., eds.), pp. 182–204. Springer, New York.

Lunde, D. P. and Schutt, W. A. 1999. The peculiar carpal tubercles of male *Marmosops parvidens* and *Marmosa robinsoni* (Didelphidae : Didelphinae). Mammalia 63 : 495–504.

Luo, Z.-X., Ji, Q., Wible, J. R. and Yuan, C.-X. 2003. An Early Cretaceous tribosphenic mammal and metatherian evolution. Science 302 : 1934–1940.

Luo, Z.-X., Yuan, C.-X., Meng, Q.-J. and Ji, Q. 2011. A Jurassic eutherian mammal and divergence of marsupials and placentals. Nature 476 : 442–445.

Lyne, A. G. 1974. Gestation period and birth in the marsupial *Isoodon macrourus*. Aust. J. Zool. 22 : 303–309.

Lyne, A. G. and Hollis, D. E. 1979. Observations on the corpus luteum during pregnancy and lactation in the marsupials *Isoodon macrourus* and *Perameles nasuta*. Aust. J. Zool. 27 : 881–899.

Lyne, A. G. and Verhagen, A. M. W. 1957. Growth of the marsupial *Trichosurus vulpecula* and a comparison with some higher mammals. Growth 21 : 167–195.

Lyne, A. G., Pilton, P. E. and Sharman, G. B. 1959. Oestrous cycle, gestation period and parturition in the marsupial *Trichosurus vulpecula*. Nature 183 : 622–623.

MacCormick, A. 1886-1887a. The myology of the limbs of *Dasyurus viverrinus* A. Myology of the forelimb. J. Anat. Physiol. 21 : 103.

MacCormick, A. 1886-1887b. The myology of the limbs of *Dasyurus viverrinus* B. Myology of the hind-limb. J. Anat. Physiol. 21 : 199.

MacFadden, B. J. 2000. Origin and evolution of the grazing guild in Cenozoic New World terrestrial mammals. In : Evolution of Herbivory in Terrestrial Vertebrates (Sues, H. D., ed.), pp. 223–244. Cambridge Univ. Press, Cambridge.

Mackenzie, W. C. 1918. The Gastro-Intestinal Tract in Monotremes and Marsupials. Critchley Parker, Melbourne.

Macrini, T. E. 2014. Development of the ethmoid in *Caluromys philander*

引用文献　　*239*

(Didelphidae, Marsupialia) with a discussion on the homology of the turbinal elements in marsupials. Anat. Rec. 297 : 2007-2017.

Madsen, O., Scally, M., Douady, C. J., Kao, D. J., DeBry, R. W., Adkins, R., Amrine, H. M., Stanhope, M. J., De Jong, W. W. and Springer, M. S. 2001. Parallel adaptive radiations in two major clades of placental mammals. Nature 409 : 610-614.

Maier, W. 1987. The ontogenic development of the orbitotemporal region in the skull of *Monodelphis domestica* (Didelphidae : Marsupialia), and the problem of the mammalian alisphenoid. In : Morphogenesis of the Mammalian Skull (Kuhn, H.-J. and Zeller, U., eds.), pp. 71-90. Verlag Paul Harvey, Hamburg.

Maier, W. 1989. Morphologische Untersuchungen am Mittelohr der Marsupialia. Z. Zool. Syst. Evolut-forsch. 27 : 149-168.

Mann-Fischer, G. 1953. Filogenia y función de la musculatura en *Marmosa elegans* (Marsupialia, Didelphydae). Investigaciones Zoológicas Chilenas 1 : 3-15.

Mansergh, I. and Broome, L. 1994. The Mountain Pygmy-possum of the Australian Alps. New South Wales Univ. Press, Kensington.

Marshall, L. G. 1977a. Cladistic analysis of borhyaenoid, dasyuroid, and thylacinid (Marsupialia : Mammalia) affinity. Syst. Zool. 26 : 410-425.

Marshall, L. G. 1977b. Evolution of the carnivorous adaptive zone in South America. In : Major Patterns in Vertebrate Evolution (Hecht M. K., Goody P. C. and Hecht B. M., eds.), pp. 709-722. Plenum Publishing Corporation, New York.

Marshall, L. G. 1978. Evolution of the Borhyaenidae, extinct South American predaceous marsupials. Univ. Calif. Publ. Geol. Sci. 117 : 1-89.

Marshall, L. G. 1979. Evolution of metatherian and eutherian (mammalian) characters : a review based on cladistic methodology. Zool. J. Linn. Soc. 66 : 369-410.

Marshall, L. G. 1980. Marsupial paleobiogeography. In : Aspects of Vertebrate History (Jacobs, L. L., ed.), pp. 345-386. Museum of Northern Arizona Press, Flagstaff.

Marshall, L. G. 1982a. Evolution of South American Marsupialia. In : Mammalian Biology in South America (Mares, M. A. and Genoways, H. H., eds.), Pymatuning Laboratory of Ecology, Univ. Pittsburgh, Spec. Publ. Ser. 6 : 251-272.

Marshall, L. G. 1982b. Systematics of the South American marsupial family Microbiotheriidae. Field. Geol. New Ser. 10 : 1-75.

Marshall, L. G. 1982c. Systematics of the extinct South American marsupial family Polydolopidae. Field. Geol. New Ser. 12 : 1-109.

Marshall, L. G. and de Muizon, C. 1988. The dawn of the age of mammals in South America. Natl. Geograph. Res. 4 : 23-55.

Marshall, L. G. and Kielan-Jaworowska, Z. 1992. Relationships of the dog-like marsupials, deltatheroidans and early tribosphenic mammals. Lethaia 25 : 361-374.

Marshall, L. G., Case, J. A. and Woodburne, M. O. 1990. Phylogenetic relationships of the families of marsupials. Curr. Mammal. 2 : 433-506.

Marshall, L. G., de Muizon, C. and Sigogneau-Russell, D. 1995. *Pucadelphys andinus* (Marsupialia, Mammalia) from the early Paleocene of Bolivia. Mem. Mus. Nat. Hist. Natur. 165 : 1–164.

Martin, H. A. 2006. Cenozoic climatic change and the development of the arid vegetation in Australia. J. Arid Eviron. 66 : 533–563.

Martin, K. E. A. and Mackay, S. 2003. Postnatal development of the fore- and hindlimbs in the grey short tailed opossum, *Monodelphis domestica*. J. Anat. 202 : 143–152.

Martin, R. D. 1981. Relative brain size and basal metabolic rate in terrestrial vertebrates. Nature 293 : 57–60.

May-Collado, L. J., Kilpatrick, C. W. and Agnarsson, I. 2015. Mammals from 'down under' : a multi-gene species level phylogeny of marsupial mammals (Mammalia, Metatheria). PeerJ 3 : e805.

Maynes, G. M. 1973. Reproduction in the parma wallaby, *Macropus parma* Waterhouse. Aust. J. Zool. 21 : 331–351.

McCrady, E. 1938. The embryology of the opossum. Am. Anat. Mem. 16 : 1–233.

McCrady, E., Wever, E. G. and Bray, C. W. 1937. The development of hearing in the opossum. J. Exp. Zool. 75 : 503–517.

McCrady, E., Wever, E. G. and Bray, C. W. 1940. A further investigation of the development of hearing in the opossum. J. Comp. Psychol. 30 : 17–21.

McDowell, M. C., Prideaux, G. J., Walshe, K., Bertuch, F. and Jacobsen, G. E. 2015a. Re-evaluating the Late Quaternary fossil mammal assemblage of Seton Rockshelter, Kangaroo Island, South Australia, including the evidence for late-surviving megafauna. J. Quart. Sci. 30 : 355–364.

McDowell, M. C., Haouchar, D., Aplin, K. P., Bunce, M., Baynes, A. and Prideaux, G. J. 2015b. Morphological and molecular evidence supports specific recognition of the recently extinct *Bettongia anhydra* (Marsupialia : Macropodidae) . J. Mammal. 96 : 287–296.

McGowan, C. P., Baudinette, R. V. and Biewener, A. A. 2005. Joint work and power associated with acceleration and deceleration in tammar wallabies (*Macropus eugenii*). J. Exp. Biol. 208 : 41–53.

McIlroy, J. C. 1973. Aspects of the ecology of the common wombat, *Vombatus ursinus* (Shaw, 1800). Ph.D. Thesis, Australian National Univ., Canberra.

McKenna, M. C. and Bell, S. K. 2000. Classification of Mammals. 2nd ed. Columbia Univ. Press, New York.

McKenna, M. C., Mellett, J. S. and Szalay, F. S. 1971. Relationships of the Cretaceous mammal *Deltatheridium*. J. Paleontol. 45, 441–442.

McKenzie, R. A. 1978. The caecum of the koala, *Phascolarctos cinereus*. Light, scanning and transmission electron microscopic observations on its epithelium and flora. Aust. J. Zool. 26 : 249–256.

McNab, B. K. 1990. The physiological significance of body size. In : Body Size in Mammalian Paleobiology (Damuth, J. and MacFadden, B. J., eds.), pp. 11–24.

引用文献　　*241*

Cambridge Univ. Press, Cambridge.

McNab, B. K. and Eisenberg, J. F. 1989. Brain size and its relation to the rate of metabolism in mammals. Am. Nat. 133 : 157-167.

Mella V. S. A., Cooper C. E. and Davies S. J. J. F. 2010. Ventilatory frequency as a measure of the response of tammar wallabies (*Macropus eugenii*) to the odour of potential predators. Aust. J. Zool. 58 : 16-23.

Mella, V. S. A., Cooper, C. E. and Davies, S. J. J. F. 2014. Behavioural responses of free-ranging western grey kangaroos (*Macropus fuliginosus*) to olfactory cues of historical and recently introduced predators. Aust. Ecol. 39 : 115-121.

Meng, J. and Fox, R. C. 1995a. Therian petrosals from the Oldman and Milk River formations (Late Cretaceous), Alberta, Canada. J. Vert. Paleontol. 15 : 122-130.

Meng, J. and Fox, R. C. 1995b. Osseous inner ear structures and hearing in early marsupials and placentals. Zool. J. Linn. Soc. 115 : 47-71.

Meredith, R. W., Westerman, M., Case, J. A. and Springer, M. S. 2008a. A phylogeny and timescale for marsupial evolution based on sequences for five nuclear genes. J. Mamm. Evol. 15 : 1-36.

Meredith, R. W., Westerman, M. and Springer, M. S. 2008b. A phylogeny and timescale for the living genera of kangaroos and kin (Macropodifromes : Masupialia) based on nuclear DNA sequences. Aust. J. Zool. 56 : 395-410.

Meredith, R. W., Westerman, M. and Springer, M. S. 2008c. A timescale and phylogeny for "Bandicoots" (Peramelemorphia : Masupialia) based on sequences for nuclear genes. Mol. Phylogenet. Evol. 47 : 1-20.

Meredith, R. W., Westerman, M. and Springer, M. S. 2009. A phylogeny of Diprotodontia (Marsupialia) based on sequences for nuclear genes. Mol. Phylogenet. Evol. 51 : 554-571.

Meredith, R. W., Mendoza, M. A., Roberts, K. K., Westerman, M. and Springer, M. S. 2010. A phylogeny and timescale for the evolution of Pseudocheiridae (Masupialia : Diprotodontia) in Australia and New Guinea. J. Mamm. Evol. 17 : 75-99.

Metcalfe, I., Smith, J. M. B., Morwood, M. and Davidson, I. 2001. Faunal and Floral Migrations and Evolution in SE Asia-Australasia. Swets & Zeitlinger Publishers, Lisse.

Mintz, B. 1957. Germ cell origin and history in the mouse : genetic and histochemical evidence. Anat. Rec. 127 : 335-336.

Mitchell, K. J., Pratt, R. C., Watson, L. N., Gibb, G. C., Llamas, B., Kasper, M., Edson, J., Hopwood, B., Male, D., M., Armstrong, K. N., Mayert, M., Hofreiter, M., Austin, J., Donnellan, S. C., Lee, M. S. Y. L., Phillips, M. J. P. and Cooper, A. 2014. Molecular phylogeny, biogeography, and habitat preference evolution of marsupials. Mol. Biol. Evol. 31 : 2322-2330.

Mitchell, P. 1990a. Social behaviour and communication of Koalas. In : Biology of the Koala (Lee, A. K., Handasyde, K. A. and Sanson, G. D., eds.), pp. 151-170. Surrey Beatty & Sons, Clipping Norton.

Mitchell, P. 1990b. The home ranges and social activity of Koalas. In : Biology of the

Koala (Lee, A. K., Handasyde, K. A. and Sanson, G. D., eds.), pp. 171-187. Surrey Beatty & Sons, Clipping Norton.

Mitchell, P. C. 1905. On the intestinal tract of mammals. Trans. Zool. Soc. Lond. 17: 437-537.

Mitchell, P. C. 1916. Further observations on the intestinal tracts of mammals. Proc. Zool. Soc. Lond. 1916: 183-251.

三浦信悟. 1998. 哺乳類の生物学④社会. 東京大学出版会, 東京.

Moir, R. J. 1965. The comparative physiology of ruminant-like animals. In: Physiology of Digestion in the Ruminant (Dougherty, R. W., ed.), pp. 1-14. Butterworths, London.

Moir, R. J., Somers, M. and Waring, H. 1956. Studies on marsupial nutrition. I. Ruminant-like digestion in a herbivorous marsupial *Setonix brachyurus* (Quoy and Gaimard). Aust. J. Biol. Sci. 9: 293-304.

Mollon, J. D. 1989. "Tho' she kneel'd in that place where they grew..." The uses and origins of primate colour vision. J. Exp. Biol. 146: 21-38.

Moore, B. D. and Foley, W. J. 2005. Tree use by koalas in a chemically complex landscape. Nature 435: 488-90.

Moore, B. D., Foley, W. J., Wallis, I. R., Cowling, A. and Handasyde, K. A. 2005. *Eucalyptus* foliar chemistry explains selective feeding by koalas. Biol. Lett. 1: 64-67.

Moore, C. R. 1939. Modification of sexual development in the opossum by sex hormones. Proc. Soc. Exp. Biol. 40: 544-546.

Moore, D. R. 1982. Late onset of hearing in the ferret. Brain Res. 253: 309-311.

Moore, S. J. and Sanson, G. D. 1995. A comparison of the molar efficiency of two insect-eating mammals. J. Zool. 235: 175-192.

Morgan, C. F. 1943. The normal development of the ovary of the opossum from birth to maturity and its reactions to sex hormone. J. Morphol. 72: 27-85.

Mortola, J. P., Frappell, P. B. and Woolley, P. A. 1999. Breathing through skin in a newborn mammal. Nature 397: 660.

Mossman, H. W. and Duke, K. L. 1973. Comparative Morphology of the Mammalian Ovary. Univ. Wisconsin Press, Madison.

Moyle, D. I., Hume, I. D. and Hill, D. M. 1995. Digestive performance and selective digesta retention in the long-nosed bandicoot, *Perameles nasuta*, a small omnivorous marsupial. J. Comp. Physiol. B 164: 552-560.

Muirhead, J. and Filan, S. 1995. *Yarala burchfieldi* (Peramelemorphia) from Oligo-Miocece deposits of Riversleigh, northwestern Queensland. J. Paleontol. 69: 127-134.

Munson, C. J. 1992. Postcranial description of *Ilaria* and *Ngapakaldia* (Vombatiformes, Marsupialia) and the phylogeny of the vombatiforms based on postcranial morphology. Univ. California Publ. Zool. 125: 1-99.

Murphy, C. R. 2000. Junctional barrier complexes undergo major alterations during the plasma membrane transformation of uterine epithelial cells. Hum. Reprod.

15 (Suppl. 3) : 182-188.

Murphy, C. R. 2004. Uterine receptivity and the plasma membrane transformation. Cell Res. 14 : 259-267.

Murphy, C. R., Hosie, M. J. and Thompson, M. B. 2000. The plasma membrane transformation facilitates pregnancy in both reptiles and mammals. Comp. Biochem. Physiol. A 127 : 433-439.

Murphy, W. J., Eizirik, E., Johnson, W. E., Zhang, Y. P., Ryder O. A. and O'Brien, S. J. 2001a. Molecular phylogenetics and the origins of placental mammals. Nature 409 : 614-618.

Murphy, W. J., Eizirik, E., O'Brien, S. J., Madsen, O., Scally, M., Douady, C. J., Teeling, E., Ryder, O. A., Stanhope, M. J., De Jong, W. W. and Springer, M. S. 2001b. Resolution of the early placental mammal radiation using Bayesian phylogenetics. Science 294 : 2348-2351.

Murray, P. 1991. The sthenurine affinity of the Late Miocene kangaroo, *Hadronomas puckridgi* Woodburne (Marsupialia, Macropodidae). Alcheringa 15 : 255-283.

Murray, P. 1995. The postcranial skeleton of the Miocene kangaroo, *Hadronomas puckridgi* Woodburne (Marsupialia, Macropodidae). Alcheringa 19 : 119-170.

Nelson, J. and Stephan, H. 1982. Carnivorous Marsupials (Archer, M., ed.). Royal Zoological Society, Sydney.

Nicholas, K. R. 1988. Asynchronous dual lactation in a marsupial, the tammar wallaby (*Macropus eugenii*). Biochem. Biophys. Res. Commun. 154 : 529-536.

Nichols, J., Chambers, I., Taga, T. and Smith, A. 2001. Physiological rationale for responsiveness of mouse embryonic stem cells to gp130 cytokines. Development 128 : 2333-2339.

Nilsson, M. A., Arnason, U., Spencer, P. B. S. and Janke, A. 2004. Marsupial relationships and a timeline for marsupial radiation in South Gondwana. Gene 340 : 189-196.

Norton, A. C., Beran, A. V. and Misrahy, G. A. 1964. Electroencephalograph during feigned sleep in the opossum. Nature 204 : 162-163.

Nowak, R. M. 1999. Walker's Mammals of the World. 6th ed. Johns Hopkins Univ. Press, Baltimore and London.

Obendorf, D. L. 1984. The macropodid oesophagus. I. Gross anatomical, light microscopic, scanning and transmission electron microscopic observations of its mucosa. Aust. J. Zool. 32 : 415-435.

大泰司紀之. 1986. 歯の比較解剖学. 医歯薬出版, 東京.

大泰司紀之. 1998. 哺乳類の生物学②形態. 東京大学出版会, 東京.

O'Leary, M. A., Bloch, J. I., Klynn, J. J., Gaudin, T. J., Giallombardo, A., Giannini, N. P., Goldberg, S. L., Kraatz, B. P., Luo, Z.-X., Meng, J., Ni, X., Novacek, M. J., Perini, F. A. M., Velazco, P. M., Weksler, M., Wible, J. R. and Cirranello, A. L. 2013. The placental mammal ancestor and the Post-K-Pg radiation of placentals. Science 339 : 662-667.

Olifiers, N., Vieira, M. V. and Grelle, C. E. V. 2004. Geographic range and body size in

244 引用文献

Neotropical marsupials. Glob. Ecol. Biogeogr. 13 : 439–444.

Olson, G. E. 1980. Changes in intramembranous particle distribution in the plasma membrane of *Didelphis virginiana* spermatozoa during maturation in the epididymis. Anat. Rec. 197 : 471–488.

Olson G. E. and Hamilton, D. W. 1976. Morphological changes in the midpiece of wooly opossum spermatozoa during epididymal transit. Anat. Rec. 186 : 387–404.

O'Neill, C. 1991. A physiological role for PAF in the stimulation of mammalian embryonic development. Trends Pharmacol. Sci. 12 : 82–84.

Orchard, M. and Murphy, C. R. 2002. Alterations in tight junction molecules of uterine epithelial cells during early pregnancy in the rat. Acta. Histochem. 104 : 149–155.

Ortiz-Jaureguizar, E. and Cladera, G. A. 2006. Paleoenvironmental evolution of southern South America during the Cenozoic. J. Arid. Environ. 66 : 498–532.

Osawa, R., Bird, P. S., Harbrow, D. J., Ogimoto, K. and Seymour, G. J. 1993a. Microbiological studies of the intestinal microflora of the koala, *Phascolarctos cinereus*. I. Colonisation of the caecal wall by tannin-protein-complex-degrading enterobacteria. Aust. J. Zool. 41 : 599–609.

Osawa, R., Blanshard, W. H. and O'Callaghan, P. G. 1993b. Microbiological studies of the intestinal microflora of the koala, *Phascolarctos cinereus*. II. Pap, a special maternal faeces consumed by juvenile koalas. Aust. J. Zool. 41 : 611–620.

Osawa, R., Walsh, T. P. and Cork, S. J. 1993c. Metabolism of tannin-protein complex by facultatively anaerobic bacteria isolated from koala feces. Biodegradation 4 : 91–99.

Osborne, M. J., Christidis, L. and Norman, J. A. 2002. Molecular phylogenetics of the Diprotodontia (kangaroos, wombats, koala, possums, and allies). Mol. Phylogenet. Evol. 25 : 219–228.

Osgood, W. H. 1921. A monographic study of the American marsupial *Caenolestes*. Field Mus. Nat. Hist., Zool. Ser. 14 : 1–162.

Ouwerkerk, D., Klieve, A. V., Forster, R. J., Templeton, J. M. and Maguire, A. J. 2005. Characterization of culturable anaerobic bacteria from the forestomach of an eastern grey kangaroo, *Macropus giganteus*. Lett. Appl. Microbiol. 41 : 327–333.

Owen, R. 1839. On the osteology of the Marsupialia. Zool. Soc. Lond. Trans. 1839 : 379–408.

Owen, R. 1868. On the Anatomy of Vertebrates. vol. III. Mammals. pp. 411–420. Longmans, Green and Co., London.

Padykula, H. A. and Taylor, J. M. 1982. Marsupial placentation and its evolutionary significance. J. Reprod. Fertil. Suppl. 31 : 95–104.

Palacios, A. G., Bozinovic, F., Vielma, A., Arrese, C. A., Hunt, D. M. and Peichl, L. 2010. Retinal photoreceptor arrangement, SWS1 and LWS opsin sequence, and electroretinography in the South American Marsupial *Thylamys elegans* (Waterhouse, 1839). J. Comp. Neurol. 518 : 1589–1602.

Palma, R. E. and Spotorno, A. E. 1999. Molecular systematics of marsupials based on the rRNA 12S mitochondrial gene : the phylogeny of Didelphimorphia and of the living fossil Microbiotheriid *Dromiciops gliroides* Thomas. Mol. Phylogenet. Evol. 13 : 525–535.

Paria, B. C., Reese J., Das, S. K. and Dey, S. K. 2002. Deciphering the cross-talk of implantation : advances and challenges. Science 296 : 2185–2188.

Parsons, F. G. 1896. On the anatomy of *Petrogale xanthopus*, compared with that of other kangaroos. Proc. Zool. Soc. Lond. 1896 : 683–714.

Parsons, M. H. and Blumstein, D. T. 2010. Familiarity breeds contempt : kangaroos persistently avoid areas with experimentally deployed dingo scents. PLoS ONE 5 : e10403.

Parsons, M. H., Lamont, B. B., Kavacs, B. R. and Davies, S. J. J. F. 2007. Effects of novel and historic predator urine on semi-wile western grey kangaroos. J. Wildl. Manage. 71 : 1225–1228.

Paven, S. E., Jansa, S. A. and Voss, R. S. 2014. Molecular phylogeny of short-tailed opossums（Didelphidae : *Monodelphis*）: taxonomic implications and tests of evolutionary hypotheses. Mol. Phylogenet. Evol. 79 : 199–214.

Peichl, L. and Pohl, B. 2000. Cone types and cone/rod ratios in the crab-eating raccoon and coati (Procyonidae). Invest. Ophthalol. Vis. Sci. 41 : S494.

Peichl, L., Behrman, G. and Kroger, R. H. H. 2001. For whales and seals the ocean is not blue : a visual pigment loss in marine mammals. Eur. J. Neurosci. 13 : 1520–1528,

Pettigrew, J. D. 1986. Evolution of binocular vision. In : Evolution of the Eye and Visual System : Vision and Visual Disfuncion. vol. 2 (Cronly-Dillon J. R. and Gregory, R. L., eds.), pp. 271–283. CRC Press, Boca Raton.

Phillips, D. M. 1970. Development of spermatozoa in the woolly possum with special reference to the shaping of the sperm head. J. Ultrastruct. Res. 33 : 369–380.

Phillips, M. J. and Pratt, R. C. 2008. Family-level relationships among the Australasian marsupial "herbivores"(Diprotodontia : Koala, wombats, kangaroos and possums). Mol. Phylogenet. Evol. 46 : 594–605.

Phillips, M. J., McLenachan, P. A., Down, C., Gibb, G. C. and Penny, D. 2006. Combined mitochondrial and nuclear DNA sequences resolve the interrelations of the major Australasian marsupial radiations. Syst. Biol. 55 : 122–137.

Phillips, M. J., Haouchar, D., Pratt, R. C., Gibb G. C. and Bunce, M. 2013. Inferring kangaroo phylogeny from incongruent nuclear and mitochondrial genes. PLoS ONE 8 : e57745.

Pilton, P. E. and Sharman, G. B. 1962. Reproduction in the marsupial *Trichosurus vulpecula*. J. Endocrinol. 25 : 119–136.

Pine, R. H., Dalby, P. L. and Matson, J. O. 1985. Ecology, postnatal development, morphometrics, and taxonomic status of the short-tailed opossum, *Monodelphis dimidiata*, an apparently semelparous annual marsupial. Ann. Carnegie Mus. 54 : 195–231.

Pocock, R. J. 1926. The external characters of *Thylacinus*, *Sarcophilus*, and some related mammals. Proc. Zool. Soc. Lond. 1926 : 1037–1084.

Poole, J. H., Payne, K., Langbauer, W. R and Moss, C. J. 1988. The social context of some very low frequency calls of African elephants. Behav. Ecol. Sociobiol. 22 : 385–392.

Pope, P. B., Denman, S. E., Jones, M., Tringe, S. G., Barry, K., Malfatti, S. A., McHardy, A. C., Cheng, J.-F., Hugenholtz, P., McSweeney, C. S. and Morrison, M. 2010. Adaptation to herbivory by the tammar wallaby includes bacterial and glycoside hydrolase profiles different from other herbivores. Proc. Natl. Acad. Sci. USA 107 : 14793–14798.

Potter, S., Cooper, S. J. B., Metcalfe, C. J., Taggart, D. A. and Eldridge, M. D. B. 2012. Phylogenetic relationships of rock wallabies, *Petrogale* (Marsupialia : Macropodidae) and their biogeographic history within Australia. Mol. Phylogenet. Evol. 62 : 640–652.

Prevosti, F. J., Forasiepi, A. and Zimicz, N. 2013. The evolution of the Cenozoic terrestrial mammalian predator guild in South America : competition or replacement? J. Mamml. Evol. 20 : 3–21.

Price, G. J., Webb, G. E., Zhao, J., Feng, Y., Murray, A. S., Cooke, B. N., Hocknull, S. A. and Sobbe, I. H. 2011. Dating megafaunal extinction on the Pleistocene Darling Downs, Eastern Australia : the promise and pitfalls of dating as a test of extinction hypotheses. Quat. Sci. Rev. 30 : 899–914.

Priddel, D., Shepherd, N. and Wellard, G. 1988. Home ranges of sympatric red kangaroos *Macropus rufus*, and western grey kangaroos *Macropus fuliginosus* in Western New South Wales. Aust. Wildl. Res. 15 : 405–411.

Prideaux, G. J. 2004. Systematics and Evolution of the Sthenurine Kangaroo. Univ. California Press, Berleley and Los Angeles.

Prideaux, G. J. and Tedford, R. H. 2012. *Tjukuru wellsi*, gen. et sp. nov., a lagostrophine kangaroo (Macropodidae : Marsupialia) from the Pliocene (Tirarian) of northern South Australia. J. Vert. Paleontol. 37 : 717–721.

Prideaux, G. J. and Warburton, N. M. 2010. An osteology-based appraisal of the phylogeny and evolution of kangaroos and wallabies (Macropodidae : Marsupialia). Zool. J. Linn. Soc. 159 : 954–987.

Pridmore, P. A. 1992. Trunk movements during locomotion in the marsupial *Monodelphis domestica* (Didelphidae). J. Morphol. 211 : 137–146.

Prince, R. I. T. 1976. Comparative studies of aspects of nutritional and related physiology in macropod marsupials. Ph.D. Thesis, Univ. Western Australia, Perth.

Pujol, R. and Hilding, D. 1973. Anatomy and physiology of the onset of auditory function. Acta. Otolaryngol. 76 : 1–10.

Rafferty-Machlis, G. R. and Hartman, C. G. 1926. Early death of the ovum in the opossum with observations on moribund mouse eggs. J. Morphol. 92 : 455–484.

Raterman, D., Meredith, R. W., Ruedas, L. A. and Springer, M. S. 2006. Phylogenetic relationships of the cuscuses and brushtail possums (Marsupialia : Phalangeridae) using the nuclear gene *BRCA1*. Aust. J. Zool. 54 : 353-361.

Rauhut, O. W. M., Martin, T., Ortiz-Jaureguizar, E. and Puerta, P. 2002. A Jurassic mammal from South America. Nature 416 : 165-168.

Ravizza, R. J., Heffner, H. E. and Masterton, B. 1969. Hearing in primitive mammals. 1. Opossum (*Didelphis virginiana*). J. Aud. Res. 9 : 1-7.

Reig, O. A. 1955. Noticia preliminar sobre la presencia de microbiotherinos vivientes en la fauna sudamericana. Investigaciones Zoológicas Chilenas 2 : 121-130.

Reig, O. A., Kirsch, J. A. W. and Marshall, L. G. 1987. Systematic relationships of the living and neocenozoic American "opossum-like" marsupials (suborder Didelphimorphia), with comments on the classification of these and of the Cretaceous and Paleogene New World and European metatherians. In : Possums and Opossums : Studies in Evolution (Archer, M., ed.), pp. 1-89. Surrey Beatty & Sons, Chipping Norton.

Reimer, K. 1996. Ontogeny of hearing in the marsupial, *Monodelphis domestica*, as revealed by brainstem auditory evoked potentials. Hear. Res. 92 : 143-150.

Reimer, K. and Baumann, S. 1995. Behavioral audiogram of the Brazilian grey short tailed opossum, *Monodelphis domestica* (Metatheria, Didelphidae). Zoology 99 : 121-127.

Renfree, M. B. 1975. Uterine proteins in the marsupial, *Didelphis marsupialis virginiana*, during gestation. J. Reprod. Fertil. 42 : 163-166.

Renfree, M. B. 2010. Review : Marsupials : Placental mammals with a difference. Placenta 31 Supplement : S21-S26.

Renfree, M. B. and Shaw, G. 2000. Diapause. Ann. Rev. Physiol. 62 : 353-375.

Renfree, M. B. and Shaw, G. 2014. Embryo-endometrial interactions during early development after embryonic diapause in the marsupial tammar wallaby. Int. J. Dev. Biol. 58 : 175-181.

Renfree, M. B. and Tyndale-Biscoe, C. H. 1973. Intrauterine development after diapause in the marsupial *Macropus eugenii*. Dev. Biol. 32 : 28-40.

Renfree, M. B., Short, R. V. and Shaw, G. 1996. Sexual differentiation of the urogenital system of the fetal and neonatal tammar wallaby, *Macropus eugenii*. Anat. Embryol. 194 : 111-134.

Renfree, M. B., Ager, E. I., Shaw, G. and Pask, A. J. 2008. Genomic imprinting in marsupial placentation. Reprod. 136 : 523-531.

Renfree, M. B., Suzuki, S. and Kaneko-Ishino, T. 2013. The origin and evolution of genomic imprinting and viviparity in mammals. Phil. Trans. R. Soc. B 368 : 2012. 0151.

Retief, J. D., Krajewski, C., Westerman, M., Winkfein, R. J. and Dixon, G. H. 1995. Molecular phylogeny and evolution of marsupial protamine P1 genes. Proc. R. Soc. Lond. B 259 : 7-14.

Reynolds, H. C. 1952. Studies on reproduction in the opossum (*Didelphis virginiana virginiana*). Univ. California Pub. Zool. 52 : 223-284.

Rich, T. H. 1982. Monotremes, placentals and marsupials: their record in Australia and its biases. In: Fossil Vertebrate Record of Australasia (Rich, P. V and Thompson, E. M., eds.), pp. 385–488. Monash Univ. Press, Clayton.

Richardson, K. C., Wooller, R. D. and Collins, B. G. 1986. Adaptations to a diet of nectar and pollen in the marsupial *Tarsipes rostratus* (Marsupialia: Tarsipedidae). J. Zool. 208: 285–297.

Riggs, E. S. 1933. Preliminary description of a new marsupial saber-tooth from the Pliocene of Argentina. Field. Mus. Nat. Hist., Geol. Ser. 6: 61–66.

Riggs, E. S. 1934. A new marsupial saber-tooth from the Pliocene of Argentina and its relationships to other South American predacious marsupials. Trans. Am. Phil. Soc. 24: 1–31.

Roberts, R. G., Flannery, T. F., Ayliffe, L. K., Yoshida, H., Olley, J. M., Prideaux, G. J., Laslett, G. M., Baynes, A., Smith, M. A., Jones, R. and Smith, B. L. 2001. New ages for the last Australian megafauna: continent-wide extinction about 46,000 years ago. Science 292: 1888–1892.

Roberts, T. J., Marsh, R. L., Weyand, P. G. and Taylor, C. R. 1997. Muscular force in running turkeys: the economy of minimizing work. Science 275: 1112–1115.

Rodger, J. C. and Bedford, J. M. 1982. Separation of sperm pairs and sperm-egg interaction in the opossum, *Didelphis virginiana*. J. Reprod. Fertil. 64: 171–179.

Romer, A. S. and Parsons, T. S. 1977. The Vertebrate Body. 5th ed. W. B. Saunders, Philadelphia. (ローマー, A. S.・パーソンズ, T. S. 平光厲司, 訳. 1983. 脊椎動物のからだ. 法政大学出版局, 東京.)

Rosa, M. G. P., Schmid, L. M. and Pettigrew, J. D. 1994. Organization of the second visual area in the megachiropteran bat *Pteropus*. Cereb. Cortex 4: 52–68.

Rosa, M. G. P., Krubitzer, L. A., Molnar, Z. and Nelson, J. E. 1999. Organization of visual cortex in the northern quoll, *Dasyurus hallucatus*: evidence for a homologue of the second visual area in marsupials. Eur. J. Neurosci. 11: 907–915.

Rose, R. W., Nevison, C. M. and Dixon, A. F. 1997. Testes weight, body weight and mating systems in marsupials and monotremes. J. Zool. 243: 523–531.

Rosenberg, H. I. and Richardson, K. C. 1995. Cephalic morphology of the honey possum, *Tarsipes rostratus* (Marsupialia: Tarsipedidae): an obligate nectarivore. J. Morphol. 223: 303–323.

Rotenberg, D. 1928. Notes on the male generative apparatus of *Tarsipes spenserae*. J. Roy. Soc. West. Aust. 15: 9–17.

Rougier, G. W. 2009. New specimen of *Deltatheroides cretacicus* (Metatheria, Deltatheroida) from the Late Cretaceous of Mongolia. Bull. Carnegie Mus. Nat. Hist. 36: 245–266.

Rougier, G. W., Wible, J. R. and Novacek, M. J. 1998. First implications of *Deltatheridium* specimens for early marsupial history. Nature 396: 459–463.

Rougier, G. W., Davis, B. M. and Novacek, M. J. 2015. A deltatheroidan mammal from the Upper Cretaceous Baynshiree Formation, eastern Mongolia. Cret. Res. 52 Part A: 167–177.

引用文献　　*249*

Roux, G. 1947. The cranial development of certain Ethiopian <Insectivores> and its bearing on the mutual affinities of the group. Acta Zool. 28 : 165–397.

Rudd, C. D. 1994. Sexual behaviour of male and female tammar wallabies (*Macropus eugenii*) at post-partum oestrus. J. Zool. 232 : 151–162.

Rusconi, C. 1933. New Pliocene remains of diprotodont marsupials from Argentina. J. Mammal. 14 : 244–250.

Russell, E. M. 1974. Recent ecological studies on Australian marsupials. Aust. Mammal. 1 : 189–211.

Russell, E. M. 1982. Patterns of paternal care and parental investment in marsupials. Biol. Rev. 57 : 423–486.

Russell, E. M. 1984. Social behavior and social organization of marsupials. Mammal. Rev. 14 : 101–154.

Russell, E. M. 1986. Observations on the behaviour of the honey possum, *Tarsipes rostratus* (Marsupialia : Tarsipedidae) in captivity. Aust. J. Zool. Suppl. 121 : 1–63.

Russell, E. M. 1989. Maternal behavior in the Macropodoidea. In : Kangaroos, Wallabies and Rat-kangaroos (Grigg, G. C., Jarman, P. J. and Hume, I. D., eds.), pp. 549–569. Surrey Beatty & Sons, Chipping Norton.

Ryser, J. 1992. The mating system and male mating success of the Virginia opossum (*Didelphis virginiana*) in Florida. J. Zool. 118 : 127–139.

Salamon, M. 1996. Olfactory communication in Australian mammals. In : Comparison of Marsupials and Placental Behaviour (Croft, D. B. and Gansloßer, U., eds.), pp. 46–79. Filander Verlag, Fürth.

Salamon, M., Davies, W. N. and Stoddart, D. M. 1999. Olfactory communication in Australian marsupials with particular reference to brushtail possum, koala, and eastern grey kangaroo. In : Advances in Chemical Signals in Vertebrates (Johnston, R. E., Müller-Schwarze, D. and Sorensen, P. W., eds.), pp. 85–98. Kluwer Academic/Plenum Publishers, New York.

Sánchez-Villagra, M. R. and Wible, J. R. 2002. Patterns of evolutionary transformation in the petrosal bone and some basicranial features n marsupial mammals, with special reference to dedelphids. J. Zool. Syst. Evol. Res. 40 : 26–45.

Sanson, G. D. 1978. The evolution and significance of mastication in the Macropodidae. Aust. Mammal. 2 : 23–28.

Sanson, G. D. 1980. The morphology and occlusion of the molariform cheek teeth in some Macropodinae (Marsupialia : Macropodidae). Aust. J. Zool. 28 : 341–365.

Sanson, G. D. 1989. Morphological adaptations of teeth to diets and feeding in the Macropodoidea. In : Kangaroos, Wallabies and Rat-kangaroos (Grigg, G. C., Jarman, P. J. and Hume, I. D., eds.), pp. 151–168. Surrey Beatty & Sons, Chipping Norton.

Sanson, G. D. 1991. Predicting the diet of fossil mammals. In : Vertebrate Paleontology of Australasia (Vickers-Rich, P., Monaghan, J. M., Baird R. F. and Rich, T. H., eds), pp. 201–228. Pioneer Design Studio, Melbourne.

Scanlon, J. D. 1993. Madtsoiid snakes from the Eocene Tingamarra Fauna of eastern

Queensland. In : Kaupia : Darmstädter Beiträge zur Naturgeschichte. Monument Grube Messel — Perspectives and Relationships (Schrenk, F. and Ernst, K., eds.), Part 2 : 3–8. Hessisches Landsmuseum Darmstadt, Darmstadt.

Schmidt-Nielsen, K. 1998. Animal Physiology : Adaptation and Environment, 5th ed. Cambridge Univ. Press, Cambridge. (シュミット・ニールセン, K. 沼田英治・中嶋康裕, 監訳. 2007. 動物生理学　原書第 5 版. 東京大学出版会, 東京.)

Schultz, W. 1976. Magen-Darm-Kanal der Monotremen und Marsupialier. Handb. Zool. 8 : 1–177.

Schultz-Westrum, T. 1965. Innerartliche Verständigung durch Düfte beim Gleitbeutler *Petaurus breviceps papuanus* Thomas (Marsupialia : Phalangeridae). Z. vergleich. Physiol. 50 : 151–220.

Schwartz, L. R. S. and Megirian, D. 2004. A new species of *Nambaroo* (Marsupialia; Macropodoidea) from the Miocene Camfield Beds of Northern Australia with observations on the phylogeny of the Balbarinae. J. Vert. Paleontol. 24 : 668–675.

Segall, W. 1969. The auditory ossicles (malleus, incus) and their relationships to the tympanic : in marsupials. Acta Anat. 73 : 176–191.

Selwood, L. 1980. A timetable of embryonic development of the dasyurid marsupial *Antechimus stuartii* Macleay. Aust. J. Zool. 28 : 649–668.

Selwood, L. 1982. Brown antechinus *Antechinus stuartii* : management of breeding colonies to obtain embryonic material and pouch young. In : The Management of Australian Mammals in Captivity (Evans, D. D., ed.), pp. 31–37. Zoological Board of Victoria, Melbourne.

Selwood, L. 1983. Factors influencing pre-natal fertility in the brown marsupial mouse *Antechinus stuartii*. J. Reprod. Fertil. 68 : 317–324.

Serena, M., Bell, L. and Booth, R. J. 1996. Reproductive behavior of the long-footed potoroo (*Potorous longipes*) in captivity, with an estimate of gestation length. Aust. Mammal. 19 : 57–62.

Setchell, B. P. and Carrick, F. N. 1973. Spermatogenesis in some Australian marsupials. Aust. J. Zool. 21 : 491–499.

Setchell, B. P. and Thorburn, G. D. 1969. The effect of local heating on blood flow through the testes of some Australian marsupials. Comp. Biochem. Physiol. 31 : 675–677.

Setchell, B. P. and Waites, G. M. H. 1969. Pulse attenuation and countercurrent heat exchange in the internal spermatic artery of some Australian marsupials. J. Reprod. Fertil. 20 : 165–169.

Shapiro, L. J. and Young, J. W. 2010. Is primate-like quadrupedalism necessary for fine-branch locomotion? A test using sugar gliders (*Petaurus breviceps*). J. Hum. Evol. 58 : 309–319.

Sharman, G. B. 1962. The initiation and maintenance of lactation in the marsupial, *Trichosurus vulpecula*. J. Endocrinol. 25 : 375–385.

Sharman, G. B. 1965. Marsupials and the evolution of viviparity. Viewpoints in Biology 4 : 1–28.

Sharman, G. B. and Pilton, P. E. 1964. The life history and reproduction of the red kangaroo (*Megaleia rufa*). Proc. Zool. Soc. Lond. 142 : 29-48.

Shaw, G. and Renfree, M. B. 1984. Concentrations of oestradiol-17β in plasma and corpora lutea throughout pregnancy in the tammar, *Macropus eugenii*. J. Reprod. Fertil. 72 : 29-37.

Shirai, L. T. and Marroig, G. 2010. Skull modularity in neotropical marsupials and monkeys : size variation and evolutionary constraint and flexibility. J. Exp. Zool. B 314 : 663-683.

Shorey, C. D. and Hughes, R. L. 1973. Development, function and regression of the corpus luteum in the marsupial *Trichosurus vulpecula*. Aust. J. Zool. 21 : 477-489.

Simons, E. L. and Bown, T. M. 1984. A new species of *Peratherium* (Didelphidae : Polyprotodonta) : the first African marsupial. J. Mamm. 65 : 539-548.

Simpson, G. G. 1945. The principles of classification and a classification of the mammals. Bull. Am. Mus. Nat. Hist. 85 : 1-350.

Simpson, G. G. 1970. The Argyrolagidae, extinct South American marsupials. Bull. Mus. Comp. Zool. 139 : 1-86.

Simpson, K., Shaw, D. C. and Nicholas, K. 1998. Developmentally-regulated expression of a putative protease inhibitor gene in the lactating mammary gland of the tammar wallaby, *Macropus eugenii*. Comp. Biochem. Physiol. B Biochem. Mol. Biol. 120 : 535-541.

Simpson, K., Ranganathan, S., Fisher, J. A., Janssens, P. A., Shaw, D. C. and Nicholas, K. R. 2000. The gene for a novel member of the whey acidic protein family encodes three four-disulfide core domains and is asynchronously expressed during lactation. J. Biol. Chem. 275 : 23074-23081.

Sirohi, S. K., Singh, N., Dangar, S. S. and Puniya, A. K. 2012. Molecular tools for deciphering the microbial community structure and diversity in rumen ecosystem. Appl. Microbiol. Biotechnol. 95 : 1135-1154.

Slaughter, B. H. 1981. The Trinity therians (Albian, Mid-Cretaceous) as marsupials and placentals. J. Paleontol. 55 : 682-683.

Smith, A. P. 1982a. Is the striped possum (*Dactylopsila trivirgata*; Marsupialia Petauridae) an arboreal anteater? Aust. Mammal. 5 : 229-234.

Smith, A. P. 1982b. Diet and feeding strategies of the marsupial sugar glider in temperate Australia. J. Anim. Ecol. 51 : 149-166.

Smith, A. P. 1984. Demographic consequences of reproduction, dispersal and social interaction in a population of Leadbeater's possum. In : Possums and Gliders (Smith, A. and Hume, I. D., eds.), pp. 359-373. Australian Mammal Society, Sydney.

Smith, A. P. and Broome, L. 1992. The effects of season, sex and habitat on the diet of the mountain pygmy-possum (*Burramys parvus*). Wildl. Res. 19 : 755-768.

Smith, A. P. and Green, S. W. 1987. Nitrogen requirements of the sugar glider (*Petaurus breviceps*), an omnivorous marsupial, on a honey-pollen diet. Physiol.

Zool. 60 : 82-92.

Smith, A. P. and Lee, A. K. 1984. The evolution of strategies for survival and reproduction in possums and gliders. In : Possum and Gliders (Smith, A. P. and Hume, I. D., eds.), pp. 17-33. Australian Mammal Society, Sydney.

Smith, M. 1979. Notes on reproduction and growth in the koala, *Phascolarctos cinereus* (Goldfuss). Aust. Wildl. Res. 6 : 5-12.

Smith, M. J. 1971. Breeding the sugar-glider *Petaurus breviceps* in captivity, and growth of pouch-young. Internat. Zoo Yearbook 11 : 26-28.

Smith, M. J. 1973. *Petaurus breviceps*. Mamm. Spec. 30 : 1-5.

Snipes, R. L., Snipes, H. and Carrick, F. N. 1993. Surface enlargement in the large intestine of the koala (*Phascolarctos cinereus*) : morphometric parameters. Aust. J. Zool. 41 : 393-397.

Song, J. H., Houde, A. and Murphy, B. D. 1998. Cloning of leukemia inhibitory factor (LIF) and its expression in the uterus during embryonic diapause and implantation in the mink (*Mustela vison*). Mol. Reprod. Dev. 51 : 13-21.

Sousa, A. P. B., Gattass, R. and Oswaldo-Cruz, E. 1978. The projection of the opossum's visual field on the cerebral cortex. J. Comp. Neurol. 177 : 569-588.

Springer, M. S., Westerman, M., Kavanagh, J. R., Burk, A., Woodburne, M. O., Kao, D. J. and Krajewski, C. 1998. The origin of the Australasian marsupial fauna and the phylogenetic affnities of the enigmatic monito del monte and marsupial mole. Proc. R. Soc. Lond. B 265 : 2381-2386.

Stalenberg, E., Wallis, I. R., Cunningham, R. B., Allen, C. and Foley, W. J. 2014. Nutritional correlates of koala persistence in a low-density population. PLoS ONE 9 : e113930.

Starck, D. 1967. Le crâne des mammifères. In : Traité de Zoologie, Tome XVI, 1er Fasc. (Grassé, P. P., ed.), pp. 405-549. Masson, Paris.

Stein, B. R. 1981. Comparative limb myology of two opossums, *Didelphis* and *Chironectes*. J. Morphol. 169 : 113-140.

Stevens, C. E. and Hume, I. D. 1995. Comparative Physiology of the Vertebrate Digestive System. 2nd ed. Cambridge Univ. Press, Cambridge.

Stewart, C. L., Kaspar, P., Brunet, L. J., Bhatt, H., Gadi, I., Kontgen, F. and Abbondanzo, S. J. 1992. Blastocyst implantation depends on maternal expression of leukaemia inhibitory factor. Nature 359 : 76-79.

Stewart, F. 1984. Mammogenesis and changing prolactin receptor concentrations in the mammary glands of the tammar wallaby (*Macropus eugenii*). J. Reprod. Fertil. 71 : 141-148.

Stirrat, S. C. 2003. Seasonal changes in home-rage area and habitat use by the agile wallaby (*Macropus agilis*). Wildl. Res. 30 : 593-600.

Stirrat, S. C. and Fuller, M. 1997. The repertoire of social behaviours of agile wallabies, *Macropus agilis*. Aust. Mammal. 20 : 71-78.

Stirton, R. A., Tedford, R. H. and Woodburne, M. O. 1967. A new Tertiary formation and fauna from the Tirari Desert, South Australia. Rec. S. Aust. Mus. 15 : 427-

462.

Stodart, E. 1966. Observation on the behaviour of the marsupial *Bettongia lesueuri* (Quoy and Gaimard) in an enclosure. CSIRO Wildl. Res. 11 : 91–99.

Strachan, J., Chang, L. Y., Wakefield, M. J., Graves, J. A. and Deeb, S. S. 2004. Cone visual pigments of the Australian marsupials, the stripe-faced and fat-tailed dunnarts : sequence and inferred spectral properties. Vis. Neurosci. 21 : 223–229.

Suárez, C., Forasiepi, A. M., Goin, F. J. and Jaramillo, C. 2015. Insights into the Neotropics prior to the Great American biotic interchange : new evidence of mammalian predators from the Miocene of Northern Colombia. J. Vert. Paleontol. 36 : e1029581.

Sumner, P., Arrese, C. A. and Partridge, J. C. 2005. The ecology of visual pigment tuning in an Australian marsupial : the honey possum *Tarsipes rostratus*. J. Exp. Biol. 208 : 1803–1815.

Sunquist, M. E. and Eisenberg, J. F. 1993. Reproductive strategies in female *Didelphis*. Bull. Florida Mus. Nat. Hist. 36 : 109–140.

Sutherland, R. L., Evans, S. M. and Tyndale-Biscoe, C. H. 1980. Macropodid marsupial luteinizing hormone : validation of assay procedures and changes in plasma levels during the oestrous cycle in the female tammar wallaby (*Macropus eugenii*). J. Endocrinol. 86 : 1–12.

Suzuki, S., Ono, R., Narita, T., Pask, A. J., Shaw, G., Wang, C., Kohda, T., Alsop, A. E., Graves, J. A. M., Kohara, Y., Ishino, F., Renfree, M. B. and Kaneko-Ishino, T. 2007. Retrotransposon silencing by DNA methylation can drive mammalian genomic imprinting. PLoS ONE Genet. 3 : e55.

Sweet, G. 1907. Contribution to our knowledge of the anatomy of *Notoryctes typhlops* Stirling. Part V. The reproductive organs of *Notoryctes*. Quart. J. Microscopic. Sci. 51 : 333–344.

Szalay, F. S. 1982. A new appraisal of marsupial phylogeny and classification. In : Carnivorous Marsupials (Archer, M., ed.), pp. 621–640. Royal Zoological Society, Sydney.

Szalay, F. S. 1994. Evolutionary History of the Marsupials and an Analysis of Osteological Characters. Cambridge Univ. Press, Cambridge.

Szalay, F. S. and Sargis, E. J. 2001. Model-based analysis of postcranial osteology of marsupials of Palaeocene of Itboraí (Brazil) and the phylogenetics and biogeography of Metatheria. Geodiversitas 23 : 139–302.

Szalay, F. S. and Sargis, E. J. 2006. Cretaceous therian tarsals and the metatherian-eutherian dichotomy. J. Mammal. Evol. 13 : 171–210.

Taggart, D. A., Shimmin, G. A., Dickman, C. R. and Breed, W. G. 2003. Reproductive biology of carnivorous marsupials : clues to the likelihood of sperm competition. In : Predators with Pouches : The Biology of Carnivorous Marsupials (Jones, M., Dickman, C. and Archer, M., eds.), pp 358–375. CSIRO Publishing, Collingwood.

Tague, R. G. 2003. Pelvic sexual dimorphism in a metatherian, *Didelphis virginiana*: Implications for eutherians. J. Mammal. 84 : 1464-1473.

Takagi, C., Yamada, J., Krause, W. J., Kitamura, N. and Yamashita, T. 1990. An immunohistochemical study of endocrine cells in the proximal duodenum of eight marsupial species. J. Anat. 168 : 49-56.

高橋迪雄. 1988. 2. 生殖周期. 新　家畜繁殖学. pp. 5-12. 朝倉書店, 東京.

高槻成紀. 1998. 哺乳類の生物学⑤生態. 東京大学出版会, 東京.

Talice, R. V. and Lagomarsino, J. C. 1961. Comportamiento sexual y naciementos en cautividad de la 'Comadreja overa' : *Didelphis azarae*. Confresso Sudamericana de Zoologica I, 5 : 81-98.

Tate, G. H. H. 1947. Results of the Archbold Expeditions 56. On the anatomy and classification of the Dasyuridae (Marsupialia). Bull. Am. Mus. Nat. Hist. 88 : 97-156.

Taylor, R. J. 1993. Observations on the behavior and ecology of the common wombat *Vombatus ursinus* in Northeast Tasmania. Aust. Mammal. 16 : 1-7.

Tedford, R. H., Banks, R., Kemp, N. R., McDougall, I. and Sutherland, F. L. 1975. Recognition of the oldest known fossil marsupials from Australia. Nature 225 : 141-142.

Temple-Smith, P. D. 1984. Phagocytosis of sperm cytoplasmic droplets by a specialized region in the epididymis of the brushtailed possum, *Trichosurus vulpecula*. Biol. Reprod. 30 : 707-720.

Temple-Smith, P. D. and Bedford, J. M. 1980. Sperm maturation and formation of sperm pairs in the epididymis of opossum *Didelphis virginiana*. J. Exp. Zool. 214 : 161-171.

Thomas, O. 1894. On *Micoureus griseus* Desm., with the description of a new genus and species of Didelphidae. An. Mag. Nat. Hist. 14 : 184-188.

Thomas, R. H., Schaffner, W., Wilson, A. C. and Pääbo, S. 1989. DNA phylogeny of the extinct marsupial wolf. Nature 340 : 465-467.

Thompson, M. B., Stewart, J. R., Speake, B. K., Hosie, M. J. and Murphy, C. R. 2002. Evolution of viviparity : what can Australian lizards tell us? Comp. Biochem. Physiol. B 131 : 631-643.

Thompson, P. and Hillier, W. T. 1905. The myology of the hindlimb of the marsupial mole *Notoryctes typhlops*. J. Anat. Physiol. 39 : 308.

Tonndorf, J. and Khanna, S. M. 1967. Some properties of sound transmission in the middle and outer ears of cats. J. Acoust. Soc. Am. 41 : 513-521.

豊田　裕. 1988. 4. 性細胞と生殖器. 新　家畜繁殖学, pp. 21-49. 朝倉書店, 東京.

Travouillon, K. J., Gurovich, Y., Beck, R. M. D. and Muirhead, J. 2010. An exceptionally well-preserved short-snouted bandicoot (Marsupialia: Peramelemorphia) from Riversleigh's Oligo-Miocene deposits, northwestern Queensland, Australia. J. Vert. Paleontol. 30 : 1528-1546.

Travouillon, K. J., Archer, M. and Hand, S. J. 2015. Revision of *Wabularoo*, an early macropodid kangaroo from mid-Cenozoic deposits of the Riversleigh World

Heritage Area, Queensland, Australia. Alcheringa 39 : 274–286.

Tribe, M. 1923. The development of the hepatic venous system and the postcaval vein in the Marsupialia. Phil. Trans. R. Soc. Lond. B 212 : 147–207.

Trott, J. F., Simpson, K. J., Moyle, R. L. C., Hearn, C. H., Shaw, G., Nicholas, K. R. and Renfree, M. B. 2003. Maternal regulation of milk composition, milk production, and pouch young development during lactation in the tammar wallaby (*Macropus eugenii*). Biol. Reprod. 68 : 929–936.

津田恒之. 1982. 家畜生理学. 養賢堂, 東京.

Turnbull, K. E., Mattner, P. E. and Hughes, R. L. 1981. Testicular descent in the marsupial *Trichosurus vulpecula* (Kerr). Aust. J. Zool. 29 : 189–198.

Turnbull, W. D. and Segall, W. 1984. The ear region of the marsupial saber-tooth, *Thylacosmilus* : influence of the sabertooth lifestyle upon it, and convergence with placental sabertooths. J. Morphol. 181 : 239–270.

Turner, V. 1982. Marsupials as pollen in the diet of the feathertail glider, *Acrobates pygmaeus* (Marsupialia : Burramyidae). Aust. Wildl. Res. 11 : 77–81.

Tyndale-Biscoe, C. H. and Renfree, M. 1987. Reproductive Physiology of Marsupials. Cambridge Univ. Press, Cambridge.

Tyndale-Biscoe, C. H., Hinds, L. A., Horn, C. A. and Jenkin, G. 1983. Hormonal changes at oestrus, parturition and post-partum oestrus in the tammar wallaby (*Macropus eugenii*). J. Endocrinol. 96 : 155–161.

Udén, P., Rounsaville, T. R., Wiggans, G. R. and Soest, P. J. V. 1982. The measurement of liquid and solid digesta retention in ruminants, equines and rabbits given timothy (*Phleum pretense*) hay. Br. J. Nutr. 48 : 329–339.

Ullmann, S. L. 1981a. Observations on the primordial germ cells of bandicoot *Isoodon macrourus* (Peramelidae, Marsupialia). J. Anat. 128 : 619–631.

Ullmann, S. L. 1981b. Sexual differentiation of the gonads in bandicoots (Peramelidae, Marsupialia). In : Proceedings of Vth Workshop on the Development and Function of the Reproductive Organs, International Congress Series No.559 (Byskov, A. G. and Peters, H., eds.), pp. 41–50. Excerpta Medica, Amsterdam.

Ullmann, S. L. 1984. Early differentiation of the testis in the native cat, *Dasyurus viverrinus* (Marsupialia). J. Anat. 138 : 675–688.

van Rheede T., Bastiaans, T., Boone, D. N., Hedges, S. B., de Jong, W. W. and Madsen, O. 2006. The platypus is in its place : nuclear genes and indels confirm the sister group relation of monotremes and therians. Mol. Biol. Evol. 23 : 587–597.

van Ufford, A. Q. and Cloos, M. 2005. Cenozoic tectonics of New Guinea. AAPG Bull. 89 : 119–140.

van Valen, L. 1966. Deltatheridia, a new order of mammals. Bull. Am. Mus. Nat. Hist. 132 : 1–126.

Volchan, E., Vargas, C. D., Franca, J. G. D., Pereira, A. Jr. and Rocha-Miranda E. D. 2004. Tooled for the task : vision in the opossum. BioScience 54 : 189–194.

von Békésy, G. 1960. Experiments in Hearing. McGraw-Hill, New York.

Voss, R. A. and Jansa, S. A. 2009. Phylogenetic relationships and classification of didelphid marsupials, an extant radiation of new world metatherian mammals. Bull. Am. Mus. Nat. Hist. 322 : 1–177.

Wada, T. 1923. Anatomical and physiological studies of the growth of the inner ear of the albino rat. Wistar Inst. Anat. Biol. 10 : 1–74.

Walker, L. 1996. Female mate-choice. In : Comparison of Marsupial and Placental Behaviour (Croft, D. B. and Gansloßer, U., eds.), pp. 208–225. Filander Verlag, Fürth.

Walker, L. V. and Croft, D. B. 1990. Odour preferences and discrimination in captive ringtail possums (*Pseudocheirus peregrinus*). Int. J. Comp. Psychol. 3 : 215–234.

Walker, M. T. and Gemmell, R. T. 1983. Plasma concentrations of progesterone, oestradiol-17 β and 13, 14-dihydro-15-oxo-prostaglandin $F_2\alpha$ in the pregnant wallaby (*Macropus rufogriseus rufogriseus*). J. Endocrinol. 97 : 369–377.

Wallis, I. R. 1990. The nutrition, digestive physiology and metabolism of potoroine marsupials. Ph.D. Thesis, Univ. New England, Armidale.

Ward, S. J. 1998. Numbers of teats and pre- and post-natal litter sizes in small diprotodont marsupials. J. Mammal. 79 : 999–1008.

Webster, D. B. and Webster, M. 1980. Morphological adaptations of the ear in the rodent family Heteromyidae. Am. Zool. 20 : 247–254.

Webster, K. N. and Dawson T. J. 2003. Locomotion energetics and gait characteristics of a rat-kangaroo, *Bettongia penicillata*, have some kangaroo-like features. J. Comp. Physiol. B 173 : 549–557.

Weisbecker, V, and Goswami, A. 2010. Brain size, life history, and metabolism at the marsupial/placenta0l dichotomy. Proc. Natl. Acad. Sci. USA 107 : 16216–16221.

Weisbecker, V. and Nilsson, M. 2008. Integration, heterochrony, and adaptation in pedal digits of syndactylous marsupials. BMC Evol. Biol. 8 : 160.

Welker, F., Collins, M. J., Thomas, J. A., Wadsley, M., Brace, S., Cappellini, E., Turvey, S. T., Reguero, M., Gelfo, J. N., Kramarz, A., Burger, J., Thomas-Oates, J., Ashford, D. A., Ashton, P. D., Rowsell, K., Porter, D. M., Kessler, B., Fischer, R., Baessmann, C., Kaspar, S., Olsen, J. V., Kiley, P., Elliott, J. A., Kelstrup, C. D., Mullin, V., Hofreiter, M., Willerslev, E., Hublin, J.-J., Orlando, L., Barnes, I. and MacPhee, R. D. E. 2015. Ancient proteins resolve the evolutionary history of Darwin's South American ungulates. Nature 522 : 81–84.

Wellard, G. A. and Hume, I. D. 1981. Nitrogen metabolism and nitrogen require-ments of the brushtail possum *Trichosurus vulpecula* (Kerr). Aust. J. Zool. 29 : 147–156.

Wells, R. T., Horton, D. R. and Rogers, P. 1982. *Thylacoleo carnifex* Owen (Thylacoleonidae, Marsupialia) : marsupial carnivore? In : Carnivorous Marsu-pials (Archer, M., ed.), pp. 573–585. Royal Zoological Society, Sydney.

Werdelin, L. 1986. Comparison of skull shape in marsupial and placental carnivores. Aust. J. Zool. 34 : 109–117.

Westerman, M., Burk, A., Amrine-Madsen, H. M., Prideaux, G. V., Case, J. A. and

引用文献　　*257*

Springer, M. S. 2002. Molecular evidence for the last survivor of an ancient kangaroo lineage. J. Mamml. Evol. 9 : 209–223.

Westerman, M., Young, J. and Krajewski, C. 2008. Molecular relationships of species of *Pseudantechinus*, *Parantechinus* and *Dasykaluta* （Marsupialia : Dasyuridae）. Aust. Mammal. 29 : 201–212.

Westerman, M., Kear, B. P., Aplin, K., Meredith, R. W., Emerling, C. and Springer, M. S. 2012. Phylogenetic relationships of living and recently extinct bandicoots based on nuclear and mitochondrial DNA sequences. Mol. Phylogenet. Evol. 62 : 97–108.

Westerman, M., Krajewski. C., Kear, B. P., Meehan, L., Meredith, R. W., Emerling, C. A. and Springer, M. S. 2016. Phylogenetic relationships of dasyuromorphian marsupial revisited. Zool. J. Linn. Soc. 176 : 686–701.

White, T. D. 1990. Gait selection in the brush-tail possum （*Trichosurus vulpecula*）, the northern quoll （*Dasyurus hallucatus*）, and the Virginia opossum （*Didelphis virginiana*）. J. Mammal. 71 : 79–84.

Whitelaw, F. G., Hyldgaard-Jensen, J., Reid, R. S. and Kay, M. G. 1970. Volatile fatty acid production in the rumen of cattle given an all-concentrate diet. Br. J. Nutr. 24 : 179–195.

Wible, J. R. 1990. Petrosals of Late Cretaceous marsupials from North America, and a cladistics analysis of the petrosal in therian mammals. J. Vert. Paleontol. 10 : 183–205.

Wilson, D. E. and Reeder, D. M. 1993. Mammal Species of the World : A Taxonomic and Geographic Reference. Smithsonian Inst. Press, Washington DC.

Wilson, G. P., Ekdale, E. G., Hoganson, J. W., Calede, J. J. and Linden, A. V. 2016. A large carnivorous mammal from the Late Cretaceous and the North American origin of marsupials. Nature Communications 7 : 13734.

Windle, B. C. A. and Parsons, F. G. 1898. On the anatomy of *Macropus rufus*. J. Anat. Physiol. 32 : 119–134.

Windsor, D. E. and Dagg. A. I. 1971. The gaits of the Macropodinae （Marsupialia）. J. Zool. 163 : 165–175.

Winter, J. W. 1996. Australian possums and Madagascan lemurs : behavioural comparison of ecological equivalents. In : Comparison of Marsupial and Placental Behaviour （Croft, D. B. and Gansloßer, U., eds.）, pp. 262–292. Filander Verlag, Fürth.

Wood, D. H. 1970. An ecological study of *Antechinus stuartii* （Marsupialia） in a south-east Queensland rain forest. Aust. J. Zool. 18 : 185–207.

Woodburne, M. O. 1984. *Wakiewakie lawsoni*, a new genus and species of Potoroinae （Marsupialia : Macropodidae） of medial Miocene age, South Australia. J. Paleontol. 58 : 1062–1073.

Woodburne, M. O. and Case, J. A. 1996. Dispersal, vicariance, and the late Cretaceous to early Tertiary land mammal biogeography from South America to Australia. J. Mamm. Evol. 3 : 121–161.

258 引用文献

Woodburne, M. O. and Zinsmeister, W. J. 1984. The first land mammal from Antarctica and its biogeographic implications. J. Paleontol. 58 : 913–948.

Wood-Jones, F. W. 1923–1925. The Mammals of South Australia, parts 1–3. Photolitho Reprint, 1968. Government Printer, Adelaide.

Woods, J. T. 1956. The skull of *Thylacoleo carnifex*. Mem. Queensland Mus. 13 : 125–140.

Wooler, R. D., Renfree, M. B., Russell, E. M., Dunning, A., Green, S. W. and Duncan, P. 1981. Seasonal changes in a population of the nectar-feeding marsupial *Tarsipes spencerae* (Marsupialia : Tarsipedidae). J. Zool. 195 : 267–279.

Woolley, P. A. 1966. Reproductive Biology of *Antechinus stuartii* Macleay (Marsupialia : Dasyuridae). Ph.D. Thesis, Australian National Univ., Canberra.

Woolley, P. A. 1971. Maintenance and breeding of laboratory colonies, *Dasyuroides byrnei* and *Dasycercus cristicaudata*. Internat. Zoo Yearbook 11 : 351–354.

Woolley, P. A. 1982. Phallic morphology of the Australian species of *Antechinus* (Dasyuridae, Marsupialia) : a new taxonomic tool? In : Carnivorous Marsupials (Archer, M., ed.), pp. 767–781. Royal Zoological Society, Sydney.

Woolley, P. A. 1990. Reproduction in *Sminthopsis macroura* (Marsupialia : Dasyuridae) 1. Female. Aust. J. Zool. 38 : 187–205.

Woolley, P. A., Krajewski, C. and Westerman, M. 2015. Phylogenetic relationships within *Dasyurus* (Dasyuromorphia : Dasyuridae) : quoll systematics based on molecular evidence and male characteristics. J. Mammal. 96 : 37–46.

Wroe, S. 1998. A new 'bone-cracking' dasyurid (Marsupialia), from the Miocene of Riversleigh, northwestern Queensland. Alcheringa 22 : 277–284.

Wroe, S. 1999. The geologically oldest dasyurid from the Miocene of Riversleigh, northwest Queensland. Palaeontology 42 : 501–527.

Wroe, S. and Milne, N. 2007. Convergence and remarkably consistent constraint in the evolution of carnivore skull shape. Evolution 61 : 1251–1260.

Yadav, M., Stanley, N. F. and Warng, H. 1972. The microbial flora of the gut of the pouch-young and the pouch of a marsupial, *Setonix brachyurus*. J. Gen. Microbiol. 70 : 437–442.

Yamada, J., Richardson, K. C. and Wooler, R. D. 1989. An immunohistochemical study of gastrointestinal endocrine cells in a nectarivorous marsupial, the honey possum (*Tarsipes rostratus*). J. Anat. 162 : 157–168.

Yokoyama, S. 2000. Molecular evolution of vertebrate visual pigments. Prog. Retin. Eye Res. 19 : 385–419.

Yom-Tov, Y. and Nix, H. 1986. Climatological correlates for body size of five species of Australian mammals. Biol. J. Linn. Soc. 29 : 245–262.

Yonezawa, T., Segawa,T., Mori, H., Campos, P. F., Hongoh, Y., Endo, H., Akiyoshi, A., Kohno, N., Nishida, S., Wu, J., Jin, H., Adachi, J., Kishino, H., Kurokawa, K., Nogi, Y., Tanabe, H., Mukoyama, H., Yoshida, K., Rasoamiaramanana, A., Yamagishi, S., Hayashi, Y., Yoshida, A., Koike, H., Akishinonomiya, F., Willerslev, E. and Hasegawa, M. 2017. Phylogenomics and morphology of extinct paleognaths reveal the origin and evolution of the ratites. Curr. Biol. 27 : 1–10.

Young, A. H. 1881–1882. The muscular anatomy of the koala *Phascolarctos cinereus* with additional notes. J. Anat. Physiol. 16 : 218–242.

Zachos, J., Pagani, M., Sloan, L., Thomas, E. and Billups, K. 2001. Trends, rhythms, and aberrations in global climate 65 Ma to present. Science 292 : 686–693.

Zeller, U. and Freyer, C. 2001. Early ontogeny and placentation of the gray short-tailed opossum, *Monodelphis domestica*（Didelphidae : Marsupialia）: contribution to the reconstruction of the marsupial morphotype. J. Zool. Syst. Evol. Res. 39 : 137–158.

おわりに
——巷の二流

　破断状態にある国も社会も大学に商売の真似事を強要し，ついには大学からは学者と学問の自由が消えて，二流の商売人と市場原理ばかりが蔓延るようになる．大学が真理の提示者，第四の権力，反体制の砦だった時代ははるかに遠く，学問より経営を，知よりも金をと叫びつつ，ついには政権の代弁者が教授と呼ばれてキャンパスを闊歩したりもする．少額の税金を安定的に供給してさえいれば，真理の探究と深奥なる思索を通じて世界人類にもっとも大きな幸せをもたらすはずの大学は，市場原理に飲み込まれながら人を不幸にする技術，経済，そしてルールを作ることに余念がない．こうした分かり切った経過と帰結を拍手喝采で迎えているのは，もちろん衆愚の群集心理を具現化した民主主義だ．

　衆愚が喜ぶのは大日本帝国であれ 21 世紀の日本であれ，忠犬ハチ公である．動物を解剖して碌を食んでいようものなら，いまでは学内の忠犬銅像作りに参加させられる．動物の学の精力など，80 年前に死んだ忠義の犬の銅像を建てる独立行政法人の，二流広告代理店風話題作りに消費される．『有袋類学』を想起したのは，この後も衆愚向け犬畜生を材料に独法 "大学" に使い捨てられるくらいなら，世のため人のために，学問の一書をもってわずかばかりでも役立とうと思った，あたしの発意だ．

　分布地から遠く離れたこの国で，有袋類を日本人の手による書物から学ぶことはほとんど困難である．結果として関心をもつ若者が減り，研究のエネルギーが少ないままに，有袋類を二流哺乳類に見るという事情が原因になって，無数の人々がこの面白い系統群に好奇心を抱かないとしたら，あまりにも不幸だ．その不幸せを克服し，哺乳類学に温かい厚みをもたらすために愚作が貢献するのなら，何より嬉しい．少なくとも昔死んだ犬の飼い主が昔勤めていた大学の大衆迎合イベントに駆り出されるよりは，南半球のとある一群のあまり解明されていない履歴を考察する方が，はるかに愉しい．

　いくつもの美しい描画は喜多村武氏の筆によるものである．自然誌に関心

262 　おわりに

をもちながら，画や映像を創り続ける氏の，表現への飽くなきこだわりに敬
意を表する．感覚器の貴重な文献を多数紹介してくださった東京農業大学の
佐々木 剛さんに心からお礼申し上げる．氏のご協力が無ければ行動学に関
する執筆はひどく難儀したに違いない．原稿の形をつくっていくときに，論
文整理をはじめとして多くの作業を手伝ってくれた佐々木智恵さんと風見菜
穂子さんに，深く感謝の気持ちをお伝えしたい．神奈川県立生命の星・地球
博物館の鈴木 聡さんと樽 創さんは，キノボリカンガルーの形態データ採取
に協力くださった．深く感謝申し上げる．あたしの執筆の気持ちを受け止め，
書物に仕上げたのは，東京大学出版会編集部の光明義文氏である．学生時代
から既に四半世紀，本づくり文章作りを応援してくれた同氏に，心からお礼
を申し上げる．

　『哺乳類の進化』を認めていた頃には生まれていなかった長女が，もう中
学に入る．筆を手に，狭い家で夜中まで灯りを付けているあたしを，苦情も
いわずに放っておいてくれている妻と娘に，ありがとうと伝えよう．

2017 年秋　遠藤秀紀

事項索引

back-dispersal　99,102
fully functional placenta　49
K-Pg 境界　87,88,99,100
K 戦略　70,72
K 淘汰　72
PMT（plasma membrane transformation）　48
pseudo-vaginal passage　63
r 選択　53
r 戦略　72
r 戦略者　14
r 淘汰　73
SRY 遺伝子　56
Theria of metatherian-euterian grade　84

ア　行

育児囊　7,26,50,131
一夫一妻　196
一夫多妻　196
陰茎　62
陰囊　59
永久歯化　30
黄体　69,72,73
オーストラリア区　121,187
音声　198

カ　行

怪網　60
下顎角　129
隔離　3,11,17,96
花粉　166
花蜜　166
顔面頭蓋　128,181
季節繁殖　188,189

基礎代謝率　124
基礎代謝率戦略　155
揮発性脂肪酸　169
嗅覚　40,206
臼歯　84,106,131
吸乳　40
暁新世　89
掘削　145
グレイザー　181
結腸　169
嫌気性細菌　172
剣歯　95
交尾　190,195,208
後分娩排卵　28,46
ゴンドワナ　11,97,120

サ　行

産子数　7,14,16
三色性色覚　204
酸素消費　124
酸素消費率　155
産道　63
視覚　201
色覚　203
子宮　62,63
子宮内膜　47
始原生殖細胞　54
雌性生殖周期　68,71
四足　137
肢端　139
収斂　17,18,23,93,102,105,145
樹上性　150,201
授乳　33
順位　193,195

食性　160
神経頭蓋　7
新生子　26,33,37
生残戦略　36
生殖周期　29,68
精巣　57,60
性的二型　131
性分化　55,56
切歯　105
前胃　176
前恥骨　131,132
繊毛虫　178
双波歯　131,161
咀嚼　125

タ　行

袋骨　131,132
胎生　44,49
胎盤　46,49
多発情　190
タンニン　173
単発情　191
膣　63
窒素　170
着床遅延　26,28,44
聴覚　197
腸内フローラ　168,170,172
チンチラ　103
チンチラ動物相　103,113
ティウパンパ　88,98
底後頭骨　130
ティンガマラ　99,101
ティンガマラ動物相　101
適応　11,18
テルペン　173
トリボスフェニック型後臼歯　161

ナ　行

なわばり　194
南極　12,97
二子宮　63
二趾性　16,18,102,152

二足　137
ニッチ　17,95,107,167
乳腺　26,27,77
乳頭　26,27
ニューギニア　119
妊娠期間　26,28,69,70,71,189
嚢子　27
脳頭蓋　7,124

ハ　行

胚休眠　44
肺呼吸　39
排卵　67,69,74,195
白亜紀　88
発酵　169
発情　67,69,193,195
発情周期　69,71
ハーレム　194,196
繁殖戦略　33
反芻　183
泌乳　26
皮膚呼吸　39
複雄複雌　196
ブラウザー　109,181
ヘテロクロニー　38,207
放散　11
ホッピング　132,135,148
ホームレンジ　186,196

マ　行

マーキング　209
群れ　186
メガファウナ　114,115
盲腸　164,171

ラ　行

卵黄嚢　47
卵黄包胎盤　47
卵巣　65,69
陸橋　119,120
リッターサイズ　7,29,53,74
離乳　125,201

リバースレイ　103,106,108,112,163
両眼視　202
ロコモーション　160

生物名索引

A

Acrobates 165, 166, 168
Acrobates pygmaeus 25
Acrobatidae 20
Acyon 92
Aepyprymnus 116, 180, 181
Aepyprymnus rufescens 194
Allqokirus 92
Alphadon 92
Alphadontidae 87
Ameridelphia 2
Anchistodelphys 92
Andinodelphys 88
Antarctodolops 12, 97
Antechinomys 143, 165
Antechinus 51, 57, 62, 63, 67, 70, 143, 166, 190
Antechinus stuartii 58, 75
Archerium 104
Arctodictis 94
Argyrolagus 90
Australidelphia 2

B

Badjcinus 104
Balbarinae 110
Balbaroo 109, 110
Banksia 166
Banksia attenuata 205
Bettongia 110, 116, 119, 137, 148, 180, 183
Bettongia lesueuri 196
Bohra 109, 110, 112, 113, 121
Bonapartheriidae 100

Boreometatheria 82, 86
Borhyaena 93
Borhyaenidium 92
Brachalletes 113
Bulungamaya 112
Bulungu 105
Burramyidae 20
Burramys 141, 165, 168

C

Caenolestes 164
Caenolestes convelatus 90
Callistemon 166
Caloprymnus 116
Caluromys 51, 62
Caluromys lanatus 6
Canis lupus dingo 206
Cercartetus 166
Chironectes 7, 51, 164
Chironectes minimus 140
Cladosictis 92
Cookeroo 112

D

Dactylopsila 141, 165, 168
Dasyuroides 67, 70, 72, 162, 165
Dasyuroides byrnei 74
Dasyuromorphia 12
Dasyurus 12, 54, 55, 62, 63, 67, 72, 73, 104, 165
Dasyurus hallucatus 199
Dasyurus viverrinus 74
Deltatheridium 84
Deltatheroida 82

生物名索引　　*267*

Dendrolagus　110-112,117,121,137,148,
　182
Dendrolagus goodfellowi　151,152
Didelphis　6,7,51,54,55,62,69,73,140,
　165,190
Didelphis marsupialis　74
Didelphis virginiana　29,38
Didelphodon　92
Diprotodon　107,142
Djarthia　101
Dorcopsis　110,112,117,182
Dorcopsulus　182
Dromiciops　99,101,141
Dromiciops gliroides　9,10

E

Echymipera　105,147
Ektopodon　108
Eomicrobiotherium　98
Eucalyptus　166,172

G

Galadi　105
Ganawamaya　110
Glasbiidae　87
Gracilinanus　6
Gymnobelideus leadbeateri　71

H

Hathliacynidae　91
Herpetotherium　87,89
Holoclemensia　84
Hypsiprymnodon　110,112,117,148,152,
　183
Hypsiprymnodon moschatus　22,110

I

Ideodelphys　98
Isoodon　54,55,72
Isoodon macrourus　70
Isoodon obesulus　125,126

J

Jaskhadelphys　88

K

Khasia　98
Khasia cordillerensis　98
Kielantherium　84
Koalemus　107
Kokopellia　92
Koobor　107

L

Lagorchestes　110,112,116,182
Lagorchestes hirsutus　179
Lagostrophus　110,112,182
Lagostrophus fasciatus　113
Lasiorhinus latifrons　48
Lestoros inca　8
Lutreolina　7

M

Macropodidae　23,110,111
Macropodiformes　22,111,137
Macropodinae　110,111,116
Macropus　24,46,47,54,59,61,63,68,79,
　110-113,116,119,135,137,138,148,151,
　177,180,182,186,190,191,210
Macropus agilis　187
Macropus eugenii　28,64
Macropus fuliginosus　28
Macropus giganteus　23,27,60,133,147,
　149,150,176
Macropus parryi　186
Macropus robustus　178
Macropus rufogriseus　73
Macropus rufus　25,27
Macrotis lagotis　15,62
Marmosa　62,69,164,190
Marmosa elegans　198
Marmosa robinsoni　74
Marsupialiformes　92

268   生物名索引

Mayulestes 88
Metachirus nudicaudatus 210
Metatheria 82
Microbiotherium patagonicum 97
Microbiotherium tehuelchum 99
Mimoperadectes 89
Mirandatherium 98
Monodelphis 47, 69, 122
Monodelphis dimidiata 191
Monodelphis domestica 40
Murexia 120
Myoictis 62
Myrmecobius fasciatus 52

N

Nambaroo 109, 110
Naraboryctes 103
Ngamaroo 110, 112
Ngapakaldia 141
Notictis 92
Notometatheria 82, 86
Notoryctes typhlops 17
Nowidgee 112

O

Onychogalea 110, 112, 182, 183

P

Palaeothentes 90
Palorchestes 107
Pappotherium 84
Patagosmilus 94
Patene 92
Paucituberculata 8
Pediomyidae 87
Pediomys 92
Peradectes 87
Peradorcus 182
Peramelemorphia 16
Perameles 54, 55, 72, 192, 209
Perameles gunnii 190
Perameles nasuta 70

Peramelinae 105
Petauridae 20
Petauroides 168
Petaurus 141, 165, 166, 168, 196
Petaurus australis 209
Petaurus breviceps 71, 142
Petrogale 117, 138, 182, 183, 194
Petrogale penicillata 196
Phalanger 141, 168
Phascogale 165
Phascogalinae 104
Phascolarctos 107
Phascolarctos cinereus 21, 127, 130, 143–146, 171
Philander 7, 51, 62, 140, 164
possum 20
Potoroidae 23
Potoroinae 110
Potorous 110, 116, 148, 180, 183, 191
Prepidolopidae 100
Prionotemnus 113
Proborhyaena 93
Procoptodon 113, 114, 149
Protemnodon 113, 114, 116, 181
Pseudocheiridae 20
Pseudocheirus 168
Pseudocheirus peregrinus 192
Pseudonotictis 92
Pucadelphys 88
Purita 110, 112

R

Rhynchomeles prattorum 120

S

Sarcophilus harrisii 52
Setonix 110, 112, 182
Setonix brachyurus 73
Silvaroo 113
Simosthenurus 113, 114, 116
Sinodelphys 5
Sipalocyon 92

生物名索引　　269

Sminthopsis　51, 69, 165
Sminthopsis crassicaudata　13, 61, 70
Sminthopsis douglasi　39
Sminthopsis macroura　65
Sminthopsis murina　70
Sparassodonta　91
Stagodontidae　87
Sthenurinae　113, 116
Sthenurus　110-114, 148, 181
Stylocynus　92

T

Tarsipedidae　20
Tarsipes　63, 141, 165, 166
Tarsipes rostratus　25
Thylacinus　104
Thylacinus cynocephalus　13, 14
Thylacoleo　163
Thylacosmilus　94, 162
Thylacotinga　102
Thylogale　110, 112, 117, 182, 183
Thylogale billardierii　195
Thylogale thetis　177
Trichosurus　59, 61, 72, 73, 141, 168
Trichosurus vulpecula　19, 132
Tropsodon　113

V

Vombatus　107, 141
Vombatus ursinus　22, 169

W

Wabularoo　112
Wakiewakie　110
Wallabia　110, 112, 113, 116, 182
Wururoo　110
Wynyardia　107

Y

Yalkaparidon　103
Yarala　105
Yarala burchfieldi　105

ア　行

アカカンガルー　25-27, 37, 119, 178, 187, 193, 194
アカクビヤブワラビー　177, 178
アカクビワラビー　73, 187
アカシア　166
アカネズミカンガルー　194
アカハラヤブワラビー　195
アメリカ有袋大目　4
アメリカ有袋類　2, 48, 96
アメリデルフィア　2
アルギロラグス類　90
アルクトディクティス　93
アルファドン科　87, 89
アンタークトドロプス　12
アンディノデルフィス　88
アンテキヌス　76
イデオデルフィス　98
イワワラビー　117
イワワラビー類　194
ウィンヤルディア科　107
ウォンバット科　21
ウォンバット形類　106
ウォンバット類　47, 62, 107, 141, 169, 194
エオミクロビオテリウム　98
エクアドルウーリーオポッサム　6
エクトポドン科　108
エレガントマウスオポッサム　198, 204
エレガントワラビー　186
オオカンガルー　23, 27, 60, 133, 147, 149, 150, 176, 177-179, 187, 194, 206
オオネズミクイ　74, 143
オオフクロモモンガ　209
オグロイワワラビー　196
オーストラリア有袋大目　4
オーストラリア有袋類　2, 10, 88, 96, 99, 204
オーストラリデルフィア　2, 10, 96, 99
オブトスミントプシス　13, 61, 204
オポッサム　87
オポッサム科　5

270　生物名索引

オポッサム類　5,52,88,139,190,194,199,
200,209

カ　行

カシア　98
カンガルー　158
カンガルー亜科　182
カンガルー科　23,116
カンガルー形上科　22
カンガルー形類　111,116,137
カンガルー類　22,53,61,62,108,133,137,
146,175,186,193
キタオポッサム　29,38,61,67,72,74,141,
194,198
キノボリカンガルー　117
キノボリカンガルー類　108,150
キーランテリウム　84
クアッカワラビー　73,180,187,195
クスクス科　19
クスクス類　106,107,201
クマドリスミントプシス　65,75
グラスビウス科　87
グロエベリア類　90
クロカンガルー　28,187,206
クロケノレステス　90
ケナガワラルー　178,187
ケノレステス類　8,51,88,89,96,141,161
コアラ　21,62,125,127,130,143,144-146,
158,171,191,199,206,207
コアラ科　21
コアラ類　47,53,107,142
後獣類　5,82,86
コシアカウサギワラビー　179

サ　行

シノデルフィス　5,85
シマウサギワラビー　113,117
シモフリコミミバンディクート　70
ジャスカデルフィス　88
ジュリアクリークスミントプシス　39
シロオビネズミカンガルー　196
スタゴドン科　87,89

ステヌルス亜科　182
ステヌルス類　112,138
スナイロワラビー　187,195
スパラソドント類　87,91
スミントプシス類　13
セスジキノボリカンガルー　151,152
セラムバンディクート　120
双前歯類　18,48,53,70,77,100,102,191

タ　行

ダシウルス科　13
ダシウルス形類　12,52,69,100,103,143,
161,190,191,194,202
タスマニアデビル　52,69,75,143
ダマヤブワラビー　28,44,53,60,64,67,
73,77,79,102,177,178,180,189,195,
200,203,206
チビフクロモモンガ　24,58,61,79,141
チビフクロモモンガ科　20
チャアンテキヌス　58,75
チャイロオポッサム　210
チャイロコミミバンディクート　125,126
チロエオポッサム　9,10,51,97,101,165
ディデルフィス目　5
ディデルフィス類　5,89,96,131,161,202
ディプロトドン　107
ディプロトドン科　107
ティラコスミルス　94,162
ティラコスミルス科　91
ティラコレオ　163
ティラコレオ科　22,163
ディンゴ　206
デルタテリディウム　82,84
デルタテリディウム類　82
トゲバンディクート　105,147
ドルコプシス　117

ナ　行

ニオイネズミカンガルー　22,110,116,
181
ニオイネズミカンガルー類　108,110
ネズミカンガルー　117

生物名索引　　271

ネズミカンガルー科　116,138
ネズミカンガルー類　23,108,110
ノトリクテス形類　17,100,103

ハ　行

ハイイロジネズミオポッサム　40,198,
　209
ハイイロリングテイル　192,209
パタゴスミルス　94
ハトリアキニウス科　91
ハナナガネズミカンガルー　187
ハナナガバンディクート　70,190
パポテリウム　84
バルバルー類　110
パロルケステス科　107
バンディクート　40
バンディクート類　15,193,201
ヒガシシマバンディクート　61,190
ヒガシチビオジネズミオポッサム　191
ヒメウォンバット　22,169,191,194,210
ヒメフクロネコ　199,200
ファスコガーレ類　13,104
プカデルフィス　88
フクロアリクイ　52,104,145,165
フクロアリクイ科　13
フクロオオカミ　13,14,104,144
フクロオオカミ科　13
フクロオオカミ類　104
フクロギツネ　19,40,60,61,71,132,148,
　172,180,189,194,198,206,209
フクロネコ　74
フクロネコ科　13
フクロネコ類　13,104
フクロマウス　120
フクロミツスイ　25,58,62,166,204
フクロミツスイ科　20
フクロムササビ　141
フクロモグラ　17,52,60,61,145,165
フクロモグラ類　17,103
フクロモモンガ　71,79,141,142,172,194,
　209
フクロモモンガ科　20

フクロモモンガダマシ　71
フクロモモンガ類　52,107,196
フサオネズミカンガルー　117,119,137,
　187
プラニガーレ類　13
ブーラミス科　20
ブーラミス類　107
プレビドロプス類　100
プロテムノドン　181
プロボルヒエナ科　91
ペディオミス科　87
ペラデクテス　87
ペラデクテス類　89
ペラメレス形類　15,16,47,48,52,70,77,
　100,102,105,146,161,162
ペラメレス類　105
ペルーケノレステス　8
ヘルペトテリウム　87
ポッサム　20
ボナパルテリウム類　100
ボルヒエナ　93
ボルヒエナ科　91
ボルヒエナ形類　91,162
ボルヒエナ類　89,93
ホロクレメンシア　84

マ　行

マユレステス　88
ミクロビオテリウム類　9,97
ミズオポッサム　140
ミナミオポッサム　74
ミナミケバナウォンバット　48,60,169
ミミナガバンディクート　15,62,192,196,
　209
ミミナガバンディクート類　15
ミランダテリウム　98

ヤ　行

ヤブワラビー　117
有袋形類　86,92
ユーカリ　166,172

ラ　行

リングテイル　172

リングテイル科　20
リングテイル類　107, 189, 209
ロビンソンマウスオポッサム　74

著者略歴

1965 年　東京都に生まれる.
1991 年　東京大学農学部獣医学科卒業.
　　　　　国立科学博物館動物研究部研究官，京都大学霊長類
　　　　　研究所教授を経て，
現　在　東京大学総合研究博物館教授，博士（獣医学）.

主要著書

『ウシの動物学（アニマルサイエンス②）』（2001 年，東京大学
出版会），『哺乳類の進化』（2002 年，東京大学出版会），『パン
ダの死体はよみがえる』（2005 年，筑摩書房），『解剖男』
（2006 年，講談社），『人体　失敗の進化史』（2006 年，光文社），
『遺体科学の挑戦』（2006 年，東京大学出版会），『ニワトリ
愛を独り占めした鳥』（2010 年，光文社），『東大夢教授』
（2011 年，リトルモア），『動物解剖学』（2013 年，東京大学出
版会）ほか.

有袋類学

2018 年 4 月 20 日　初　版

［検印廃止］

著　者　遠藤 秀紀

発行所　一般財団法人　東京大学出版会

代表者　吉見俊哉

153-0041 東京都目黒区駒場 4-5-29
電話 03-6407-1069・振替 00160-6-59964

印刷所　三美印刷株式会社
製本所　誠製本株式会社

ⓒ 2018 Hideki Endo
ISBN 978-4-13-060254-9　Printed in Japan

JCOPY 〈㈳出版者著作権管理機構　委託出版物〉
本書の無断複写は著作権法上での例外を除き禁じられています.
複写される場合は，そのつど事前に，㈳出版者著作権管理機構
（電話 03-3513-6969，FAX 03-3513-6979，e-mail：info@jcopy.or.
jp）の許諾を得てください.

Natural History Series（継続刊行中）

日本の自然史博物館　糸魚川淳二著 ——— A5判・240頁/4000円（品切）
●理論と実際とを対比させながら自然史博物館の将来像をさぐる．

恐竜学　小畠郁生編 ——— A5判・368頁/4500円（品切）
犬塚則久・山崎信寿・杉本剛・瀬戸口烈司・木村達明・平野弘道著
●7人の日本の研究者がそれぞれ独特の研究視点からダイナミックに恐竜像を描く．

樹木社会学　渡邊定元著 ——— A5判・464頁/5600円
●永年にわたり森林をみつめてきた著者が描き上げた森林と樹木の壮大な自然史．

動物分類学の論理　馬渡峻輔著 ——— A5判・248頁/3800円
多様性を認識する方法
●誰もが知りたがっていた「分類することの論理」について気鋭の分類学者が明快に語る．

花の性　その進化を探る　矢原徹一著 ——— A5判・328頁/4800円
●魅力あふれる野生植物の世界を鮮やかに読み解く．発見と興奮に満ちた科学の物語．

民族動物学　周達生著 ——— A5判・240頁/3600円
アジアのフィールドから
●ヒトと動物たちをめぐるナチュラルヒストリー．

海洋民族学　秋道智彌著 ——— A5判・272頁/3800円（品切）
海のナチュラリストたち
●太平洋の島じまに海人と生きものたちの織りなす世界をさぐる．

両生類の進化　松井正文著 ——— A5判・312頁/4800円
●はじめて陸に上がった動物たちの自然史をダイナミックに描く．

シダ植物の自然史　岩槻邦男著 ——— A5判・272頁/3400円（品切）
●「生きているとはどういうことか」を解く鍵を求め続けてきたあるナチュラリストの軌跡．

太古の海の記憶　池谷仙之・阿部勝巳著 ——— A5判・248頁/3700円（品切）
オストラコーダの自然史
●新しい自然史科学へ向けて地球科学と生物科学の統合が始まる．

哺乳類の生態学　土肥昭夫・岩本俊孝・三浦慎悟・池田啓著 ——— A5判・272頁/3800円（品切）
●気鋭の生態学者たちが描く〈魅惑的〉な野生動物の世界．

高山植物の生態学 増沢武弘著 ―――― A5判・232頁/3800円（品切）
●極限に生きる植物たちのたくみな生きざまをみる．

サメの自然史 谷内透著 ―――― A5判・280頁/4200円（品切）
●「海の狩人たち」を追い続けた海洋生物学者がとらえたかれらの多様な世界．

生物系統学 三中信宏著 ―――― A5判・480頁/5800円
●より精度の高い系統樹を求めて展開される現代の系統学．

テントウムシの自然史 佐々治寛之著 ―――― A5判・264頁/4000円（品切）
●身近な生きものたちに自然史科学の広がりと深まりをみる．

鰭脚類 [ききゃくるい] 和田一雄 伊藤徹魯 著 ―――― A5判・296頁/4800円（品切）
アシカ・アザラシの自然史
●水生生活に適応した哺乳類の進化・生態・ヒトとのかかわりをみる．

植物の進化形態学 加藤雅啓著 ―――― A5判・256頁/4000円
●植物のかたちはどのように進化したのか．形態の多様性から種の多様性にせまる．

新しい自然史博物館 糸魚川淳二著 ―――― A5判・240頁/3800円（品切）
●これからの自然史博物館に求められる新しいパラダイムとはなにか．

地形植生誌 菊池多賀夫著 ―――― A5判・240頁/4400円
●精力的なフィールドワークと丹念な植生図の読解をもとに描く地形と植生の自然史．

日本コウモリ研究誌 前田喜四雄著 ―――― A5判・216頁/3700円（品切）
翼手類の自然史
●北海道から南西諸島まで，精力的にコウモリを訪ね歩いた研究者の記録．

爬虫類の進化 疋田努著 ―――― A5判・248頁/4400円
●トカゲ，ヘビ，カメ，ワニ……多様な爬虫類の自然史を気鋭のトカゲ学者が描写する．

生物体系学 直海俊一郎著 ―――― A5判・360頁/5200円（品切）
●生物体系学の構造・論理・歴史を分類学はじめ5つの視座から丹念に読み解く．

生物学名概論 平嶋義宏著 ―――― A5判・272頁/4600円
●身近な生物の学名をとおして基礎を学び，命名規約により理解を深める．

哺乳類の進化　遠藤秀紀著 —————— A5判・400頁/5400円
●地球史を飾る動物たちの〈歴史性〉にナチュラルヒストリーが挑む.

動物進化形態学　倉谷滋著 —————— A5判・632頁/7400円(品切)
●進化発生学の視点から脊椎動物のかたちの進化にせまる.

日本の植物園　岩槻邦男著 —————— A5判・264頁/3800円
●植物園の歴史や現代的な意義を論じ, 長期的な将来構想を提示する.

民族昆虫学　野中健一著 —————— A5判・224頁/4200円
昆虫食の自然誌
●人間はなぜ昆虫を食べるのか ——人類学や生物学などの枠組を越えた人間と自然の関係学.

シカの生態誌　高槻成紀著 —————— A5判・496頁/7800円
●動物生態学と植物生態学の2つの座標軸から, シカの生態を鮮やかに描く.

ネズミの分類学　金子之史著 —————— A5判・320頁/5000円
生物地理学の視点
●分類学的研究の集大成として, さらに自然史研究のモデルとして注目のモノグラフ.

化石の記憶　矢島道子著 —————— A5判・240頁/3200円
古生物学の歴史をさかのぼる
●時代をさかのぼりながら, 化石をめぐる物語を読み解こう.

ニホンカワウソ　安藤元一著 —————— A5判・248頁/4400円
絶滅に学ぶ保全生物学
●身近な水辺の動物であったニホンカワウソ——かれらはなぜ絶滅しなくてはならなかったのか.

フィールド古生物学　大路樹生著 —————— A5判・164頁/2800円
進化の足跡を化石から読み解く
●フィールドワークや研究史上のエピソードをまじえながら, 古生物学の魅力を語る.

日本の動物園　石田戭著 —————— A5判・272頁/3600円
●動物園学のすすめ——多様な視点からこれからの動物園を論じた決定版テキスト.

貝類学　佐々木猛智著 —————— A5判・400頁/5400円
●化石種から現生種まで, 軟体動物の多様な世界を体系化. 著者撮影の精緻な写真を多数掲載.

リスの生態学 田村典子著 ─────── A5判・224頁/3800円
●行動生態，進化生態，保全生態など生態学の主要なテーマにリスからアプローチ.

イルカの認知科学 村山司著 ─────── A5判・224頁/3400円
異種間コミュニケーションへの挑戦
●イルカと話したい──「海の霊長類」の知能に認知科学の手法で迫る.

海の保全生態学 松田裕之著 ─────── A5判・224頁/3600円
●マグロやクジラはどれだけ獲ってよいのか？　サンマやイワシはいつまで獲れるのか？

日本の水族館 内田詮三・荒井一利 西田清徳 著 ─────── A5判・240頁/3600円
●日本の水族館を牽引する名物館長たちが熱く語るユニークな水族館論.

トンボの生態学 渡辺守著 ─────── A5判・260頁/4200円
●身近な昆虫──トンボをとおして生態学の基礎から応用まで統合的に解説.

フィールドサイエンティスト 佐藤哲著 ─────── A5判・252頁/3600円
地域環境学という発想
●世界のフィールドを駆け巡り「ひとり学際研究」をつくりあげ，学問と社会の境界を乗り越える.

ニホンカモシカ 落合啓二著 ─────── A5判・290頁/5300円
行動と生態
●40年におよぶ野外研究の集大成．徹底的な行動観察と個体識別による野生動物研究の優れたモデル.

新版 動物進化形態学 倉谷滋著 ─────── A5判・768頁/12000円
●ゲーテの形態学から最先端の進化発生学まで，時空を超えて壮大なスケールで展開される進化論.

ウサギ学 山田文雄著 ─────── A5判・296頁/4500円
隠れることと逃げることの生物学
●ようこそ，ウサギの世界へ！　40年にわたりウサギとつきあってきた研究者による集大成.

湿原の植物誌 冨士田裕子著 ─────── A5判・256頁/4400円
北海道のフィールドから
●日本の湿原王国──北海道のさまざまな湿原に生きる植物たちの不思議で魅力的な世界を描く.

化石の植物学 西田治文著 ─────── A5判・308頁/4800円
時空を旅する自然史
●博物学の時代から遺伝子の時代まで──古植物学の歴史をたどりながら植物の進化と多様性に迫る.

哺乳類の生物地理学　増田隆一著 ────── A5判・200頁/3800円
●遺伝子やDNAの解析からヒグマやハクビシンなど哺乳類の生態や進化に迫る.

水辺の樹木誌　崎尾均著 ────── A5判・284頁/4400円
●失われゆく豊かな生態系──水辺林. そこに生きる樹木の生態学的な特徴から保全を考える.

ここに表記された価格は**本体価格**です. ご購入の際には**消費税が加算**されますのでご了承下さい.